国家出版基金资助项目

现代数学中的著名定理纵横谈丛书

丛书主编　王梓坤

FERMAT NUMBER

Fermat数

刘培杰数学工作室　编

内容提要

本书共分 12 章，从 Fermat 数的提出开始，详细介绍了 Fermat 数相关的性质，包括 Fermat 数的素性判断、性质研究、相关问题及其应用，同时还介绍了广义 Fermat 数等内容.

本书可供从事这一数学问题研究或相关学科的数学工作者、大学生及数学爱好者参考阅读。

图书在版编目(CIP)数据

Fermat 数/刘培杰数学工作室编. —哈尔滨：哈尔滨工业大学出版社，2024.3

(现代数学中的著名定理纵横谈丛书)

ISBN 978－7－5767－0131－9

Ⅰ.①F… Ⅱ.①刘… Ⅲ.①数论 Ⅳ.①O156

中国版本图书馆 CIP 数据核字(2022)第 109899 号

FERMAT SHU

策划编辑 刘培杰 张永芹
责任编辑 刘春雷
封面设计 孙茵艾
出版发行 哈尔滨工业大学出版社
社　　址 哈尔滨市南岗区复华四道街 10 号 邮编 150006
传　　真 0451－86414749
网　　址 http://hitpress.hit.edu.cn
印　　刷 辽宁新华印务有限公司
开　　本 787 mm×960 mm 1/16 印张 26.25 字数 282 千字
版　　次 2024 年 3 月第 1 版 2024 年 3 月第 1 次印刷
书　　号 ISBN 978－7－5767－0131－9
定　　价 198.00 元

⊙代序

读书的乐趣

你最喜爱什么——书籍.

你经常去哪里——书店.

你最大的乐趣是什么——读书.

这是友人提出的问题和我的回答.真的,我这一辈子算是和书籍,特别是好书结下了不解之缘.有人说,读书要费那么大的劲,又发不了财,读它做什么?我却至今不悔,不仅不悔,反而情趣越来越浓.想当年,我也曾爱打球,也曾爱下棋,对操琴也有兴趣,还登台伴奏过.但后来却都一一断交,"终身不复鼓琴".那原因便是怕花费时间,玩物丧志,误了我的大事——求学.这当然过激了一些.剩下来唯有读书一事,自幼至今,无日少废,谓之书痴也可,谓之书橱也可,管它呢,人各有志,不可相强.我的一生大志,便是教书,而当教师,不多读书是不行的.

读好书是一种乐趣,一种情操;一种向全世界古往今来的伟人和名人求教的方法，一种和他们展开讨论的方式；一封出席各种活动、体验各种生活、结识各种人物的邀请信；一张迈进科学宫殿和未知世界的入场券；一股改造自己、丰富自己的强大力量．书籍是全人类有史以来共同创造的财富，是永不枯竭的智慧的源泉．失意时读书，可以使人重整旗鼓；得意时读书，可以使人头脑清醒；疑难时读书，可以得到解答或启示；年轻人读书，可明奋进之道；年老人读书，能知健神之理．浩浩乎！洋洋乎！如临大海，或波涛汹涌，或清风微拂，取之不尽，用之不竭．吾于读书，无疑义矣，三日不读，则头脑麻木，心摇摇无主．

潜能需要激发

我和书籍结缘，开始于一次非常偶然的机会．大概是八九岁吧，家里穷得揭不开锅，我每天从早到晚都要去田园里帮工．一天，偶然从旧木柜阴湿的角落里，找到一本蜡光纸的小书，自然很破了．屋内光线暗淡，又是黄昏时分，只好拿到大门外去看．封面已经脱落，扉页上写的是《薛仁贵征东》．管它呢，且往下看．第一回的标题已忘记，只是那首开卷诗不知为什么至今仍记忆犹新：

日出遥遥一点红，飘飘四海影无踪．

三岁孩童千两价，保主跨海去征东．

第一句指山东，二、三两句分别点出薛仁贵（雪、人贵）．那时识字很少，半看半猜，居然引起了我极大的兴趣，同时也教我认识了许多生字．这是我有生以来独立看的第一本书．尝到甜头以后，我便千方百计去找书，向小朋友借，到亲友家找，居然断断续续看了《薛丁山征西》《彭公案》《二度梅》等，樊梨花便成了我心中的女英雄.我真入迷了.从此,放牛也罢,车水也罢,我总要带一本书,还练出了边走田间小路边读书的本领,读得津津有味,不知人间别有他事.

当我们安静下来回想往事时,往往会发现一些偶然的小事却影响了自己的一生.如果不是找到那本《薛仁贵征东》,我的好学心也许激发不起来.我这一生,也许会走另一条路.人的潜能,好比一座汽油库,星星之火,可以使它雷声隆隆、光照天地;但若少了这粒火星,它便会成为一潭死水,永归沉寂.

抄,总抄得起

好不容易上了中学,做完功课还有点时间,便常光顾图书馆.好书借了实在舍不得还,但买不到也买不起,便下决心动手抄书.抄,总抄得起.我抄过林语堂写的《高级英文法》,抄过英文的《英文典大全》,还抄过《孙子兵法》,这本书实在爱得狠了,竟一口气抄了两份.人们虽知抄书之苦,未知抄书之益,抄完毫末俱见,一览无余,胜读十遍.

始于精于一,返于精于博

关于康有为的教学法,他的弟子梁启超说:"康先生之教,专标专精、涉猎二条,无专精则不能成,无涉猎则不能通也."可见康有为强烈要求学生把专精和广博(即"涉猎")相结合.

在先后次序上,我认为要从精于一开始.首先应集中精力学好专业,并在专业的科研中做出成绩,然后逐步扩大领域,力求多方面的精.年轻时,我曾精读杜布(J. L. Doob)的《随机过程论》,哈尔莫斯(P. R. Halmos)的《测度论》等世界数学名著,使我终身受益.简言之,即"始于精于一,返于精于博".正如中国革命一样,必须先有一块根据地,站稳后再开创几块,最后连成一片.

丰富我文采,澡雪我精神

辛苦了一周,人相当疲劳了,每到星期六,我便到旧书店走走,这已成为生活中的一部分,多年如此.一次,偶然看到一套《纲鉴易知录》,编者之一便是选编《古文观止》的吴楚材.这部书提纲挈领地讲中国历史,上自盘古氏,直到明末,记事简明,文字古雅,又富于故事性,便把这部书从头到尾读了一遍.从此启发了我读史书的兴趣.

我爱读中国的古典小说,例如《三国演义》和《东周列国志》.我常对人说,这两部书简直是世界上政治阴谋诡计大全.即以近年来极时髦的人质问题(伊朗人质、劫机人质等),这些书中早就有了,秦始皇的父亲便是受害者,堪称"人质之父".

《庄子》超尘绝俗,不屑于名利.其中"秋水""解牛"诸篇,诚绝唱也.《论语》束身严谨,勇于面世,"己所不欲,勿施于人",有长者之风.司马迁的《报任少卿书》,读之我心两伤,既伤少卿,又伤司马;我不知道少卿是否收到这封信,希望有人做点研究.我也爱读鲁迅的杂文,果戈理、梅里美的小说.我非常敬重文天祥、秋瑾的人品,常记他们的诗句:"人生自古谁无死,留取丹心照汗青""休言女子非英物,夜夜龙泉壁上鸣".唐诗、宋词、《西厢记》《牡丹亭》,丰富我文采,澡雪我精神,其中精粹,实是人间神品.

读了邓拓的《燕山夜话》,既叹服其广博,也使我动了写《科学发现纵横谈》的心.不料这本小册子竟给我招来了上千封鼓励信.以后人们便写出了许许多多的“纵横谈”.

从学生时代起,我就喜读方法论方面的论著.我想,做什么事情都要讲究方法,追求效率、效果和效益,方法好能事半而功倍.我很留心一些著名科学家、文学家写的心得体会和经验.我曾惊讶为什么巴尔扎克在51年短短的一生中能写出上百本书,并从他的传记中去寻找答案.文史哲和科学的海洋无边无际,先哲们的明智之光沐浴着人们的心灵,我衷心感谢他们的恩惠.

读书的另一面

以上我谈了读书的好处,现在要回过头来说说事情的另一面.

读书要选择.世上有各种各样的书:有的不值一看,有的只值看20分钟,有的可看5年,有的可保存一辈子,有的将永远不朽.即使是不朽的超级名著,由于我们的精力与时间有限,也必须加以选择.决不要看坏书,对一般书,要学会速读.

读书要多思考.应该想想,作者说得对吗?完全吗?适合今天的情况吗?从书本中迅速获得效果的好办法是有的放矢地读书,带着问题去读,或偏重某一方面去读.这时我们的思维处于主动寻找的地位,就像猎人追找猎物一样主动,很快就能找到答案,或者发现书中的问题.

有的书浏览即止,有的要读出声来,有的要心头记住,有的要笔头记录.对重要的专业书或名著,要勤做笔记,“不动笔墨不读书”.动脑加动手,手脑并用,既可加深理解,又可避忘备查,特别是自己的灵感,更要及时抓住.清代章学诚在《文史通义》中说:“札记之功必不可少,如不札记,则无穷妙绪如雨珠落大海矣.”

许多大事业、大作品，都是长期积累和短期突击相结合的产物. 涓涓不息，将成江河；无此涓涓，何来江河？

爱好读书是许多伟人的共同特性，不仅学者专家如此，一些大政治家、大军事家也如此. 曹操、康熙、拿破仑、毛泽东都是手不释卷，嗜书如命的人. 他们的巨大成就与毕生刻苦自学密切相关.

王梓坤

目录

简　论

第1章

§1　引　言

中国台湾地区指定科目考试相当于大陆地区的高考，在每年的七月份举行，数学甲（相当于高考理科卷）试卷满分100分，考试时间80分钟．试卷共分为两部分：选择题（单选、多选和选填题）和非选择题（即解答题），共13道题，其中非选填题共2道，每道题均设有4个不同的小问，从四个不同方向对不同问题进行或平行，或承接的考察．下面选取2019年中国台湾地区指定科目考试试卷数学（甲）中的一道选择题来介绍中国台湾地区数学教学的特点．

试题 1.1 设 n 为正整数.第 n 个费马数(Fermat Number)定义为 $F_n=2^{2^n}+1$,例如 $F_1=2^{2^1}+1=2^2+1=5$,$F_2=2^{2^2}+1=2^4+1=17$.试问$\frac{F_{13}}{F_{12}}$的整数部分以十进制表示时,其位数最接近下列哪一个选项?($\log 2\approx 0.3010$)

(1)120;(2)240;(3)600;(4)900;(5)1 200.

解析 根据题意可知,不妨设$\frac{F_{13}}{F_{12}}=a\times 10^n$,其中 $1\leqslant a<10$,且 n 为正整数.对其两边同时取以 10 为底的对数,可得 $\log_{10}\frac{F_{13}}{F_{12}}=\log_{10}(a\times 10^n)\Leftrightarrow \log_{10}F_{13}-\log_{10}F_{12}=n+\log_{10}a$,即 $\log_{10}(2^{2^{13}}+1)-\log_{10}(2^{2^{12}}+1)=\log_{10}a+n\approx\log_{10}\frac{2^{2^{13}}}{2^{2^{12}}}=\log_{10}2^{2^{13}-2^{12}}=(2^{13}-2^{12})\cdot\log_{10}2$.

因此,有 $n\approx 2^{12}\log_{10}2-\log_{10}a$,所以 $n\approx 2^{12}\times\log_{10}2\approx 1\ 233$,故选项(5)正确.

点评 本题给出第 n 个费马数的表达式,求出第 13,12 个费马数的比值的位数,实质是考察对数函数的运用和适当的估算,如在运算中舍弃掉真数中的"1"以及 $\log_{10}a$.实质上,遇到求近似值问题时,适当地去掉比较小的数,最后不影响计算结果,相反,它是一种运算技巧.估算能力是一项重要的计算能力,如何舍弃,怎样舍弃是问题的关键.另外,求某个数的位数一般用科学计数法 $a\times 10^n(1\leqslant a<10)$表示,求出 n 的值即可.本题便于计算,给出了 $\log 2\approx 0.3010$,值得注意的是,中国台湾地区的教材规定 $\log a$ 表示以 10 为底,a 的对数,即 $\log 2=\log_{10}2$.

此类问题在《美国数学月刊》的征解栏中曾多次出现.兹举两例.

题目 1.1 设 $F_{73}=2^{2^{73}}+1$,证明:

(1)$F_{73}>10^{24\cdot 10^{20}}$.

(2)$F_{73}\equiv 897(\mathrm{mod}\ 1\ 000)$.

证明 (1)由 $2^{10}>10^3$ 得出 $2^{73}>8\cdot 10^{21}$,因此

$$F_{73}=2^{2^{73}}>10^{24\cdot 10^{20}}$$

(2)易于证明对每个 n 都成立

$$n^{22}\equiv n^2(\mathrm{mod}\ 100),n^{103}\equiv n^3(\mathrm{mod}\ 1\ 000)$$

因此

$$2^{73}\equiv 2^{13}\equiv 8\ 192(\mathrm{mod}\ 100)$$

而

$$F_{73}=2^{2^{73}}\equiv 2^{8\ 192}\equiv 2^{92}\equiv (2^{23})^4\equiv 608^4\equiv 896(\mathrm{mod}\ 1\ 000)$$

题目 1.2 设 p 是一个形如 $k\cdot 2^n+1$ 的素数,其中 k 是奇数,$k>1$. 又 p 整除费马数 $F_m=2^{2^m}+1$,其中 $n\geqslant m+2$. 证明:$k^{2^{n-1}}\equiv 1(\mathrm{mod}\ p)$.

证明 我们有

$$(-1)^{2^{n-1}}\equiv (k\cdot 2^n)^{2^{n-1}}=k^{2^{n-1}}(2^{2^m})^{n2^{n-m-1}}\equiv k^{2^{n-1}}(-1)^{n2^{n-m-1}}(\mathrm{mod}\ p)$$

由 $n\geqslant m+2\geqslant 2$ 即可得出所要的结果.

注 一些读者指出 $k>1$ 和 k 是奇数的假定可以去掉,同时 p 是素数的假定可以用 p 是奇数的条件代替. 此外,由卢卡斯(Lucas)定理可知,当 $m\geqslant 2$ 时,F_m 的素因数必具有 $k2^{m+2}+1$ 的形式,因此当 p 是素数以及 k 是奇数时,条件 $n\geqslant m+2$ 可以去掉.

§2 费马数与费马断言

1640 年法国数学家费马在写给僧侣数学家梅森(Mersenne)的一封信中,提到了一种现在以他的名字命名的数——费马数,即

$$F_n=2^{2^n}+1, n=0,1,2,\cdots$$

基于 F_0,F_1,F_2,F_3,F_4 都是素数,费马宣称:对所有的自然数 n,F_n 都是素数. 但过了不到 100 年,1732 年,瑞士大数学家欧拉(Euler)就指出:F_5 是合数,它可分解为

$$F_5=4\ 294\ 967\ 297=641\times 6\ 700\ 417$$

对此人们一直怀疑,费马作为伟大的业余数学家似乎不可能仅凭这 5 个数就得出这样的断言. 美国著名的趣味数学专家亨斯贝格(R. Honsberger)在 1973 年出版的 *Mathematical Gems* 中提出了一个令人较为信服的解释,他指出:早在 2 500 年前,中国古人就通过数值检验而确信了这样一条"定理":

"若正整数 $n>1$,且 $n\mid 2^n-2$,则 n 一定为素数."

这可以看作是费马小定理:

"若 p 是素数,$a\in\mathbf{Z}$,则 $p\mid(a^p-a)$."

当 $a=2$ 时的逆命题,现代计算已经证明,当 $1<n<300$ 时,这个命题是正确的. 但对超过这个范围的数就不一定了,例如当 $n=341$ 时就是一个反例,我们将满足 $n\mid 2^n-2$ 的合数称为假素数,我们还能用 341 构造出无穷多个奇假素数. 1950 年美国数论专家莱默(D. H. Lehmer)还找到了偶假素数 161 038,紧接着

1951 年荷兰阿姆斯特丹的比格(N. G. W. H. Beeger)证明了偶假素数也有无穷多个.

但这些都是后话,当时就连莱布尼兹(Leibniz)这样的大数学家在研究了《易经》中的这一记载之后,都相信了这一结果. 所以,费马很可能也知道这个中国最古老的数论"定理"并也信以为真,且用它来检验 F_n.

实际上,我们不难推断出 $F_n \mid 2^{F_n}-2$,这只要注意到 $n>1$ 时,$n+1<2^n$,所以 $2^{n+1} \mid 2^{2^n}$. 设 $2^{2^n}=2^{n+1}\cdot k$ (k 是自然数),那么

$$2^{F_n}-2=2^{2^{2^n}+1}-2=2(2^{2^{n+1}\cdot k}-1)=2((2^{2^{n+1}})^k-1)$$

所以 $2^{2^{n+1}}-1 \mid 2^{F_n}-2$. 而

$$2^{2^{n+1}}-1=(2^{2^n})^2-1=$$
$$(2^{2^n}+1)(2^{2^n}-1)=F_n(2^{2^n}-1)$$

于是有 $F_n \mid 2^{F_n}-2$.

于是,我们就不难理解费马为什么会得出这样的断言.

需要指出的是:用 $n \mid 2^n-2$ 来检验 n 的素性虽然可能出错,但出错的可能性是相当小的. 有人计算过,在 $n<2\times10^{10}$ 的范围内出错的概率小于 $\frac{19\ 865}{882\ 206\ 716+19\ 865}\approx0.000\ 022\ 5$. 因为隆德大学的博曼(Bohman)教授曾证明了小于 $10^{10}\times2$ 的素数有 882 206 716 个,而塞尔弗里奇(Selfridge)和瓦格斯塔夫(Wagstaff)计算出底为 2 的伪素数(即满足 $n \mid 2^n-2$ 的合数)在 1 到 2×10^{10} 之间只有 19 865 个. 所以,华罗庚先生在其《数论导引》中称:"此一推测实属不幸之至."

§3 费马数与 $k\cdot 2^n+1$ 型数

1732 年大数学家欧拉成功地分解了 F_5，但是直到 1747 年才在一篇论文中向世人公布了他所使用的方法.他的方法主要基于以下的定理.

定理 1.1 若费马数 $2^{2^n}+1$ 不为素数，则其素因数一定形如 $2^{n+1}\cdot k+1, k\in \mathbf{Z}$.

卓越的法国数论专家鲁卡斯(Edouard Lucas)在 1877 年改进了欧拉的结果，他证明了 $2^{n+1}\cdot k+1$ 中的 k 总是偶数，即：

定理 1.2 F_n 的每个因子 p 都具有形式 $2^{n+2}\cdot k+1, k\in \mathbf{Z}$.

这样 F_n 的每个因子都在等差级数 $1, 2^{n+2}+1, 2\cdot 2^{n+2}+1, 3\cdot 2^{n+2}+1, \cdots$ 中了.对于给定的 n，我们只要计算出上述级数的每一项，并检验其是否为 F_n 的因子即可.以 $n=5$ 为例，可能的因子序列为 1,129,257,385,513,641,769,…，但我们注意到其最小的非平凡因子一定是素数，所以复合数 129,385,513 都不在试验之列.另外由于任两个不同的 F_n 都是互素的(后面将给出证明)，所以 $F_3=257$ 也不在试验之列.所以试除的第一个便是 641，一试即中.另一个因子 6 700 417 可写成 $2^{5+2}\times 52\ 347+1$.

正是利用以上有效的方法，1880 年兰德里(Landry)发现了 F_6 的复合性质，即

$$F_6=274\ 177\times 67\ 280\ 421\ 310\ 721$$

这时 $2^{n+2}=2^8=256$，F_6 的两个素因子可表示为

274 177＝1 071×256＋1，则

$$67\ 280\ 421\ 310\ 721=262\ 814\ 145\ 745\times 256+1$$

又如1878年苏联数学家彼尔武申(Ivan Miheevic Pervushin)证明了F_{12}能被$7\times 2^{14}+1=114\ 689$整除，$F_{23}$能被$5\times 2^{25}+1=167\ 772\ 161$整除.这是非常不易的，因为$2^{2^{23}}+1$写成十进制数共有2 525 223位.若用普通铅字将其排印出来，将会是长达5千米的一行.倘若印成书将会是一部1 000页的巨册.(彼尔武申是在教会学校里自学成为数学家的.1883年他还证明了$2^{61}-1$是素数.这个数被人称为彼尔武申数.)更令人吃惊的是，1886年塞尔霍夫(Selhoff)否定了F_{36}是素数，他证明了F_{36}能被

$$10\times 2^{38}+1=2\ 748\ 779\ 069\ 441$$

整除.为了帮助我们想象数字F_{36}的巨大，鲁卡斯计算出F_{36}的位数比220亿还多，印成一行铅字的话，将比赤道还长.

§4 费马数的素性判别法

欧拉和鲁卡斯定理的作用仅限于当F_n是合数时寻找它的因子，那么如何去判断F_n是素数还是合数呢？下面我们介绍三种方法.

判别法1(康继鼎) 费马数$F_m=2^{2^m}+1$是素数的充要条件是$\sum\limits_{k=1}^{F_m-1}k^{F_m-1}+1\equiv 0(\mathrm{mod}\ F_m)$.

利用解析数论中的冯·施陶特-克劳森(von Staudt-Clausen)定理及伯努利(Bernoulli)数还可以得

到如下的判断法：

判别法 2　F_m 是素数的充要条件是 $F_m \nmid T_{F_{m-2}}$，其中，T_n 称为正切数，它是下述级数 $\tan Z=\sum_{n=0}^{\infty} T_n \frac{Z^n}{n!}$ 的系数.

现在人们所使用的判别法是 1877 年由佩平(T. Pepin)提出的：

判别法 3　F_n 是素数的充要条件是 F_n 整除 $3^{(F_n-1)/2}+1$.

利用这一判别法，到目前为止我们所知道的费马素数仅仅是费马宣布的那五个——F_0，F_1，F_2，F_3，F_4，此外还发现了 84 个费马型合数.

需要说明的是，对于一些 F_n，我们可以得到其标准分解式，如 F_5，F_6，F_7；但对另一些我们仅知道其部分因子，如 $F_{1\,945}$，就是 F_8 也早在 1909 年就知道它是合数，但直到 1975 年才找出它的一个因子. 甚至还有至今都没能找到其任一个因子的，如 F_{14}，尽管早在 1963 年就已经知道它是合数.

§5　关于 $k \cdot 2^m+1$ 型素数

研究 $k \cdot 2^m+1$ 型素数，其意义主要有两个，一是它对分解费马数有重要作用. 如前面定理 1.2 所示，F_n 的每个素因子都具有形式 $k \cdot 2^m+1$，其中 $m \geqslant n+1$，$k \in \mathbf{Z}$，所以一旦知道了某些 $k \cdot 2^m+1$ 是素数时，便可用它们去试除 $F_n(n \leqslant m-2)$，这样就有可能找到一些费马数的因子. 另外，当验证了某个 $k \cdot 2^m+1$ 是素

数后，如再能判断出 $k \cdot 2^m - 1$ 也是素数，则可能找出一对孪生素数来，例如孪生素数 $(297 \times 2^{548} + 1,\ 297 \times 2^{548} - 1)$ 就是这样找到的.

为了解决 $k \cdot 2^m + 1$ 的素性判别问题，普罗斯(Proth)首先给出了一个充要条件，这就是定理 1.3.

定理 1.3　给定 $N = k \cdot 2^m + 1, k < 2^m$，先寻找一个整数 D，使得雅可比(Jacobi)符号 $\left(\frac{D}{k}\right) = -1$，则 N 是素数的充要条件是

$$D^{\frac{N-1}{2}} \equiv -1 \pmod N$$

利用普罗斯定理，贝利(Baillie)、罗宾逊(Robinson)、威廉姆斯(Williams)等人对一些奇数 k 和 m 决定的数 $k \cdot 2^m + 1$ 作了系统的考察. 他们的工作包括三个部分：一是对 $1 \leqslant k \leqslant 150, 1 \leqslant m \leqslant 1\ 500$ 找出了所有 $k \cdot 2^m + 1$ 型的素数；二是对 $3 \leqslant k \leqslant 29$ 和 $1\ 500 < m \leqslant 4\ 000$ 列出了所有的 $k \cdot 2^m + 1$ 型的素数；三是他们顺便得到了 7 个新的费马合数的因子.

目前对 $k \cdot 2^m + 1$ 型素数还有许多有趣的问题. 1837 年狄利克雷(Dirichlet)利用高深的方法解决了著名的素数在算术级数中的分布问题. 设 $\pi(x, k, l)$ 表示以自然数 l 为首项，以自然数 $k (\geqslant l)$ 为公差的算术级数中不超过 x 的素数的个数，则如果 $(l, k) = 1$，那么当 $x \to \infty$ 时，$\pi(x, k, l) \to \infty$.

显然当 m 固定时，序列 $\{k \cdot 2^m + 1\}$ 满足狄利克雷定理的条件，故它含有无限多个素数. 人们自然会问，当 k 固定时，情况又将怎样呢？是否仍含有无穷多个素数呢？斯塔尔克(Stark)证明了对某些固定的 k，上述结论不成立，他举例说，当 $k = 293\ 536\ 331\ 541\ 925\ 531$

时，序列$\{k\cdot 2^m+1\}$中连一个素数都没有．关于这一问题的结论最先是由波兰的数论专家谢尔品斯基(Sierpinski)得到的，他论证了当$k\equiv 1(\mathrm{mod}\ 641\times(2^{32}-1))$或$k\equiv -1(\mathrm{mod}\ 6\ 700\ 417)$时，序列$\{k\cdot 2^m+1\}$中的每一项都能被3，5，17，257，641，65 537和6 700 417中的某一个整除．他还注意到，对某些其他的k值，序列$\{k\cdot 2^m+1\}$中的每一项都能被3，5，7，13，17，241中的某一个整除．

另外，设$N(x)$表示不超过x的并且对某些正整数m使$k\cdot 2^m+1$为素数的奇正数k的个数，谢尔品斯基证明了$N(x)$随x趋于无穷．匈牙利数学家埃尔多斯(Erdös)和奥德利兹科(Odlyzko)还进一步证明了存在常数C_1，C_2使得$\left(\frac{1}{2}-C_1\right)x\geqslant N(x)\geqslant C_2x$.

目前，有一个尚未解决的问题：对于所有的正整数m，使$k\cdot 2^m+1$都为合数的最小的k值是什么？现在的进展是，塞尔弗里奇发现2，5，7，13，19，37，73中的一个永远能整除$\{78\ 557\times 2^m+1\}$中的每一项，他还注意到对每一个小于383的k值，$\{k\cdot 2^m+1\}$中都至少有一个素数存在，以及对所有$m<2\ 313$的m值$383\times 2^m+1$都是合数．门德尔松(N. S. Mendelsohn)和沃尔克(B. Wolk)将其加强为$m\leqslant 4\ 017$．看来383有希望成为这最小的k值，但不幸的是，威廉姆斯发现$383\times 2^{6\ 393}+1$是素数，使这一希望破灭了．看起来最小k值的确定可由计算机找到，进一步的计算结果已由贝利、科马克(Cormack)和威廉姆斯得出．当发现了以下几个$k\cdot 2^m+1$型的素数

$$k=2\ 897,6\ 313,7\ 493,7\ 957,8\ 543,9\ 323$$

$$n=9\ 715,4\ 606,5\ 249,5\ 064,5\ 793,3\ 013$$

之后,他们得到了 k 值小于 78 557 的 118 个备选数,这些数中的前 8 个是当

$$k=3\ 061,4\ 847,5\ 297,5\ 359,7\ 013,7\ 651,8\ 423$$

$$n\leqslant 16\ 000,8\ 102,8\ 070,8\ 109,8\ 170,$$
$$8\ 105,8\ 080,8\ 000$$

时各自都没有素数存在.但真正满足要求的 k 值还没有被确定.

还有两点需要指出:

(1)一般说来,同一个 $k\cdot 2^m+1$ 型素因子不可能在 F_n 中出现两次.因为有一个至今未被证明但看起来成立的可能性很大的猜想:不存在素数 q,使 $q^2\mid F_n$.1967 年沃伦(Warren)证明了:若素数 q 满足 $q^2\mid F_n$,则必有 $2^{q-1}\equiv 1(\bmod q^2)$.而这个同余式在 $q<100\ 000$ 时仅有1 093和 3 511 能够满足.

(2)若 $k\cdot 2^m+1$ 是 F_n 的素因子中最大的一个,则斯图尔特(C. L. Stewart)用数论中深刻的丢番图(Diophantus)逼近论方法证明了:存在常数 $A>0$ 使 $k\cdot 2^m+1>An2^n$,$n=1,2,\cdots$.但常数 A 的具体值没有给出.

下面,我们介绍一道 USAMO 试题及其证明以飨读者.这道试题的证法目前仅有一种,而且很间接,显露出很浓的"人工"味道.

试题 1.2 证明存在一个正整数 k,使得对各个正整数 n,$k\cdot 2^n+1$ 都是合数.

证明 设 $F_r=2^{2^r}+1$,容易计算出

$$F_0=3,F_1=5,F_2=17,F_3=257,F_4=65\ 537$$

不难验证 $F_i(0\leqslant i\leqslant 4)$是素数,但 $F_5=641\times 6\ 700\ 417$

是合数. 注意到这一点，我们令 $n=2^r \cdot t$，其中，r 为非负整数，t 为奇数，建立如下的同余式组

$$\begin{cases} K\equiv 1 \pmod{2^{32}-1} \\ K\equiv 1 \pmod{641} \\ K\equiv -1 \pmod{6\ 700\ 417} \quad (\text{将 } 6\ 700\ 417 \text{ 记为 } p) \end{cases}$$

因为 $2^{32}-1,641,p$ 两两互素，由孙子定理知此同余式组一定有解 K，满足

$$K=1+m(2^{32}-1),K=1+641u,K=pv-1$$

下面分三种情况讨论 $n=2^r \cdot t$ 的情形.

(1)当 $r=0,1,2,3,4$ 时

$$g(n)=K\cdot 2^n+1=K(2^{2^r \cdot t}+1)-(K-1)=K(2^{2^r \cdot t}+1)-m(2^{32}-1)$$

显然 $2^{2^r}+1 \mid 2^{2^r \cdot t}+1, 2^{2^r}+1 \mid 2^{32}-1$. 从而 $2^{2^r}+1 \mid g(n)$，且 $1<2^{2^r}+1<g(n)$，所以 $g(n)$为合数.

(2)当 $r=5$ 时

$$g(n)=K(2^{2^r \cdot t}+1)-(K-1)=K(2^{32t}+1)-641n$$

因为 $641 \mid 2^{32}+1, 2^{32}+1 \mid 2^{32t}+1$，所以 $641 \mid 2^{32t}+1$，且 $1<641<g(n)$，所以 $g(n)$为合数.

(3)当 $r\geqslant 6$ 时

$$\begin{aligned} g(n)=K(2^{2^r \cdot t}-1)+(K+1)= \\ (pv-1)(2^{2^r \cdot t}-1)+pv= \\ pv(2^{2^r \cdot t}-1)-(2^{2^r \cdot t}-1)+pv \end{aligned}$$

因为 $2^{32}+1 \mid 2^{2^r \cdot t}-1, p \mid 2^{32}+1$，所以 $p \mid g(n)$，又 $1<p<g(n)$，所以 $g(n)$为合数.

综合(1),(2),(3)知，不论 n 为何自然数，对满足上述同余式组的 k，$g(n)=k\cdot 2^n+1$ 都是合数.

§6　费马数的分解与电子计算机的应用

对费马数的研究基本上是属于素数判定与大数分解的问题，这类问题在数论中占有重要地位，人们很早就重视它的研究，近年来由于计算机科学的发展，使这一古老的问题又焕发了青春，形成了一个数论的新分支——计算数论.

利用电子计算机分解费马数最先是从 F_7 开始的. F_7 是一个 39 位数，早在 1905 年莫瑞汉德(J. C. Morehead)和威斯坦(A. E. Western)就运用普罗斯检验法证明了它是复合数，然而直到 1971 年布里尔哈特(Brillhart)和莫里森(Morrison)才在加利福尼亚大学洛杉矶分校的一台 IBM 360－91 型的电子计算机上使用莱默和帕沃尔斯(Powers)的连分数法计算了 1.5 小时. 分解的结果表明，它是两个分别具有 17 位和 22 位的素因子之积，即

$$F_7 = 59\,649\,589\,127\,497\,217 \times 5\,704\,689\,200\,685\,129\,054\,721$$

随即普门罗丝(Pomenrance)利用高深的算法分析得到这种连分数法的平均渐近工作量是

$$O(n\sqrt{0.5(\log_2\log_2 n)/\log_2 n})$$

与 F_7 类似，1909 年还是由莫瑞汉德和威斯坦用同样的方法证明了 78 位的 F_8 也是合数. 72 年后，布伦特(Brent)和波拉德(Pollard)使用波拉德的灵巧方法，在通用电子计算机 1100 型上计算了 2 小时才发现第一个 16 位的素因子，但他们未能证明另一个 62 位

的因子的素性.随后,威廉姆斯解决了这一问题,得到 $F_8=1\ 238\ 926\ 361\ 552\ 897\times 93\ 461\ 639\ 715\ 357\ 977\ 769\ 163\ 558\ 199\ 606\ 896\ 584\ 051\ 237\ 541\ 638\ 188\ 580\ 280\ 321$.

今天,人们在大型机上证明了 $F_{1\ 945}$ 是合数. $F_{1\ 945}$ 是非常巨大的,光是它的位数本身就是一个 580 位数,但它同用来检验它的大数 $m=3^{2^{2^{1\ 945}-1}}+1$ 来比真是小巫见大巫了.1957 年罗宾逊发现,$5\cdot 2^{1\ 947}+1$ 是它的一个因子.目前人们所发现的最大的费马合数是 $F_{23\ 471}$,它约有 $3\times 10^{7\ 087}$ 位.

但计算机的能力并非是无限的.目前就连 F_9 和 F_{13} 这样的数计算机都没能力进行完全分解,尽管已经知道 F_9 有素因子 242 483,而且 F_{13} 也有一个 13 位的因子.正是基于大数分解的极端困难性,1977 年,阿德尔曼(Adleman)、沙米尔(Shamir)和鲁梅利(Rumely)发明了一个公开密钥密码体制(简称 RSA 体制).美国数学家波拉德和兰斯特拉(H. Lenstra)发现了一种大数的因子分解方法,利用这种方法经过全世界几百名研究人员和 100 台电子计算机长达三个月的工作,成功地将一个过去被认为几乎不可能分解的 155 位长的大数分解为三个分别长为 7,49 和 99 位的因子.这使美国的保密体制受到严重威胁,意味着许多银行、公司、政府和军事部门必须改变编码系统,才能防止泄密.因为在这以前,人们只解决了 100 位长的自然数因子分解,所以目前绝大多数保密体系还在使用 150 位长的大数来编制密码.

§7 推广的费马数

由于计算机的介入,使得我们有能力将费马数推广为关于 x 的多项式

$$F_n(x)=x^{2^n}+1, n=0,1,2,\cdots$$

显然,通常的费马数是其当 $x=2$ 时的特例.

在近世代数中有一个与此相关的题目:

试题 1.3 求证:当 $n\geqslant 3$ 时,$x^{2^n}+x+1$ 是 $\mathbf{Z}_2[x]$ 中可约多项式.

证明 若 $x^{2^n}+x+1$ 是 $\mathbf{Z}_2[x]$ 中不可约多项式,则 $|\mathbf{Z}_2(u)|=2^{2^n}$,其中 u 是 $x^{2^n}+x+1$ 的一个根.从而 $u^{2^n}=u+1$,故

$$u^{2^{2n}}=(u^{2^n})^{2^n}=(u+1)^{2^n}=u^{2^n}+1=u$$

这表明 u 属于 2^{2n} 元域.但 2^{2n} 元域中任一元在 $\mathbf{Z}_2$ 上的极小多项式的次数小于或等于 $2n$,因此

$$2^n\leqslant 2n, 2^{n-1}\leqslant n$$

从而 $n\leqslant 2$.因此,当 $n\geqslant 3$ 时,$x^{2^n}+x+1$ 是 $\mathbf{Z}_2[x]$ 中的可约多项式.

注 称形如 $F_n=2^{2^n}+1$ 的整数为费马数.已知 $F_0,F_1,F_2,F_3=257,F_4=65\ 537$ 均为素数;但 $F_5=641\times 6\ 700\ 417$.

1983 年布里尔哈特、莱默、塞尔弗里奇、布莱恩特·塔克曼(Bryant Tuckerman)、瓦格斯塔夫五位美国数学家联合研究了 $x=2,3,5,6,7,10,11,12$ 时的情形,并进行了素因子分解.

1986 年 1 月,日本上智大学理工学部的森本光生

教授利用 PC 9801 型微机对 $F_n(x)$，当 $n=0,1,2,3,4,5,6,7$；$x=2,3,4,5,\cdots,1\ 000$ 时是否为素数进行了研究. 由于当 x 是奇数时，$F_n(x)$ 为偶数，所以他同时观察了 $F_n(x)/2$ 的情形.

设 $A_n=\{x\mid 2\leqslant x\leqslant 1\ 000$，且 $F_n(x)$ 是素数$\}$，$B_n=\{x\mid 2\leqslant x\leqslant 1\ 000$，且 $F_n(x)/2$ 是素数$\}$，则 A_n，B_n 中元素的个数 $|A_n|$，$|B_n|$ 如表 1.1 所示：

表 1.1

n	$F_n(x)$	$\lvert A_n\rvert$	$\lvert B_n\rvert$
0	$x+1$	167	95
1	x^2+1	111	129
2	x^4+1	110	110
3	x^8+1	40	41
4	$x^{16}+1$	48	40
5	$x^{32}+1$	22	20
6	$x^{64}+1$	8	16
7	$x^{128}+1$	7	3
8	$x^{256}+1$	4	4

当 x 值超过 1 000 时，早在 1967 年赖尔(Ryle)就计算并列出了 $F_2=x^4+1$，$2\leqslant x\leqslant 4\ 004$ 的 376 个素数，他得到的最大素数不超过 $4\ 002^4+1=P_{15}$(15 位的素数). 他是在 3 台 1960 年生产的 IBM 1620 上进行的. 森本光生利用先进的 PC 9801 发现了 9 个 300 位以上的广义费马素数，它们是

$F_7(234)$，304 位；$F_7(506)$，347 位

$F_7(532)$，349 位；$F_7(548)$，351 位

$F_7(960)$，382 位；$F_8(278)$，626 位

$F_8(614)$，714 位；$F_8(892)$，756 位

$F_8(898)$，757 位

§8 费马数与费马大定理

我们知道真正使费马闻名于世的是他提出的所谓费马大定理：

丢番图方程 $x^n+y^n=z^n, n>2$ 没有正整数解.

费马大定理自1637年提出到现在已过去300多年，直到1995年英国的怀尔斯(Wiles)才真正证明了它.

由于 $n>2$，故必有 $4\mid n$ 或 $p\mid n$，这里 p 为奇素数.于是只需证明 $n=4$ 或 $n=p$ 就够了.由于欧拉和费马已分别对 $n=3,4$ 时给出了证明，所以只需证方程

$$x^p+y^p=z^p, p>3 \text{ 是素数} \tag{1.1}$$

无解就足够了.

20世纪40年代，德国著名数学家弗厄特万格勒(Fürtwängler)用简单同余法证明了：若方程(1.1)有解，则同余式 $2^{p-1}\equiv 1 \pmod{p^2}$ 一定成立.据此，1974年 Perisatri 首先建立起费马数与费马大定理间的关系，给出了如下定理：

定理 1.4 设 $p=2^{2^n}+1$ 是费马素数，则方程(1.1)没有 $p\nmid xyz$ 的解.

§9 费马数在几何作图中的应用

由于在给定圆周内作正 h 边形可归结为元素 $2\cos\frac{2\pi}{h}=\xi+\xi^{-1}$ 的构造，其中 ξ 表示 h 位单次根.所以由分圆域内的伽罗瓦(Galois)理论，它可构造的条件是：

$\phi(h)$是 2 的幂,对于 $h=2^{\alpha}p_1^{\beta_1}p_2^{\beta_2}\cdots p_r^{\beta_r}$,$p_i$ 是奇素数,$i=1,\cdots,r$,有 $\phi(h)=2^{\alpha-1}p_1^{\beta_1-1}\cdots p_r^{\beta_r-1}(p_1-1)\cdot\cdots\cdot(p_r-1)$. 所以 $\phi(h)$要想是 2 的幂,必须有:奇素数因子在 h 中只能出现一次方($\beta_i=1,i=1,\cdots,r$),并且对于每个在 h 中出现的奇素数 p_i,数 p_i-1 必是 2 的幂,即每个 p_i 必是2^k+1型素数. 显然 k 不能被奇数 $h>1$ 整除,因为由 $k=\mu\gamma$,μ 为奇数,$\mu>1$ 可以推出$(2^{\gamma}+1)\mid(2^{\gamma})^{\mu}+1$,这样,$p_i$ 便不是素数了. 所以每个 p_i 都是形如 $2^{2^n}+1$ 的素数,即费马素数.

这一杰作是年轻的高斯(Gauss)在其《算术研究》(*Disquisitiones Arithmeticae*)中给出的. 此外高斯还提出了逆命题,是由旺策尔(Wantzel)证明的:

正 h 边形可以用尺规作图的必要条件是 $h=2^{\alpha}p_1\cdots p_r$,这里 $\alpha\geqslant0$,诸 p_i 是不同的费马素数.

对于正 3 边形、正 5 边形已早有人作出,而正 17 边形的作图问题则困扰了人们几百年,最后由高斯作出. 随即 1898 年由里歇洛(Richelot)、施文登海姆(Schwendenheim)和赫密士(O. Hermes)相继作出了正 257 边形和正 65 537 边形. 前一个图的作法写满了 80 页稿纸,而后一个则装了一皮箱,现存于哥廷根大学,堪称最烦琐的几何作图.

§10 费马数与数论变换

在利用电子计算机进行信息处理时经常遇到所谓的卷积. 设两个长为 N 的序列$\{x_n\}$和$\{h_n\}$,$n=0,\cdots,N-1$,其卷积是指

$$y_n=\sum_{k=0}^{N-1}x_k h_{n-k}=\sum_{k=0}^{N-1}x_{n-k}h_k, n=0,\cdots,N-1 \tag{1.2}$$

其中假定 $x_n=h_n=0, n<0$.

直接计算式(1.2)通常需要 N^2 次乘法和 N^2 次加法,当 N 很大时,其计算量超出我们的能力,为此人们寻求快速算法以节省运算时间.

通常人们是通过循环卷积来计算式(1.2)的. 所谓两个序列 $\{x_n\}, n=0,1,\cdots,N-1$ 和 $\{h_n\}, n=0,1,\cdots,N-1$ 的循环卷积是指

$$y_n=\sum_{k=0}^{N-1}x_k h_{\langle n-k\rangle_N}=\sum_{k=0}^{N-1}x_{\langle n-k\rangle_N}h_k, n=0,1,\cdots,N-1$$

其中,$\langle k\rangle_N$ 表示整数 k 模 N 的最小非负剩余. 而计算循环卷积一般采用离散的傅里叶变换(Discrete Fourier Transform,简记为 DFT). 1965 年库利(Cooley)和杜基(Tukey)提出了 DFT 的快速算法(Fast Fourier Transform,简记为 FFT),使所需工作量及处理时间都在很大程度上得到了改进.

近年来,国外又出现了以数论为基础的计算循环卷积的方法,称为数论变换(NTT). 特别引人注目的是,其中有一种以费马数为基础的费马数变换(FNT). 这种变换只需加减法及移位操作而不用乘法,从而提高了运算速度. 最近在通用电子计算机上的运算结果证明了这一点.

对于实现长度不超过 256 的序列的循环卷积,FNT 比 FFT 缩短时间达 1/3~1/5. 1975 年 R. C. Agarwal 和 C. S. Burras 在 IBM 370/155 计算机上证实了这一点.

另外 FNT 还消除了 FFT 带来的舍入误差，故能得到高精度的卷积，并且还不需要基函数的存储，从而节省了存储器空间.

§11 与费马数相关的两个问题

一位佚名学者在 1828 年提出一个猜测

$$2+1,2^2+1,2^{2^2}+1,2^{2^{2^2}}+1,2^{2^{2^{2^2}}}+1,\cdots$$

即 3,5,257,65 537,…形式的自然数都是素数.

到 1879 年，格林(E. Glin)对此提出了质疑. 同年比利时数学家卡塔兰(E. C. Catalan)回答说只有前五个是正确的. 后来人们发现第六个就不是素数，例如 $2^{19}\times 1\ 575+1=825\ 753\ 601 \mid 2^{2^{16}}+1$.

美国数论专家阿普斯托(T. M. Apostal)在其名著《解析数论导引》中提出关于素数分布的十二个问题，其中一个即为存在无穷多个费马素数. 其实，以 $k\cdot 2^m+1$型数为主题的奥数题有许多，兹举一例.

试题 1.4 (2008 年克罗地亚数学竞赛)求所有的整数 x，使得 $1+5\times 2^x$ 为一个有理数的平方.

解 分类讨论如下：

(1)若 $x=0$，则

$$1+5\times 2^x=6$$

它不为有理数的平方.

(2)若 $x>0$，则 $1+5\times 2^x$ 为正整数. 因此，若它为某个有理数的平方，则必存在一个正整数 n，使得

$$1+5\times 2^x=n^2$$

即

$$5\times 2^x=(n+1)(n-1)$$

因此,n 为大于 1 的奇数,故 $n-1$ 和 $n+1$ 两数中恰有一个被 4 整除,且 n^2-1 被 5 整除. 从而

$$n^2-1\geqslant 5\times 8=40$$

故 $n\geqslant 7$.

由于 $n-1$,$n+1$ 为两个连续正偶数,故其中一个数可被 2 整除,但不能被 4 整除,而另一个数可被 2^{x-1} 整除,然而,由 $n\geqslant 7$,知被 2 整除但不被 4 整除的那个数必含有因数 5. 因此,$n-1$,$n+1$ 两数中一个等于 $2\times 5=10$,另一个等于 2^{x-1},易解得仅有 $n+1=10$,即 $n=9$满足题意,此时,$x=4$.

(3)若 $x<0$,则 $1+5\times 2^x$ 为分数,且分母为 2 的幂. 若它为某有理数的平方,则存在一个正有理数 q,满足

$$1+5\times 2^x=q^2$$

且 q 的分母为 $2^{-\frac{x}{2}}$. 因此,x 为偶数.

设

$$x=-2y,y\in \mathbf{Z}_+$$

原方程两边同时乘以 2^{2y} 得

$$2^{2y}+5=(q\times 2^y)^2$$

由于

$$q\times 2^y=r$$

为正整数,故

$$2^{2y}+5=(q\times 2^y)^2\Leftrightarrow 5=(r-2^y)(r+2^y)$$

于是

$$r-2^y=1,r+2^y=5$$

故

$$y=1,x=-2$$

综上,本题有两个解 $x=4$ 或 -2.

微积分的先驱者

第2章

§1 微积分的先驱者——费马

我们可认为费马是这种新计算(求切线、求面积)的第一个发明人.

——拉格朗日(J. L. Lagrange)

在一般数学史著作中,微积分的创始人是牛顿(Newton)和莱布尼兹.但如果认真追究其中的细节我们会发现,其实费马也是微积分创立的先驱者之一.

牛顿曾经说过:"我从费马的切线作法中得到了这个方法的启示,我推广了它,把它直接并且反过来应用于抽象的方程."[①]

① Turnbull, Mathematical Discoveries of Newton, 1945, p. 5.

对光学的研究特别是透镜的设计，促使费马探求曲线的切线. 他在1629年就找到了求切线的一种方法，但迟后8年才在1637年的手稿《求最大值与最小值的方法》中发表(后面将介绍此书).

费马把韦达(Vieta)的代数理论应用到帕普斯(Pappus)的《数学汇编》(*Mathematical Collection*)中的一个问题，便得到了求最大值与最小值的方法. 他在《求最大值与最小值的方法》中曾用如下的一个例子加以说明：已知一条直线(段)，要求出它上面的一点，使被这点分成的两部分线段组成的矩形最大. 他把整条线段叫作B，并设它的一部分为A，那么矩形的面积就是$AB-A^2$. 然后他用$A+E$代替A，这时另外一部分就是$B-(A+E)$，矩形的面积就成为$(A+E)(B-A-E)$. 他把这两个面积等同起来，因为他认为，当取最大值时，这两个函数值，即两个面积应该是相等的，所以

$$AB+EB-A^2-2AE-E^2=AB-A^2$$

两边消去相同的项并用E除，便得到

$$B=2A+E$$

然后，令$E=0$(他说去掉E项)，得到$B=2A$. 因为该矩形是正方形.

费马认为这个方法有普遍的适用性. 他说，如果A是自变量，并且若A增加到$A+E$，则当E变成无限小，且当函数经过一个极大值(或极小值)时，函数的前后两个值将是相等的. 把这两个值等同起来；用E除方程，然后使E消失，就可以从所得的方程确定使函数取最大值或最小值的A值. 这个方法实质上是他用来求曲线的切线的方法. 但是求切线时是基于两个

三角形相似，而这里是基于两个函数值相等.

遗憾的是，费马对于他的方法从未从逻辑上作过清楚且全面的解释，因此对于他究竟是怎样考虑这个问题的，一些数学史专家曾产生过争论. 费马没有认识到有必要去说明先引进非零 E，然后用 E 遍除之后，令 $E=0$ 的合理性.

但从这里我们可以看出，费马这种求极值的方法已非常接近微分学的基本观念了. 如果使用现代的记号，他的规则可以表述如下：

欲求 $f(x)$（费马先取个别的整有理函数）的极值. 先把表达式$\dfrac{f(x+h)-f(x)}{h}$按照 h 的乘幂展开，弃去含 h 的各项，命所得的结果等于零，再求出方程的根，便是可能使 $f(x)$具有极值的极值点. 他的方法给出了（可微函数的）极值点 x 所能满足的必要条件 $f'(x)=0$. 费马还有区分 x 为极大值点和极小值点的准则，即现在所谓的“二阶导数准则”（$f''(x)<0$ 有极大值，$f''(x)>0$有极小值），尽管他没能系统地去研究拐点（$f''(x)=0$），但也得到了求拐点的一种法则.

另外，费马还用自己的方法处理了许多几何问题. 例如，求球的内接圆锥的最大体积、球的内接圆柱的最大面积，等等.

奇怪的是，费马在应用他的方法来确定切线，求函数的极大值、极小值以及求面积，求曲线长度等问题时，能在如此广泛的各种问题上从几何和分析的角度应用无穷小量，而竟然没有看到这两类问题之间的基本联系. 其实，只要费马对他的抛物线和双曲线求切线和求面积的结果再仔细地考察和思考，是有可能

发现微积分的基本定理的.也就是说费马差一点就成为微积分的真正发明者,以致拉格朗日说:“我们可以认为费马是这种新计算的第一个发明人.”拉普拉斯(Laplace)和傅里叶也有类似的评论.但泊松(Poisson)持有异议,他认为费马还没达到如此高的境界.因为费马不但没有认识到求积运算是求切线运算的逆运算,而且费马终究未曾指出微分学的基本概念——导数与微分;也未曾建立起微分学的算法.他之所以没有作进一步的考虑,可能是由于他以为自己的工作只是求几何问题的解,而不是统一的很有意义的一种推理过程.

§2 微分学前史上的重要经典文献——《求极大值与极小值的方法》

熟悉微积分的人能够这样魔术般地处理一些问题,曾使其他高明学者百思不得其解.

——莱布尼兹

发表自己的著作是几乎所有做学问人的最大心愿.因为文章固然重要,但它体现不出一种思想体系、一个完整的理论.无怪乎中国古代文人成名后要做的几件事中第一件就是“刻一部稿”(即出一本著作),可见出版一本著作之重要.但偏偏在他们同时代的人中就有人反其道而行之,不愿公开出版自己的著作,费马就是一个典型.

《求极大值与极小值的方法》(*Methodus ad Disquirendam Maximam et Minimam*)出自费马之手,初步断定写于1636年前,由于费马从来不愿公开出版自己的著作,只是在写给朋友的信中或以其他方式记下自己的发现,因而其著述的年代不能确定.该文记述了费马利用“准等式(adcquality)”求极值的著名方法.

费马求极值的方法,后来成为求代数多项式的一阶导数的法则,跟他的坐标几何思想一样也是起源于韦达的代数应用于帕普斯的《数学汇编》中的一个问题的研究.帕普斯曾试图将一已知线段分成数份,使部分线段所成的矩形相互成最小比.在对这一问题的代数分析中,费马意识到可以将其与二次方程联系起来.他认为这意味着方程的常数项只能取使方程只有单一重根解的特殊值.如费马考虑了“将一线段分成两部分,使两线段的乘积最大”这种简单情形.这一问题的代数形式即 $bx-x^2=c$,其中,b 是所给线段长度,c 是部分线段的乘积,若 c 是所有乘积中的最大值,则方程只能有一个重根.基于该方程有两相异根 x,y 的假设,费马得到 $bx-x^2=c$ 和 $by-y^2=c$,因而 $b=x+y,c=xy$.认为这些关系对上述形式的任意二次方程都一般地成立,然后费马考虑了一个重根即 $x=y$ 的情形.他发现 $x=b/2,c=b^2/4$,如此便求得上述问题的正确解,费马认为他的这一方法是完全普适的.在《求极大值与极小值的方法》中,费马将假定的两相异根记为 A 和 $A+B$(即 x 和 $x+y$),其中 E 表示根之间的差.例如,求表达式 bx^2-x^3 的极大值,费马是如下进行的,即

$$bx^2-x^3=M^3,b(x+y)^2-(x+y)^3=M^3$$

因而 $2bxy+by^2-3x^2y-3xy^2-y^3=0$

用 y 除上式得方程

$$2bx+by-3x^2-3xy-y^2=0$$

这一关系对形如 $bx^2-x^3=M^3$ 的任意方程都成立.但当 M^3 是极值时方程有一个重根,即 $x=x+y$ 或 $y=0$.所以 $2bx-3x^2=0$ 或 $x=2b/3, M^3=4b^2/27$.费马的方法适用于任意多项式 $p(x)$.为了运用韦达的方程理论确定多项式的系数之一与根的关系,它故意假定了两相等根的不等性,当费马使两个根相等时,这一关系就导致了一个极值解.费马令其两根相等之前的方程为"准等式".

1638 年春,费马的极大、极小方法和求切线法引起了费马与笛卡儿(Descartes)之间的一场关于优先权的争论.但跟坐标几何的情形一样,他们很快便认识到对方的各自的独创性.1642 年费马的方法发表后,许多数学家很快便得到了他们各自的更一般的方法.不久,费马关于极大、极小值的方法就被牛顿和莱布尼兹的微积分所取代.

值得指出的是费马的方法还被其他一些数学家独立得到,如意大利数学家蒙福尔特(A. Di Monforte).1699 年,他和费马彼此独立地得到了求极大值和极小值的方法.他的方法在那不勒斯发表在文章《某些问题的确定》中.

函数的导数值为零是函数达到极值的必要条件——这就是费马极值定理.

§3　枯树新枝
——费马极值定理的新发展

300 年前,费马是无论如何也想不到当时一个还相当模糊的观念,在多少大数学家描绘出雄伟壮丽、千姿百态的巨作以后,还会有今天这样的非光滑"回转",为了探明数学洪流奔腾的方向,这一看似还不太显眼的峰回路转,当会引起不少人的思索!

——史树中

史树中教授认为,300 多年来,费马定理本身被不断推广、改进和深化,它吸引了许多大数学家在这个方向上工作,尤其是欧拉、拉格朗日、雅可比、庞加莱(H. Poincaré)、希尔伯特(Hilbert)等这些光辉的名字,都在这条定理上刻下了他们的痕迹. 在他们的努力下,费马定理首先被推广到多变量情形. 之后,又对所谓条件极值问题提出了拉格朗日乘子法则;条件极值问题可以表述为

$$\begin{cases}\min f(\boldsymbol{x}),\boldsymbol{x}\in\mathbf{R}^n(\mathbf{R}^n\text{ 是 }n\text{ 维向量空间})\\ g(\boldsymbol{x})=0,\boldsymbol{G}=(g^1,\cdots,g^m):\mathbf{R}^n\to\mathbf{R}^m\end{cases}$$

这里 f 是自变量为 n 维向量 $\boldsymbol{x}$ 的可微函数,g 是自变量为 n 维向量 $\boldsymbol{x}$,函数值为 m 维向量值的可微函数. 上述问题的意思是:在 $g(\boldsymbol{x})=0$ 的条件下,求 f 对 $\boldsymbol{x}$ 的最小值. 拉格朗日乘子法则指出,在一定条件下,这一

问题可归结为对 $n+m$ 个变量的拉格朗日函数

$$L(\boldsymbol{x},\boldsymbol{\lambda})=f(\boldsymbol{x})+\langle\boldsymbol{\lambda},g(\boldsymbol{x})\rangle=f(\boldsymbol{x})+\sum\lambda_i g^i(\boldsymbol{x})$$

可应用费马定理. 这里 $\boldsymbol{\lambda}=(\lambda_1,\cdots,\lambda_m)\in\mathbf{R}^m$ 为一个 m 维向量,它就是所谓拉格朗日乘子. 这些结果又被很快推广到“无限多个变量”情形,也就是变分学的情形. 实际上,变分学中的欧拉一拉格朗日方程就是由无限维的费马定理(这时“导数为零”改为“变分为零”)导出的. 这一点尤其是在弗雷歇(M. Fréchet)的关于“抽象空间上的分析”的工作出现以后,变得更为明显.

令人惊奇的是,除了力学、物理学以外,经济学似乎也是费马定理的用武之地. 新古典主义经济学的基本假设是生产者要追求最大利润,消费者要追求最大效用. 于是费马定理就告诉我们,为使利润(收入一成本)达到最大,生产者应使他的边际收入(收入的导数)与边际成本(成本的导数)相等;而拉格朗日乘子法则告诉我们,在支出一定的条件下,要使消费效用最大,消费者的各边际效用(效用对各商品量的偏导数)与各商品的价格之比应该是常数(相应的拉格朗日乘子).

应该说,费马极值定理经过这样 300 多年的发展,应该是非常完善了,到了 20 世纪,人们似乎只关心根据定理中“导数为零”而列出的方程是否有解和怎样求解. 例如,为求曲面上(或更一般的弯曲空间中)两点之间距离最短的曲线,由费马定理就可以得到这样一个方程,它称为测地线方程. 当曲面或弯曲空间弯曲程度较大时,这个方程是非常复杂的. 而这样的问题又是不可避免必须进行研究的. 因为它本身又是广义相对论的基本问题，于是就激发出对于这一类方程的许多的研究. 但是，作为极值必要条件的费马极值定理本身，人们已经很难想象它还能有什么本质上的进展，更难设想它在初等领域中还会有新的突破.

然而，从20世纪30年代开始，由于数学应用范围的不断扩大，费马定理受到了接连不断的新的冲击，并且从数学的角度来看，这些冲击竟然都出现在相当初等的领域里. 首先是线性规划问题. 线性规划问题最早出现在苏联的康托洛维奇(Л. В. Канторович)1939年的著作中. 以后在20世纪50年代前后，美国的丹齐克(G. Dantzig，其父是那位写了名著《数——科学的语言》的老丹齐克，据他自己讲他关于线性规划两个著名定理的证明是因为上课迟到误将老师结尾介绍的两个未解决的难题当成作业抄回去做才得到的)又对此进行了大量的研究. 他们的问题大都起源于企业的生产管理，因此有很大的实用价值. 线性规划问题涉及的是一个线性函数在几个半径间的公共部分上的极值，它丝毫不触及深奥的数学概念. 但费马定理却在这里失效了，因为非常数的线性函数的导数总不为零，而且在两直线交点处又不可导. 其次是由于经济理论上的需要，出现了对策论和更一般的规划问题研究，这类研究的代表人物有冯·诺伊曼(J. von Neumann)、库恩(H. W. Kuhn)、塔克(A. W. Tucker)等人，虽然他们研究的都是极值问题，但其特点在于所涉及的函数常常是不可微的. 例如，对策论中要涉及某个增益函数的“极大极小”

$$\max_{x\in A}\min_{y\in B} f(x,y)$$

这里即使 $f(x,y)$ 本身很光滑，但作为 x 的函数

$$F(x)=\min_{y\in B} f(x,y)$$

一般不会仍是光滑函数，而极大极小问题就涉及这样的函数的极值问题. 不仅对策论中这样的问题很多，而且在经济理论中许多函数也都是这种类型的. 例如，生产中的成本函数作为产量的函数就是所有可能完成产量指标的生产成本中的最小值，它恰好有上述形式. 对于非光滑函数，许多地方无导数可言，费马定理当然再次失效. 最后，20 世纪 60 年代前后由于航天科学等需要而发展起来的最优控制理论，也向费马定理提出了挑战，最优控制理论的卓越成果可以以贝尔曼(R. Bellman)的动态规划理论和苏联的庞特里亚金(Л. С. Понтрягин)及其学生们的最大值原理作为代表，最优控制理论从形式上看与变分学很相似，有人甚至称最优控制理论为"现代变分学". 它主要研究某个动态系统在怎样的控制下使某个目标函数达到最优，毫无疑问这当然也是个极值问题，但是这类极值问题的解往往在控制集合的边界上达到(这点与线性规划是一致的)，而在边界上达到极值时费马定理也是不成立的. 它只能肯定对导数的不等式(即所谓"变分不等式")，而不是等式.

诸如此类的从实际中提出的极值问题竟然都不能应用费马定理，这就迫使人们去寻求一种新的数学工具.

有些数学家开始抛弃费马定理，他们认为，费马定理要求函数光滑，以至连求 $y=|x|$ 这样简单的函数的极值问题都解决不了，因为这个函数的极值显然是在 $x=0$ 时取得的，但 $|x|$ 却在 $x=0$ 处不可导. 在一个时期时，人们似乎找到了费马定理的替代物. 他们认

为凸集分离定理或凸集承托定理也许是合适的新工具. 这类定理最早出现在闵可夫斯基(H. Minkowski,这是一位数学神童,曾在 17 岁时与年逾 80 岁的老数论专家史密斯(Smith)分享了一项数学大奖,并与爱因斯坦(Einstein)共同建立了狭义相对论)的著作中. 后来,巴拿赫(S. Banach,波兰数学家,曾任波兰数学学会主席. 在德军占领期间在一所医学研究所做喂养昆虫的工作)在他的泛函分析奠基工作中作了推广,并把它与线性连续泛函的延拓相联系. 现在,它以汉恩(Hahn)一巴拿赫定理的名称出现在泛函分析的教科书中. 20 世纪 40 年代后,在冯·诺伊曼等的倡导下,出现了大量的有关凸集和凸函数的研究,并成功地用来解决了许多非光滑函数的极值问题. 例如,上面提到的简单问题:求 $y=|x|$ 的极小值,它的解 $x=0$,可以刻画为平面上 $y=|x|$ 的图像所形成的凸集 C,在(0,0)处有一条水平承托直线 $y=0$. 从几何上看,函数的极值问题就是要求函数图像上有“局部水平承托超平面”的点,因此在不光滑而又能具有某种凸性的情形,凸集承托定理显然可用来代替费马定理求得某种极值条件.

凸性对于解决条件极值问题也是有力的工具,在这里不详说了. 还要指出的是:当函数非凸时,在一定条件下还可通过函数的“凸逼近”来运用凸集分离定理,或者考虑使函数变小的方向集合与约束条件所允许的方向集合,当它们是凸集时,也可应用凸集分离定理. 由此可见,利用凸集分离定理可以得到很强的结果. 从 20 世纪 50 年代起到 60 年代中期,曾经有大量的有关凸集和凸集分离定理的研究,并且用它处理

了许多很困难的极值问题(例如,由此给出了带状态约束的庞特里亚金最大值原理的证明).其中较突出的有美国的克利(V. L. Klee)和苏联的杜勃维茨基(А. Я. Дубовицкий)、米柳金(А. А. Милюмин)、鲍尔强斯基(В. Г. Болгянский)等人的工作.

凸集分离定理得到的结果虽然相当漂亮,但是它几乎完全失去了费马定理的"分析味"或者说"微分学味".能不能用凸集分离定理建立起另一套"微分学",使得极值问题的处理重新再回到费马定理的轨道上来?在这一动机的驱动下,逐渐形成了一门新学科——凸分析.开创这门学科先河的除上述的一些研究凸集的数学家之外,还有丹麦的芬凯尔(W. Fenchel)等,而公认的奠基者则为法国的莫罗(J. J. Moreau)和美国的洛卡菲勒(R. T. Rockafellar).他们的代表著作为莫罗1966年在法兰西学院的讲义《凸泛函》和洛卡菲勒1970年的书《凸分析》.这两位数学家利用导数的概念对凸函数进行了推广,从而提出了所谓"次微分(subdifferential)"的概念,凸函数 $f(x)$ 在 $x=x_0$ 处的次微分定义为其上图(epigraph)

$$\mathrm{epi}\ f=\{(x,y)\mid f(x)\leqslant y\}$$

(这是个凸集)在 $(x_0, f(x_0))$ 处的承托超平面的"标准"法向量对 x 所在空间的射影全体.当 x 方向只有一维且 f 在 $x=x_0$ 处可微时,$(x_0, f(x_0))$ 处的承托超平面即法向量为 $(f'(x_0), -1)$ 处的切线,其在 x 方向的投影正是 $f'(x_0)$.一般情况的"标准"法向量即指最后一个分量为 -1 的法向量.如果承托超平面只有一个,那么由它决定的"标准"法向量的射影就是梯度向量.如果这样的承托超平面很多,那么该函数在 $x=x_0$

处就不可导了，但却有次微分存在. 由上述定义，一般来说次微分映射是取集合值的. 拿最简单的例子 $f(x)=|x|$ 来说，它的次微分映射为

$$\partial f(x)=\begin{cases}\{+1\}, x>0\\ [-1,1], x=0\\ \{-1\}, x<0\end{cases}$$

这里 f 在 x 处的次微分 $\partial f(x)$ 就是 f 的上图

$$\text{epi } f=\{(x,y)\mid |x|\leqslant y\}$$

在点 $(x,|x|)$ 上的承托直线的"标准"法向量在 x 方向的射影(即斜率)全体. 在原点 $(0,0)$，因为所有斜率在 -1 和 $+1$ 之间的直线都是承托直线，所以次微分是集合 $[-1,1]$.

次微分这个名称并不妥当，因为它是导数或梯度概念的推广，而并非是微分概念的推广，但目前大家已习惯于这个名称. 有了这个概念以后，费马定理又重新有了出路. 事实上，凸函数 $f(x)$ 在 $x=x_0$ 处达到最小值的条件可表达为，在 $x=x_0$ 处的次微分中有零元素：$O\in\partial f(x_0)$. 其几何含义是点 $(x_0, f(x_0))$ 处上图 epi f 的承托超平面中有水平超平面. 如果 $f(x)$ 在 $x=x_0$ 处可微，它就是费马定理，但现在它包含了不可微的情形. 不但如此，由于凸函数的特点，现在这一条件不仅是必要的，而且还是充分的. 这样，对于凸函数就有了一条更为完善的费马定理.

更有意思的是，在凸分析中通过使函数取广义实值，即允许它们取 $\pm\infty$，还能把条件极值问题变为无条件极值问题. 由此出发，洛卡菲勒等得到了许多有关条件极值问题的结果，其中不但有经典的拉格朗日乘子法则，而且连本来无法用费马定理处理的线性规

划问题以及极值点在边界上的情形也都可归结为这一条件. 有限区间上的线性函数的最小值点上，也可用相应点上有承托水平直线来刻画. 至此，在涉及的函数和集合都是凸的情形，凸分析就使费马定理发展到了顶点. 它不但能处理有限维的最优化问题，也能处理无限维的变分学问题和最优控制问题. 后一情况尤其是在法国的莱昂斯(J. L. Lions)学派那里得到了极为广泛的深入研究.

凸分析是一门有趣而又应用性极强的学科. 它还包含共轭变换、对偶性等一系列很有用的内容. 尽管它只有短短十来年的历史，其许多基础内容却已进入了大学基本课程. 这种情况在数学发展史上也是很少见的. 但是，凸分析的局限性也是明显的，因为函数与集合的凸性要求在相当多的实际问题中是不能达到的. 然而这对数学家们来说是不能“容忍”的，他们能眼看着他们自诩万能的分析手段在如此多的问题上束手无策吗？ 于是，人们又开始了对“非凸分析”(或者说一般的“非光滑分析”)的研究. 这类研究可以说是花样百出、各显神通，光是与凸性有关的概念就提出了一大堆，诸如广义凸性、拟凸性、伪凸性等. 自然，这类研究中不少是相互交叉、相互重叠的. 而且由于在如此短的时间里，得出如此多的概念自然也是泥沙俱下鱼龙混杂. 因此，有些不太深入的结果很快就被淘汰. 而洛卡菲勒的学生、加拿大的克拉克(F. H. Clarke)1975 年提出的“广义梯度”的概念，却由于它简单明了、性质良好，立即得到了广泛的传播，并且像凸函数的次微分一样，现在已成了一个经典的概念.

克拉克的广义梯度是对局部李普希茨(Lipschitz)

函数提出的. 所谓 n 维空间 $\mathbf{R}^n$ 的集合 Ω 上的李普希茨函数 $f(x)$，是指存在常数 C，使得对于任何 $x_1, x_2 \in \Omega$，有

$$|f(x_1)-f(x_2)| \leqslant C \| x_1 - x_2 \|$$

这里 $\| x_1 - x_2 \|$ 表示 x_1, x_2 间的距离. 所谓局部李普希茨函数则是指该函数在其定义域的每一点的某个邻域中是李普希茨函数. 容易看出，有连续偏导数的函数是局部李普希茨函数；也可证明连续凸函数是局部李普希茨函数. 因此，这类函数包含了两大类最常见的函数. 对于局部李普希茨函数有一条拉德马赫(Rademacher)定理说，它一定是几乎处处可微的，克拉克首先利用这点把局部李普希茨函数的广义梯度定义为它邻近的梯度的极限点的闭凸包，即包含这些极限的最小的闭凸集. 例如，对于函数 $y=|x|$ 来说，当 $x>0$时，它有连续导数恒为 $+1$，故导数的极限也是 $+1$；当 $x<0$ 时，情况类似；而当 $x=0$ 时，邻近各点的梯度即导数的极限点有 $+1$，-1 两个值，包含这两点的最小闭凸集为 $[-1,+1]$. 因此，$f(x)=|x|$ 的广义梯度为

$$\partial f(x)=\begin{cases}\{+1\}, x>0\\ [-1,+1], x=0\\ \{-1\}, x<0\end{cases}$$

注意，这与 $y=|x|$ 的次微分的结果一样. 实际上，克拉克也指出了当函数为连续凸函数时，广义梯度也就变为次微分.

除此以外，克拉克还提出“广义方向导数”的概念(目前文献中已称它为“克拉克方向导数”)，并且指出，这时广义梯度为满足一定条件的向量全体.

广义梯度的这个定义的特点在于它不再利用拉德马赫定理，从而很容易推广到无限维情形.克拉克利用广义梯度的概念处理了许多最优化、变分学、最优控制的问题，其中的出发点就是对局部李普希茨函数的极值问题来说，费马定理

$$O\in\partial f(x_0)$$

成立.克拉克的工作及其有关研究已被总结在克拉克的《最优化和非光滑分析》(1983)一书中.

如前面所述，凸函数的次微分定义是利用切向量和法向量推广出几何意义.但是克拉克却反过来用广义梯度先定义任意集合，然后定义函数图像在某点的切向量集合和法向量集合.这两个集合都是闭凸锥，故分别称为切向锥和法向锥.具体地说，设 C 为一个任意点集，$d(x,C)$表示点 x 到 C 的距离，则容易验证 $d(x,C)$是李普希茨函数.因此，可以定义它的广义梯度$\partial d(x,C)$和克拉克方向导数 $d^0(x,C;h)$. C 在点 x 处的法向锥就定义为由闭凸集$\partial d(x,C)$所生成的锥，而 C 在点 x 处的切向锥则定义为满足 $d^0(x,C;h)=0$ 的方向 h 的全体.既然已定义了集合在一点的法向量，当然也就可以确定函数的图像中的任意点关于上图的法向量；在这些法向量中取出那些“标准”法向量(即最后一个分量为-1的法向量)，再经过射影，就可作为函数在对应点的广义梯度的定义.由于这里的函数没有任何限制，因此克拉克的这个广义梯度的定义也就广得不能再广了.也就是说，不管函数如何不光滑、不正规，我们总可以定义出它在任何点上的广义梯度来.尽管对于这一广得不能再广的广义梯度，可以有对于局部极小(但不是局部极大，因为它是对上图定义的)的费马定理 $O\in\partial f(x_0)$ 成立,但是由于经过这番几何上的绕圈子,这种“广广义梯度”在分析上的含义很复杂,不好把握. 因此,它的“广广义”只是形式上的,实质性的好处并不多,不过后来,洛卡菲勒在1980年的一篇论文中指出,这种“广广义梯度”还是可以对于某些比局部李普希茨函数类更大的函数类,例如,“方向李普希茨函数类”得到较好的应用.

克拉克广义梯度虽然取得了很大的成功,但也有不少弱点. 最主要的弱点在于:在许多情形下,广义梯度集合太大了,特别是当函数在某点有通常的梯度时,它在该点的广义梯度一般并不是只包含这一通常梯度的单点集(仅在凸函数等情形有保证). 克拉克自己就构造了一个例子:一个单变量李普希茨函数的广义梯度处处为[−1,1]. 从构造的方法来看,这样的例子并不能说是罕见的. 这样,特别是对极值问题来说,即使问题有唯一解,但由费马定理 $O\in\partial f(x_0)$ 只知有解,却不能求出解. 这当然是个严重的缺陷. 为了克服它,有些数学家就要设法缩小广义梯度定义的集合.

从一般的无限维空间来看,广义梯度和法向锥都是对偶空间的集合. 能否不涉及对偶空间来完成广义方向导数与切向锥的互相定义呢? 这是可能的,法国的奥班(J. P. Aubin)通过提出集值映射的导数概念而指出以下的概念循环关系

$$\begin{array}{ccc}\text{广义方向导数} & \longrightarrow & \text{切向锥} \\ \uparrow & & \downarrow \\ \text{函数的上图导数} & \longleftarrow & \text{集值映射的导数}\end{array}$$

为说明这个循环关系,我们回顾一下莱布尼兹时代以来的导数与切线的关系. 众所周知,单变量可导函数

$y=f(x)$在$x=x_0$处的导数$f'(x_0)$可解释为$f(x)$的图像在点$(x_0,f(x_0))$处的切线的斜率. 这里实际上是用函数的导数来作为函数图像上一点的切线的斜率的定义. 现在如果我们有办法先定义光滑曲线上某点的切线,那么该如何来定义函数的导数呢? 首先应该把导数理解为把x的变化量$(x-x_0)$映为y的变化量$(y-y_0)$的映射. 这个映射是个线性映射, $f'(x_0)(x-x_0)$对应$(y-y_0)$,而它的图像恰好就是函数图像上对应点的切线(原点需移到函数图像上的对应点(x_0,y_0)). 在一般的多变量情形或更一般的抽象空间情形,如果函数是光滑的,那么其梯度与函数图像上的切超平面之间仍有类似的对应关系,但是当函数非光滑时,简单地照搬这种对应关系会带来不合理的结果. 正如我们前面所看到的,它经常需要用函数的上图来过渡. 因此,奥班指出,如果我们有了某种切向锥的定义后,不应立即用它来定义函数的广义导数,而是应该用它先来定义一般的集值映射的导数. 设F是空间X到空间Y的集值映射,即对于每个$x\in X$,我们定义了一个空间Y中的集合$F(x)$. F的图像则定义为

$$\text{graph } F=\{(x,y)\in X\times Y\mid y\in F(x)\}$$

而F在其图像上的一点(x_0,y_0)的导数可定义为一个映射,其图像恰为 graph F 在点(x_0,y_0)处的切向锥. 这个定义说起来有点别扭,但对照上述的单变量情形,可以看出它还是很自然的. 而有了这个定义以后,我们可把一个函数的上图看作某个集值映射的图像,从而定出所谓函数的上图导数. 最后,再把这个上图导数构成的集合取某种边界,就能得到函数的广义方

向导数.至于由广义方向导数来定义切向锥我们前面已经做过,即通过距离函数 $d(x,C)$来进行.

发现非光滑分析的这个循环关系的意义是深远的.首先,很明显,集值映射的导数的定义肯定会有很多用处.事实上,奥班已用它来定义凸函数的次微分(它是集值映射)的导数,也就是凸函数的二阶导数,从而可讨论某些凸规划的稳定性问题.其次,我们可完全从几何出发,即从切向锥的定义出发,来展开非光滑分析.从克拉克的切向锥出发,我们就可得到克拉克的广义梯度;而如果从 20 世纪 30 年代一位法国数学家博里刚(G. Bouligand)为微分几何目的而提出的一种切向锥出发,那么可得到狄尼(Dini)次微分.奥班用这样的观点在他与埃克朗(I. Ekeland)合作的书《应用非线性分析》(1984)中写了一章"非光滑分析",从而为这门新学科描绘了一幅新图景.这本书中也对凸分析作了新的处理.史树中教授提醒有兴趣阅读这本书的读者,切莫错过第 492 页上的评注.在这个评注中,奥班提到了他的波兰学生弗兰科斯卡(H. Frankowska)的工作,即她运用了界于克拉克锥与博里刚锥之间的中间切向锥,由此可得到另一套非光滑分析.而我们在弗兰科斯卡的论文中则可读到,实际上这三种切向锥已能适合常见的各种应用,但它们不能互相取代.

我们的介绍应该在此结束了.因为再往前走就会涉及更多的不太成熟的研究.这一简单的介绍肯定是相当不全面的.在研究课题如海、研究强手如林的今天,即使只就"提出非光滑函数的广义导数概念,推广费马定理"这样一个小主题而言,要在其中找出一条

研究主线，只提少数几个代表人物，也是非常困难的. 数学的公理化方法无疑是 20 世纪中出现的最有用的科学方法之一. 但是，如果有一批粗通此道之士把它当成一种高级游戏而竞赛起来，那也会在数学界造成灾难. 非光滑分析的浩瀚文献，就使人有一点灾难感. 因为从表面上看起来，在这个题材上只需不断地推广概念和定理就行了. 而把一个概念或一条定理推到尽可能广的地步，则是今天每个懂点公理化方法的数学系学生都会做的事. 于是，我们便在许多数学杂志上看到新的导数的发明. 这些琳琅满目、各有千秋的新发明，要有植物分类学家的耐心，才有可能把它们理出个头绪来.

然而，新的数学方法是否更深刻地反映客观世界的数量关系，并不是由它形式上是否漂亮来决定的，最终还是要看它能否解决实践中提出的数学问题. 与克拉克广义梯度概念几乎同时出现的广义导数概念数以十计，形式上很难比较它们的高下，广义梯度最终能站住脚全在于它的大量应用. 当前与奥班的集值映射导数概念同时出现的也有各种类似的定义. 它们谁优谁劣也还有待各种数学问题的检验.

费马定理的非光滑新发展，从凸分析的出现算起，已有近 30 年历史. 至今也许只能说它仅仅是初具规模. 我们只要回顾一下经典的光滑费马定理的影响几乎遍及数学的每个方面，就可设想非光滑费马定理将涉及的领域该有多大，从洛卡菲勒、克拉克等这些名家后面的工作来看，他们目前似乎已不再对建立更一般的框架感兴趣，而都在致力于具体的变分学、最优化等问题的应用研究，这也是势在必行，否则学科的发展是没有生命力的.

法国著名数学家,巴黎第九大学和综合理工学院教授,决策数学研究中心主任,非线性分析、对策论、数理经济学等方面的许多专著的作者奥班教授(1982年奥班又当选为法国庞加莱数学研究所主任),在一篇文章中指出:"正如我已经说过,科学史上充满着在物理学和力学中利用数学比喻的例子.这里我只需提出从17世纪费马、莱布尼兹和牛顿开始,人们从未停止过周而复始地回到函数导数的概念.还要注意的是,在过去,如果说费马和莱布尼兹主要是被数学原因所激发(对费马来说,是寻求最优值和作切线法),那么牛顿则是在流数的定义中使直觉依靠在力学上面.这一时代以后,伯努利兄弟曾对一类成为变分法起点的问题进行了研究.关于变分法,即使只列举那些最杰出的人物,也可以说它已经被打上了欧拉(18世纪)、拉格朗日、雅可比(19世纪)、庞加莱和希尔伯特(20世纪初)等人著作的烙印,并且直至今日,它还始终是许多著作的论述对象.正是变分法(以及成为物理学中最优先考虑的模型的偏微分方程),促使数学家逐步脱离过分窄的可导函数的框架.施瓦兹(Schwarz)极为大胆地引入了广义函数(分布)这样的数学概念,它比通常的函数更为一般,而且由于无限次可微,数量又足够多,所以可用来解决众多的偏微分方程.不过这也不是短时期内就能办到的事情.英国物理学家狄拉克(Dirac)早已提出过一些形式结果,而勒雷(Leray)和索伯列夫(Sobolev)也早已指出脱离原有框架的必要.而且这还不够,因为变分法以及它的现代变种最优控制理论正在促使数学家创造一系

列新的导数概念，以利于最终能完善地采用费马的方法！”

§4　费马定理的推广及神经网络的稳定性及优化计算问题

稳定性理论在美国正迅速地变成训练控制论方面的工程师们的一个标准部分.

——美国数学家拉萨尔(J. P. Lasalle)

正如史树中教授所指出：300 多年来，费马定理本身被不断推广、改进和深化，同时它也应用在数学中的各个领域中，本节将介绍它在我国数学家廖晓昕教授关于神经网络的稳定性及最优化计算中的一个应用. 廖晓昕教授 1963 年毕业于武汉大学，1991 年他在《科学》中介绍了他的一些工作及思考. 他指出：神经网络的研究已有 30 余年的历史了，它的发展道路是不平坦的，曾一度陷入低谷，主要原因是传统的冯·诺伊曼型数字计算机正处于发展的全盛时期，它的缺点尚未充分暴露出来，人们陶醉于数字计算机的成功之中，从而忽视了发展新型模拟计算机及人工智能技术的必要性和迫切性.

随着科学技术的日新月异，科学家们发现，现行计算机在处理能够明确定义的问题和概念时，虽然具有越来越快的速度，但与人脑的功能相比，差别很大.

近年来，国际上的不少计算机专家在探索研究模拟人脑的新一代计算机，这大大地促进了神经网络理论和应用的研究.

1983 年，美国加州理工学院的物理学家霍普菲尔德(Hopfield)提出了一个神经网络模型，首次提出了能量函数(李雅普诺夫(Lyapunov)函数)，建立了网络稳定性判据. 它的电子电路实现为神经计算机的研究奠定了基础，同时开拓了神经网络用于联想记忆和优化计算的新途径. 之后，许多学者沿着他的基本思路，提出了不同的模型，引进了不同的能量函数，进而得到了一系列类似的稳定性判据及优化问题的结论. 然而近年来，人们对霍普菲尔德方法褒贬不一，众说纷纭，因此极有必要仔细研究它的数学理论基础. 这其中涉及费马定理推广形式的应用. 因为许多优化问题最后归结到求解一般连续可微函数

$$V=F(x_1,x_2,\cdots,x_n)$$

的极值点，根据极值存在的必要条件，即费马定理的推广形式极值点必须满足方程组

$$\begin{cases}\partial F/\partial x_1 \triangleq f_1(x_1,\cdots,x_n)=0\\ \partial F/\partial x_2 \triangleq f_2(x_1,\cdots,x_n)=0\\ \qquad\vdots\\ \partial F/\partial x_n \triangleq f_n(x_1,\cdots,x_n)=0\end{cases} \tag{2.1}$$

式(2.1)的解集也叫 $V=F(x_1,\cdots,x_n)$ 的驻点集，驻点集包含极大值点、极小值点、逗留点. 当 $f_i(x_1,\cdots,x_n)(i=1,2,\cdots,m)$ 是多项式时，便是代数几何的研究范围.

1991 年是俄国数学家李雅普诺夫的著名的博士论文《运动稳定性的一般问题》发表 100 周年. 运动稳

定性理论之所以经久不衰，成为自然科学、工程技术甚至社会科学中人们普遍感兴趣的课题，是因为任何一个实际系统总是在各种偶然的或持续的干扰下运动或工作的，在承受了这种干扰之后，该系统能否还稳定地保持预定的运动或工作状况，这是必须首先考虑的. 美国数学家拉萨尔早在 20 世纪 60 年代就曾说过："稳定性理论在吸引着全世界数学家的注意，而且李雅普诺夫直接法现在得到了工程师们的广泛赞赏.""稳定性理论在美国正迅速地变成训练控制论方面的工程师们的一个标准部分."

自从神经网络理论中引进李雅普诺夫函数和方法以来，人们对李雅普诺夫稳定性理论的兴趣日益浓厚. 这里只介绍与神经网络有联系的自治系统稳定性定理的原始思想和精神实质，进而说明神经网络稳定性中的若干问题.

美国物理学家霍普菲尔德考虑了下列非线性连续神经网络模型

$$\begin{cases} C_i \dfrac{\mathrm{d}u_i}{\mathrm{d}t} = \sum\limits_{j=1}^{n} T_{ij} V_j - \dfrac{u_i}{R_i} + I_i \\ V_i = g_i(u_i) \end{cases} ,i=1,2,\cdots,n \tag{2.2}$$

式中 R_i 为电阻，C_i 为电容，R_i，C_i 并联以模拟生物神经元输出的时间常数，而跨导 T_{ij} 则模拟神经元之间互连的突触特性，运算放大器则模拟神经元的非线性特性，u_i 为第 i 个神经元的输入，V_i 为输出.

假设 $C_i>0$，$V_i=g_i(u_i)$ 为严格单调可微函数，$T_{ij}=T_{ji}$. 在这些假设下，霍普菲尔德采用如下的李雅普诺夫函数（或称计算能量函数）

$$E(V)=-\frac{1}{2}\sum_{i=1}^{n}\sum_{j=1}^{n}T_{ij}V_iV_j-\sum_{i=1}^{n}V_iI_i+\sum_{i=1}^{n}\frac{1}{R_i}\int_0^{V_i}g^{-1}(\xi)\mathrm{d}\xi$$

沿式(2.2)的运动轨迹对 $E(V)$ 求导，代入假设并整理得

$$\frac{\mathrm{d}E}{\mathrm{d}t}\bigg|_{(2)}\leqslant 0$$

而

$$\frac{\mathrm{d}E}{\mathrm{d}t}\bigg|_{(2)}=0\Leftrightarrow\frac{\mathrm{d}V_i}{\mathrm{d}t}=0\Leftrightarrow\frac{\partial E}{\partial V_i}=0\Leftrightarrow\sum_{j=1}^{n}T_{ij}V_j-\frac{u_i}{R_i}+I_i=0,i=1,2,\cdots,n$$

据此，霍普菲尔德得出以下两个结论：

(1)神经网络系统必然演化到一个平衡点，此平衡点是渐近稳定的，或者说整个神经网络系统(2.2)是稳定的.

(2)神经网络的这些渐近稳定平衡点恰恰是能量 $E(V)$ 的极小值点.

长期以来，人们对霍普菲尔德的这两个结论并不怀疑，而且对第二个结论倍加赞赏，只是认为，其美中不足是所得极小值点不一定是全局极小值点，且只是演化的收敛区域未给出.

廖晓昕教授在研究当前神经网络稳定性及优化计算中的数学理论问题时指出：

(1)霍普菲尔德方法和类似方法最大的优点是用神经网络电路方法，通过解的演化以模拟方式，迅速地找到能量函数 $E(V)$ 的某些驻点(注意，不一定是极小值点)，而 $E(V)$ 的驻点恰恰是神经网络

$$C_i \frac{\mathrm{d}u_i}{\mathrm{d}t} = \sum_{j=1}^{n} T_{ij} V_j - \frac{u_i}{R_i} + I_i V, i = 1, 2, \cdots, n$$

的平衡解(奇点).

前面已谈到,求解一个非线性方程组是非常困难的. 而用模拟方法,只要构造出神经网络电路,输入一个初始值 x_0,系统便能自动而迅速地演化到一个依赖于此初始值 x_0 的平衡点 $x^*(x_0)$. 这正是其新颖独到且令人极感兴趣之处.

(2)然而,从稳定性的数学理论上看,霍普菲尔德方法并不严格. 他借助于李雅普诺夫直接法思想,巧妙地构造出了所谓计算能量函数 $E(V)$,却对李雅普诺夫稳定性理论断章取义. 李雅普诺夫的各种稳定性都有严格的数学定义,被研究是否稳定的平衡解 $x = x^*$ 本身是已知的,且规范化为 $x^* = 0$. 李雅普诺夫函数 V 的数学限制(如 V 是正定的,$\mathrm{d}V/\mathrm{d}t$ 是负定的等)都是十分严格的,通过对 V 本身的限制,实质上是把系统的平衡解 $x = x^* = 0$ 和 V 函数的极小值点 $x = 0$ 预先人为地对应起来,把轨线 $x(t, t_0, x_0)$ 趋于原点与 $V(x(t, t_0, x_0)) \triangleq V(t) \to 0$(当 $t \to +\infty$)对应起来. 因此,李雅普诺夫定理论证严谨,结论准确. 而霍普菲尔德神经网络系统的平衡位置却是未知的,$x = 0$ 不一定是平衡位置. 究竟要研究哪个平衡位置的稳定性,给定一个具体平衡位置,欲知它是否稳定,霍普菲尔德方法无法回答,缺乏严格的定义. 霍普菲尔德构造的能量函数在数学上几乎没加什么假设,函数本身的极值点和神经网络的平衡解是怎样的一种对应关系并不清楚. 他试图通过构造 $E(V)$,利用神经网络电路的演化既找到 $E(V)$ 的极小值点,解决某些优化问题,又找到神经网络的平衡点，并证明这些平衡点是渐近稳定的．然而，这一般是不对的．

因 $E(V)$ 沿方程(2.2)的轨线求导的本质含义是将解 $x(t,t_0,x_0)$ 代入 $E(V)$ 之中，则 $E(V(x(t,t_0,x_0)))\triangleq E(t)$ 是 t 的一元函数．满足 $\mathrm{d}E(t)/\mathrm{d}t=0$ 的点不一定是 E 的极小值点，还可能是拐点．因此，霍普菲尔德找到的只是极小值点满足的必要条件，而不是充分条件．用他的方法找到的神经网络的奇点(或平衡解)，可能是李雅普诺夫意义下的渐近稳定点，也可能是李雅普诺夫意义下不稳定的鞍点型奇点．

(3)现在，许多人对于霍普菲尔德方法得到的平衡位置是渐近稳定的，又是能量函数 $E(V)$ 的极小值点，似乎都不怀疑，只是认为他找到的是局部渐近稳定点，$E(V)$ 的局部极小值点，没有给出局部渐近稳定的吸引区域的估计，没有给出全局优化的计算问题．他们期望用神经网络本身的模拟方法解决吸引区域问题及全局优化问题，这恐怕是极难的．因为用霍普菲尔德方法找到的神经网络的平衡点(或 $E(V)$ 的驻点)依赖于初始值 x_0，从不同的 x_0 出发，演化可能收敛于不同的奇点(或 $E(V)$ 的驻点)，即使试验多次，输入多个不同的 x_0 值，演化都收敛于同一奇点，也只能是不完全归纳．数学是演绎科学，不承认没有经过严格证明而单靠有限次实验所得到的结论．

为此廖晓昕教授建议：用霍普菲尔德的演化模拟方法找出神经网络的奇点(或能量函数 $E(V)$ 的驻点)，然后再借助于其他数学方法(如成熟的李雅普诺夫稳定性方法)证明这些奇点哪些是稳定的，哪些是不稳定的，哪些是能量函数真正的极小值点，哪些则

不是.渐近稳定的奇点的吸引区域也可借助于合适的李雅普诺夫函数来估计.对神经网络有兴趣的各行各业的学者应联合起来,互相学习,取长补短,共同促进神经网络理论和应用的蓬勃发展.

§5　费马与积分思想的发展

线是由点构成的,就像链是由珠子穿成的一样;面是由直线构成的,就像布是由线织成的一样;立体是由平面构成的,就像书是由页组成的一样.不过,它们都是对于无穷多个组成部分来说的.

——卡瓦列里(B. Cavalieri)

积分思想是近代数学中的重要思想,费马为它的创立做出了无可替代的工作,虽然没有最后完成,但也十分接近,需要指出的是费马的积分思想并不是凭空想出来的,而是许多古代数学家杰出思想的积累的必然产物.可以说定积分的思想,早在古希腊时代就已经萌芽.大连理工大学的杜瑞芝教授曾撰文指出:公元 5 世纪,德莫克利特(Democritus)创立了原子论,把物体看作是由大量的微小部分(称为原子)叠合而成的,从而求得锥体体积是等高等底柱体的$\frac{1}{3}$.古希腊数学家欧多克斯(Eudoxus)又提出确定面积和体积的新方法——穷竭法(这一方法在 17 世纪才定名),从中可以清楚地看出无穷小分析的原理.欧多克斯利用他的方法证明了一系列关于面积和体积的定理. 阿基米德(Archimedes)成功地把穷竭法、原子论思想和杠杆原理结合起来,得到抛物线弓形面积和回转锥线体的体积,他的种种方法都隐含着近代积分学的思想.

数学史的研究,不仅要注重内史还要涉及外史,即当时社会状态对数学的需求与影响.

17 世纪,这是一个由中世纪过渡到新时代的时期,资本主义刚开始发展,生产力得到解放. 生产中出现了简单的机械,并逐步过渡到使用比较复杂的机器. 工业以工场手工业的方式转向以使用机器为基础的更完善的形式. 生产力的发展影响了生产关系的发展,产生了工业资本. 社会经济的发展和生产技术的进步促使技术科学急速向前发展. 例如,在航海方面,为了确定船只的位置,要求更加精密的天文观测. 在军事方面,弹道学成为研究的中心课题. 准确时钟的制造,也吸引着许多优秀的科学家. 运河的开凿,堤坝的修筑,行星的椭圆轨道理论,也都需要复杂的计算. 所有这些课题都极大地刺激了数学的发展,古希腊以来所发展起来的初等数学已经远远不能满足当时的需要了,于是一个史无前例的富于发现的时代来到了.

在这一时期,研究运动成为自然科学的中心问题. 数学作为自然科学的基础和研究手段在数学研究中也自然而然地引入了变量和函数的概念,数学的发展处于从初等数学(常量数学)向高等数学(变量数学)过渡的时期. 标志着新时期的开始的是解析几何的创立,紧接着就是微积分的兴起.

微积分的出现,最初是为了处理 17 世纪人们所关注的几类典型的科学问题. 求物体运动的瞬时速度,

求曲线的切线,求函数的最大值和最小值,这些都是微积分学的典型问题.

古希腊时代诡辩家安提丰(Antiphon)在研究化圆为方问题时,提出了一种求圆面积的方法,后人称之为"穷竭法".在圆内作一内接正方形后,不断将其边数倍增加,希望得到一个与圆重合的多边形,从而来"穷竭"圆的面积.欧多克斯受安提丰和德莫克利特的影响,试图把穷竭法建立在科学的基础上,提出了下列著名原理:"对于两个不相等的量,若从较大量减去大于其半的量,再从所余量中减去大于其半的量,继续重复这一步骤,则所余之量必小于原来较小的量."若反复执行原理所指出的步骤,则所余之量要多小就有多小.这一原理是近代极限理论的雏形.欧多克斯和阿基米德都利用穷竭法求出了一系列平面图形的面积和立体的体积.

穷竭法虽然是建立在较为严格的理论基础上,但是,由于缺乏一般性,即使是对于比较简单的问题也必须采用许多技巧,其结果又往往得不到准确的数字解答.所以在一段时间里,此法遭到冷落,后因阿基米德而复兴.17 世纪初期,阿基米德的工作在欧洲被重新研究.成批的学者对面积、体积、曲线长和重心问题产生了极大兴趣,于是穷竭法先是被逐步修改,最终为现代积分法所代替.

在 17 世纪,第一个阐述阿基米德方法并推广应用的是德国天文学家、数学家开普勒(J. Kapler).他在研究天体运动问题时,不知不觉地遇到了类似无穷小量的一些概念.他建立了运用这些概念的一种特殊方法,我们称之为"无限小元素法".

据说开普勒曾被体积问题所吸引，这是因为他注意到酒商用来量酒桶体积的方法不精确. 开普勒为了求一个酒桶的最佳比例，结果导致他决心写一部完整的计算体积的论著——《酒桶的新立体几何》(*New Solid Geometry of Wine Barrels*，1615). 一位富翁曾劝告他的儿子说："只想喝一杯牛奶，何必买下一头奶牛."但数学家的思维却恰恰相反，他们往往会为了解决一个特殊问题而去发展一套庞大的理论. 这部著作包括三部分内容：第一部分是阿基米德式的立体几何，带有附录，其中有个阿基米德没讨论过的问题；第二部分是对奥地利酒桶的测量；第三部分讲应用.

开普勒所使用的方法的要点是，在求线段和弧的长度、平面图形的面积、物体的体积时，他把被测量的量分成很多非常小的部分，然后利用几何论证求这些小部分的和. 因此，我们称之为"无限小元素法". 这种方法是现代积分法的前奏，它明显地带有希腊数学家德莫克利特"原子论"的遗风.

开普勒的著作从最简单的求圆面积开始，他把圆看成是边数为无限的多边形，圆的面积看成是由无限多个顶点在圆心、以多边形的边为底的无限小的等腰三角形所组成. 因此，圆面积等于圆周长与边心距——在边数无穷时即是圆的半径——乘积之半，即 $2\pi r \cdot \frac{1}{2}r=\pi r^2$. 开普勒用同样方法计算球的体积，他把球看成是由无限多个顶点在球心，底面构成球的表面的无限小的锥体所组成. 因此，球的体积等于球的表面积与半径乘积的三分之一，即 $4\pi r^2 \cdot \frac{r}{3}=\frac{4}{3}\pi r^3$.

圆环即一个圆绕它所在平面上且在圆外的一条

轴旋转一周所形成的立体. 开普勒在求圆环体积时，用无穷多个通过旋转轴的平面把圆环截成许多很小的部分，这些小部分很像弯曲的圆柱体. 开普勒以一个直圆柱来代替弯圆柱，这个直圆柱的底就是用以旋轴的圆. 他认为这个小的直圆柱与截得弯圆柱等积. 开普勒把从圆环中截出的每一份弯圆柱都用相应的直圆柱来代替，并把它们叠合起来，这样得到一个直圆柱与圆环等积.

当旋转轴在已知圆的内部时，开普勒把这种特殊情形的圆环称为“苹果”或“柠檬”. 这就是说，由圆的比半圆大的弓形绕它的弦旋转所得到的旋转体叫作“苹果”，而比半圆小的弓形绕它的弦旋转所得的旋转体叫作“柠檬”. 开普勒求出这种“苹果”的体积等于用平面从圆柱中截出的楔形的体积.

开普勒这种用同维的无穷小元素之和来确定面积和体积的方法，是建立在他的思想中连续性原则的基础上的. 早在 1604 年，他的《天文学的光学部分》(*Ad Vitellionem Paralipomena, quibus Astronomiae pars Optica Traditur*)中就出现了“一个数学对象从一个形状能够连续变到另一形状”的思想. 因此，在把圆看成是无穷多个三角形之和时，他认为两种图形本质上没有什么区别. 有时他也认为面积就是直线之和.

开普勒的思想和方法影响了意大利的一位大几何学家，这就是伟大的天文学家、机械工程师、物理学家伽利略(Galileo)的学生卡瓦列里. 他把开普勒的无限小元素法发展成为著名的“不可分原理”. 伽利略对他的工作给予了极高的评价，认为他是当时最卓越的数学家之一，他的才能不亚于阿基米德.

卡瓦列里生于意大利的米兰,早年得到良好的教育,后来任波伦那大学教授(1629～1647),著有圆锥论(1632)、三角学(1632)、光学和天文学等方面的书.卡瓦列里的最大贡献是提出了"不可分原理"(Principle of indivisibles).他的思想方法对于17世纪上半叶微积分发展所遵循的路线的影响是巨大的.

卡瓦列里在他的重要著作《连续不可分几何》(*Geometria Indivisibilibus Continuorum Nova Quadam Ratione Promota*)中指出,面积是由无数个平行线段构成的,体积是由无数个平行平面构成的.他分别把这些个体叫作面积和体积的不可分元素.

卡瓦列里认为不可分元素充满了已知平面或空间图形.为此,他引入了"全体不可分元素之和"的概念,以便在两块面积或两个立体之间进行比较.

为了计算 $\sum_A^B x^2$(即$\int_0^a x^2 \mathrm{d}x$),卡瓦列里令

$$\sum_A^B a^2 = \sum_A^B (x+y)^2 = \sum_A^B x^2 + 2\sum_A^B xy + \sum_A^B y^2 =$$

$$2\sum_A^B x^2 + 2\sum_A^B xy$$

令 $x=\frac{a}{2}-z, y=\frac{a}{2}+z$,因此

$$\sum_A^B a^2 = 2\sum_A^B x^2 + 2\sum_A^B \left(\frac{a^2}{4}-z^2\right)$$

$$\sum_A^B a^2 = 4\sum_A^B x^2 - 4\sum_A^B z^2$$

经过计算不难得出

$$\sum_A^B z^2 = \frac{1}{4}\sum_A^B x^2$$

于是
$$\sum_A^B a^2 = 4\sum_A^B x^2 - \sum_A^B x^2$$
即
$$\sum_A^B x^2 = \frac{1}{3}a^3$$

这相当于得$\int_0^a x^2 \mathrm{d}x = \frac{1}{3}a^3$. 这里卡瓦列里以$\sum_A^B a^2$表示边长为 a 的正方体的体积.

用类似的方法考虑
$$\sum_A^B a^3 = \sum_A^B (x+y)^3$$
可得出
$$\sum_A^B x^3 = \frac{1}{4}a^4$$
由此可推出一般的结果
$$\sum_A^B x^n = \frac{1}{n+1}a^{n+1}$$
这些元素之和的比作为面积与体积之比. 从比较两个立体的不可分元素出发，卡瓦列里得到下列著名的定理：

如果两个立体等高，且它们的与底有相等距离的平行截面恒成定比，那么这两个立体的体积之比就等于这个定比.

除了上述定理之外，卡瓦列里还发明了一种计算定积分$\int_0^a x^n \mathrm{d}x$ 的方法. 我们用现代的术语和符号来讨论他的方法.

设正方形 $ABCD$ 的边长为a，联结 AC 得到两个全等三角形. 以 x 和 y 分别表示两个三角形中平行于BC边之截线，因此在任何位置都有 $x+y=a$. 这里 x，y，a

分别表示两个三角形和正方形的不可分元素，它们的面积用 $\sum_A^B x$，$\sum_A^B y$，$\sum_A^B a$ 来表示. 这里的“不可分元素之和”即“线段之和”. 因为 $\triangle ABC$ 与 $\triangle ADC$ 面积相等，它们之和等于正方形的面积，即

$$\sum_A^B x + \sum_A^B y = \sum_A^B a$$

所以 $$\sum_A^B x = \frac{a^2}{2}\left(\text{即}\int_0^a x\,\mathrm{d}x = \frac{a^2}{2}\right)$$

这实际上等价于定积分

$$\int_0^a x^n\,\mathrm{d}x = \frac{a^{n+1}}{n+1}$$

这个定理在欧洲称卡瓦列里定理. 事实上，我国数学家祖暅(祖冲之的儿子)早在公元 6 世纪就提出了同样内容的定理:“幂势既同，则积不容异”(“幂”是截面积)，比卡瓦列里早 1 100 年以上!

卡瓦列里计算到 $n=9$. 这些具有普遍性的结果对定积分概念的发展具有深远的影响. 卡瓦列里的《连续不可分几何》在微积分历史上具有重要地位，许多研究几何学中无限小问题的数学家还乐于引用并推崇它. 事实上，卡瓦列里距现代积分学的观念还很远，他的理论只不过是希腊人的穷竭法向牛顿、莱布尼兹微积分学的一种过渡而已. 卡瓦列里本人似乎也只是把他的方法看作避免穷竭法的实用的几何措施，而对这种方法的逻辑基础毫无兴趣. 在他的著作中完全回避代数方法，只使用古代数学家的几何方法，因此不可分原理遭到同时代人的批评. 在卡瓦列里所处的那个时代，代数符号的使用已经相当流行了. 如果他使用代数符号，也许会比较简单和精密地解决他所提出

的问题.

卡瓦列里这样不注意数学严密性的要求,使许多数学家对他的不可分原理的可靠性表示了怀疑.意大利数学家托里拆利(E. Torricelli)、英国数学家沃利斯(J. Wallis)、法国数学家帕斯卡(B. Pascal),都力图把卡瓦列里的不可分原理算术化.特别是费马也对卡瓦列里的结果给出较为严密的证明.

例如,费马在计算曲线 $y=x^2$ 下的面积时,放弃了不可分元素,而以等距离的纵坐标把面积分成窄长条,并依据不等式

$$1^n+2^n+\cdots+(k-1)^n<\frac{k^{n+1}}{n+1}<1^n+2^n+\cdots+k^n$$

也得到了相当于定积分 $\int_0^a x^n\mathrm{d}x=\frac{a^{n+1}}{n+1}$ 的结果.

对于形如 $x^p=y^q$ 的抛物线,费马把函数 $y=x^{pq}$ 的图像下的面积不是按等距离的纵坐标分为窄长条,而是在横轴上取坐标为

$$x,ex,e^2x,e^3x,\cdots$$

的点,这里 $e<1$.然后在这些点上作纵坐标,则相邻长条间的面积将形成无穷几何级数.由此费马求得矩形之和为

$$x^{(p+q)/q}\left(\frac{1-e}{1-e^{(p+q)/q}}\right)$$

费马指出,为了求得这种抛物线下的面积,不仅要有无限多个这种矩形,而且每个矩形的面积必须为无限小.为此,他首先作变换 $e=E^B$,于是上述和式成为

$$x^{(p+q)/p}\left(\frac{1-E^q}{1-E^{p+q}}\right)=$$

$$x^{(p+q)/p}\frac{(1-E)(1+E+E^2+\cdots+E^{q-1})}{(1-E)(1+E+E^2+\cdots+E^{p+q-1})}$$

约去因子$(1-E)$,再令 $e=1$,则 $E=1$,从而和式等于 $\frac{qx^{(p+q)/q}}{p+q}$. 此即计算定积分

$$\int_0^x x^{p/q}\mathrm{d}x=\frac{p+q}{q}x^{(p+q)/q}$$

费马实质上是运用极限思想求出了形如$\frac{0}{0}$的不定式的值,他还把这一结果推广到负指数. 从这个意义上说,费马的思想方法已经接近现代的积分学. 拉格朗日、拉普拉斯和傅里叶都曾称费马是“微积分的真正的发明者”,但是,泊松正确地指出:“费马没有认识到求积问题是求切线问题的逆运算.”

注记 微分的一个简单刻画.

Włodzimierz Bąk 指出:作用在一个实变量的实函数上的算子 $D=\frac{\mathrm{d}}{\mathrm{d}x}$的主要性质如下:

1. 线性;

2. 对任意充分光滑的函数 f,它在 x_0 处有局部极值的必要条件是 $D(f)(x_0)=0$. 那么我们要问,作用在函数上的什么其他的算子能满足这些性质? 这就使我们引进费马算子的形式定义.

令 C^2 表示$\mathbb{R}$ 上所有实值(二次)[①]连续可微函数的空间.

① 原文此处漏了“twice(二次)”. ——译注

定义 2.1　一个线性映射 $f \mapsto F(f), f \in C^2$ 被称为一个费马算子，若对使 $f(x_0)$ 是一个局部极值的所有点 x_0 有 $F(f)(x_0)=0$.

K. Boyadzhiev[①] 证明了在一类多项式上的任意费马算子必定是(最多相差一个乘法因子)一个微分. 正如我们将要看到的那样，这个结果可以推广到所有二次连续可微函数的空间上.

定理 2.1　任何对于 $f \in C^2$ 满足条件(2.1)和(2.2)的算子 F 具有下述形式

$$F(f)(x)=c(x)\frac{\mathrm{d}}{\mathrm{d}x}f(x)$$

其中 $c(x)$ 是某个与 f 无关的(不必连续的)函数.

对于它的证明而言，下面简单的观察是关键的.

引理 2.1　若 $f \in C^1$ 和 $f(0)=0$，则存在一个正常数 a，使得函数 $g(x)=f(x)+ax$ 在 0 处改变符号.

证明　g[②] 在 0 附近的一阶泰勒(Taylor)公式是

$$g(x)=f(x)+ax=f(0)+\frac{f'(0)}{1!}x+R(x)x+ax=$$

$$x(a+f'(0)+R(x))$$

这里当 $x \to 0$ 时 $R(x) \to 0$. 因而，若 $a>0$ 充分大，则我们即有 $a+f'(0)+R(x)>0$，所有在 0 的某个邻域中 $\operatorname{sgn}(g(x))=\operatorname{sgn}(x)$.

系　对于任意函数 $f \in C^2$ 和点 x_0，存在一个常数 a，设计的函数 $g(x)=f(x)-f'(x_0)x+a(x-x_0)^2$ 在 x_0 处达到一个局部极值.

---

① K. Boyadzhiev. *A characteristic property of differentiation*, Amer. Math. Monthly, 1999(106):353-355.

② 原文误为 f. ——译注

现在我们可以来证明我们的定理了.

假设 F 是一个费马算子,并令 $c(x)=F(\mathrm{id})(x)$,这里 $\mathrm{id}(x)=x$ 是恒同映射. 对于 $f\in C^2$ 和点 x_0,我们如在系中那样取函数 g. 如果我们应用 F,并利用它的线性性质,我们就得到

$$F(g)(x)=F(f)(x)-f'(x_0)c(x)+aF((x-x_0)^2)(x)$$

因为映射 g 和 $x\mapsto(x-x_0)^2$ 在 x_0 处有局部极值,从而就得到,对任意的 x_0,有

$$F(f)(x_0)=c(x_0)f'(x_0)$$

不幸之至的猜测

第3章

§1 不幸之至的猜测

我们把假素数叫作波利特数. 1926年波利特(P. Poulet)发表了到5×10^8为止的奇假素数表,1938年他又把这个表扩充到10^9. 因此,假素数被称为波利特数. 例如,我们可以证明2 047是一个波利特数.

首先,$2\ 047=2^{11}-1$,并且$2\ 047=11\times186+1$,所以$2^{2\ 047}-2=2^{11\times186+1}-2=2(2^{11\times186}-1)=2((2^{11})^{186}-1^{186})=2(2^{11}-1)(\cdots)=2(2\ 047)(\cdots)$.

我们注意到这个波利特数具有下述性质:它的所有因子d也都满足波利特数的定义关系$d\mid2^d-2$. 因为2 047的素数分解是23×89,可见2 047的因子就是这两个素数,从而费马小定理保证这

两个素因子满足$d|2^d-2$. 一个波利特数，如果它的所有因子 d 都满足$d|2^d-2$，就叫作超波利特数. 我们已经看到，费马定理保证了所有素因子满足这个关系. 因此，我们可以给出超波利特数的一个等价定义：一个波利特数，如果它的合成因子也都是波利特数，就叫作超波利特数.

并非所有波利特数都是超波利特数. 例如，对于波利特数 561，我们有 $561=3\times11\times17$，所以 33 是一个因子，但是 $33\nmid2^{33}-2$. 为了看出这点，注意 $2^{10}=1\,024=11\times93+1=1\pmod{11}$，所以 $2^{30}\equiv1\pmod{11}$. 可是 $2^3\equiv8\pmod{11}$，所以 $2^{33}\equiv8\pmod{11}$，$2^{33}-2\equiv6\pmod{11}$. 因此，$11\nmid2^{33}-2$，从而$33\nmid2^{33}-2$. 于是，波利特数有的是超波利特数，有的则不然. 原来，不论是波利特数还是超波利特数，每种都有无穷多个.

1936 年，美国数学家莱默证明：存在无穷多个波利特数，每一个都只有两个素因子，例如 2 047，从而保证了有无穷多个超波利特数. 另外，任何偶数都不可能是超波利特数，而比格定理(1951)断定有无穷多个偶波利特数. 我们可以证明：所有超波利特数都是奇数.

假若不然，偶数 $2n$ 是超波利特数. 这时我们有：

(1) $2n|2^{2n}-2$.

(2)对于因子 n 也有 $n|2^n-2$.

把(1)遍除以 2 可见，$n|2^{2n-1}-1$，所以 n 必定是奇数. 因此，关系(2)即是 $n|2(2^{n-1}-1)$，将给出 $n|2^{n-1}-1$. 从而，我们看出，n 整除差数$(2^{2n-1}-1)-(2^{n-1}-1)$(因为 n 整除每一项)，即是 $n|2^{2n-1}-2^{n-1}$，

或 $n|2^{n-1}(2^n-1)$. 由于 n 是奇数，所以 $n|2^n-1$. 由于 n 也整除 2^n-2，所以它必须整除两者之差，即是整除 1. 从而，$n=1,2n=2$. 于是，素数 2 是超波利特数，因而是波利特数. 但是，按定义，波利特数都是合成数，所以 2 不可能是波利特数.

与费马小定理有关的还有其他的数. 费马小定理说明，素数 n 整除 a^n-a，不论 a 是什么整数. 对于与 n 互素的整数 a，我们有

$$n|a^n-a=a(a^{n-1}-1)$$

所以 $n|a^{n-1}-1$. 如果，只要 a 和 n 互素(即$(a,n)=1$)，就有 $n|a^{n-1}-1$，这样的合成数 n 中心叫作卡迈克尔(Carmichael)数，因为这是卡迈克尔于 1909 年首先考虑的. 显然，绝对假素数(即是一个合成数 n，使得对所有整数 a 满足 $n|a^n-a$)都是卡迈克尔数，反过来也对，这就说明卡迈克尔数和绝对假素数是一回事.

还有一些合成数 n，使得只要$(a,n)=1$，就有 $n|a^{n-2}-a$. 例如 $n=195$ 就是这样的数. 195 的素分解是 $3\times5\times13$，这些素数每一个都整除 $a^{193}-a$，不论 a 是什么整数. 我们考虑素数 5 的情形，其余的类似，即

$$193=(5-1)\times48+1=4\times48+1$$

所以

$$a^{193}-a=a^{4\times48+1}-a=a((a^4)^{48}-1^{48})=$$
$$a(a^4-1)(\cdots)=(a^5-a)(\cdots)$$

由于 5 是素数，费马小定理给出 $5|a^5-a$，从而保证$5|a^{193}-a$.

如果 a 和 n 互素，那么关系

$$n|a^{n-2}-a=a(a^{n-3}-1)$$

给出 $n|a^{n-3}-1$. 大于 3 的自然数 n(不只是合成数)，

使得只要$(a,n)=1$，则

$$n|a^{n-3}-1$$

则称为 D 数. 这是莫罗(D. C. Morrow)在 1951 年研究的. 我们可以证明奇素数的三倍总是一个 D 数，这就表明 D 数有无穷多.

奇素数 $p=3$ 单独考虑，这时 $n=3p=9$. 我们要证明：对于所有的整数 a，只要$(a,9)=1$，就有 $9|a^6-6$. 因为 a 和 9 互素，所以我们有

$$a\equiv\pm1,\pm2,\pm4 \pmod 9$$

在每种情况下我们都容易验证 $a^6\equiv1 \pmod 9$，即所求证.

现在假设 $n=3p$，其中 p 是大于 3 的奇素数. 我们来证明只要$(a,n)=(a,3p)=1$，则

$$n=3p|a^{3p-3}-1$$

因为$(a,3p)=1$，所以 a 不是 3 的倍数，于是 $a\equiv\pm1 \pmod 3$，$a^2\equiv1 \pmod 3$，从而对所有自然数 k 有 $a^{2k}\equiv1 \pmod 3$. 这就是说，a 的所有偶数次幂都模 3 余 1. 由于 p 是奇数，所以 $3p-3$ 是偶数，从而 $a^{3p-3}-1$ 被 3 整除.

由于 p 大于 3 而 p 是素数，所以$(3,p)=1$. 于是，如果 3 和 p 每一个都整除 $a^{3p-3}-1$，那么其乘积 n 也是如此. 为了完成我们的证明，只需证明 p 整除 $a^{3p-3}-1$. 我们有

$$a^{3p-3}-1=(a^{p-1})^3-1^3=(a^{p-1}-1)(\cdots)$$

据费马小定理，由于$(a,p)=1$，我们看出，$p|a^{p-1}-1$. 证毕.

1962 年马可夫斯基(A. Makowski)证明：对所有自然数 $k\geqslant2$ 都存在无穷多个合成数 n，使得只要$(a,$

$n)=1$,则

$$n\mid a^{n-k}-1$$

对于 $k=3$,这个定理肯定了存在无穷多个合成 D 数.对于 $k=2$,这个定理断定存在无穷多个合成数 n,使得,只要 $(a,n)=1$,则

$$n\mid a^{n-2}-1$$

对于这样的 n,我们看出,只要 $(a,n)=1$,则 $n\mid a^{n-1}-a$.我们还可以进一步断定:存在无穷多个合成数 n,使得 $n\mid a^{n-1}-a$ 对所有整数 a 都成立,不论 a 和 n 是否互素.我们来证明:若 p 是奇素数,则 $n=2p$ 就是这样的数.

显然,a 和 a^{n-1} 同时是奇数或同时是偶数,所以 $2\mid a^{n-1}-a$.由于 p 是奇素数,我们有 $(2,p)=1$,所以,只要 2 和 p 都整除 $a^{n-1}-a$,则 n 亦然.既然

$$a^{n-1}-a=a^{2p-1}-a=a(a^{2p-2}-1)=a((a^{p-1})^2-1^2)=$$
$$a(a^{p-1}-1)(a^{p-1}+1)=(a^p-a)(a^{p-1}+1)$$

而费马小定理给出 $p\mid a^p-a$,这就完成了所要的证明.

令 p 表示 n 的最小素因子,于是 p 也是奇数,因而

$$(p,2)=1$$

按照费马小定理,我们有 $p\mid 2^{p-1}-1$.

现在我们考虑使得 $p\mid 2^m-1$ 的 m 的值.我们已知 $m=p-1$ 是一个值,也许还会有 m 的一些值是小于 $p-1$的,令 q 表示 m 的最小值,于是我们有 $q\leqslant p-1$,$p\mid 2^q-1$.由于 p 是素数,它大于 1,所以要使 2^q-1 被 p 整除,必须使 q 大于 1.于是我们有

$$1<q\leqslant p-1$$

即

$$1<q<p$$

若我们能证明 q 整除 n，则 p 不是 n 的最小素因子（q 的任何素因子都比 p 小），从而得到矛盾.

我们仍然用反证法，假设 q 不能整除 n. 这时我们将有

$$n=kq+r, k\in\mathbf{Z}, 0<r<q$$

既然 $p\mid 2^q-1$，即 $2^q\equiv1(\mathrm{mod}\ p)$，所以

$$2^k-1=2^{kq+r}-1=2^r(2^q)^k-1\equiv2^r-1(\mathrm{mod}\ p)$$

由于 $n\mid 2^n-1$，而 $p\mid n$，所以 $p\mid 2^n-1$，即 $2^n-1\equiv0(\mathrm{mod}\ p)$. 因此，我们有

$$2^r-1\equiv0(\mathrm{mod}\ p)\text{或}\ p\mid 2^r-1$$

但是 $r<q$，这与 q 作为 m 的最小值矛盾.

不难证明：存在无穷多个自然数 n，使得 $n\mid 2^n+1$. 事实上，$n=3^k$，$k=0,1,2,\cdots$，就是这样的数. 证明是归纳法的简单应用，留给读者.

最后，存在无限多个自然数 n，使得 $n\mid 2^n+2$（如 $n-2,6$ 以及 66），同时却没有任何 $n>1$ 的自然数，使得 $n\mid 2^{n-1}+1$.

平心而论，像费马提出的这种表素数的公式绝不是可以随便提出来的，同时这个问题也吸引着许许多多业余爱好者. 例如，1983 年 9 月《数学通讯》编辑部收到广西富川县朱声贵先生的一件来稿，他提出一个问题，即

“当 p 为奇素数时，形如 $\frac{2^p+1}{3}$ 的数是不是素数.”

为表示简便起见，我们令 $Z_p=\frac{2^p+1}{3}$，朱声贵先生已经验证：

当 $p=3$ 时，$Z_3=\frac{2^3+1}{3}=3$ 是素数；

当 $p=5$ 时，$Z_5=\frac{2^5+1}{3}=11$ 是素数；

当 $p=7$ 时，$Z_7=\frac{2^7+1}{3}=43$ 是素数；

当 $p=11$ 时，$Z_{11}=\frac{2^{11}+1}{3}=683$ 是素数；

当 $p=13$ 时，$Z_{13}=\frac{2^{13}+1}{3}=2\ 731$ 是素数；

当 $p=17$ 时，$Z_{17}=\frac{2^{17}+1}{3}=43\ 691$ 是素数；

当 $p=19$ 时，$Z_{19}=\frac{2^{19}+1}{3}=174\ 763$ 是素数.

根据这些数据，朱声贵先生猜测：

“对于奇素数 p，一切形如$\frac{2^p+1}{3}$的数都是素数.”

他问这一猜测是否正确？

很明显：这个问题提得是很有意义的.同时从他的来稿可以看出，朱声贵先生本人显然也花费了大量的劳动，编辑部的同志先对数 Z_p 来做初步的讨论，并以此说明此猜测是错误的，为此先讲一个引理.

引理 3.1　设 d 是满足 $a^x\equiv1(\text{mod } m)$的一切正整数 x 中的最小者，那么必有 $d|x$.

事实上，令 $x=nd+r$，这里 $0\leqslant r<d$，再注意到

$$a^x=a^{nd+r}=(a^d)^n\cdot a^r$$

从而就有

$$1\equiv a^x\equiv a^r(\text{mod } m)$$

因为 d 是满足 $a^x\equiv1(\text{mod } m)$的一切正整数 x 中的最小者，又由于 $r<d$，故必有 $r=0$，亦即有 $d|x$，于是引理成立.

有了这个引理，下面我们就可以证明关于 Z_p 的

素因子的一个定理.

定理 3.1 如果 q 为 $Z_p=\dfrac{2^p+1}{3}$ 之素因子,并且 $q>3$,那么必有 $q=2pt+1$,这里 t 为正整数.

证明 由定理的条件可知有

$$2^p+1\equiv 0(\bmod q)$$

即

$$2^p\equiv -1(\bmod q)$$

从而推得

$$2^{2p}\equiv 1(\bmod q)$$

一方面,由于 $2p$ 的因子只有 $1,2,p,2p$ 这四个数,再注意 $q>3$,就显然有

$$2^2\not\equiv 1(\bmod q)$$

$$2^p\not\equiv 1(\bmod q)$$

这就表明 $2^{2p}\equiv 1(\bmod q)$是 $2^x\equiv 1(\bmod q)$的一切正整数 x 中的最小者. 但另一方面,由费马小定理又有 $2^{q-1}\equiv 1(\bmod q)$,故根据引理可知

$$2p\mid q-1$$

亦即 $q=2pt+1$(均为正整数),定理证毕.

根据这个定理,我们要判定 Z_p 是不是素数,就可大大减少计算的工作量,经实际计算,我们得出结果如下:

当 $p=23$ 时,$Z_{23}=\dfrac{2^{23}+1}{3}=2\ 796\ 203$ 是素数;

当 $p=29$ 时,$Z_{29}=\dfrac{2^{29}+1}{3}=178\ 956\ 971=59\times 3\ 033\ 169$;

当 $p=31$ 时,$Z_{31}=\dfrac{2^{31}+1}{3}=715\ 827\ 883$ 是素数.

从上面的计算已经可以看出:对于前面的 10 个

Z_p,有 9 个都是素数,但 Z_{29} 却是两个素数 59 与 3 033 169的乘积,这表明朱声贵先生的猜测是不正确的.

对于 Z_{31} 以后的 Z_p,利用上述定理继续进行验算工作,还得出了以下一些结果:

当 $p=37$ 时

$$Z_{37}=45\ 812\ 984\ 491=1\ 777\times 25\ 781\ 083$$

当 $p=41$ 时

$$Z_{41}=733\ 007\ 751\ 851=83\times 8\ 831\ 418\ 697$$

当 $p=43$ 时

$$Z_{43}=2\ 932\ 031\ 007\ 403$$

当 $p=47$ 时

$$Z_{47}=46\ 912\ 496\ 118\ 443=283\times 165\ 768\ 537\ 521$$

当 $p=53$ 时

$$Z_{53}=3\ 002\ 399\ 751\ 580\ 331$$
$$=107\times 28\ 059\ 810\ 762\ 433$$

当 $p=59$ 时

$$Z_{59}=192\ 153\ 584\ 101\ 141\ 163$$
$$=2\ 833\times 67\ 826\ 891\ 670\ 011$$

在 Z_{31} 以后的 6 个 Z_p 中,除 Z_{43} 尚不知其是否是素数外,其余 5 个 Z_p 均为合数.这几个数的素因子是大冶有色金属公司教育处夏桓山同志计算出来的,他在这方面耐心地做了许多计算工作.例如,他还算出

$$Z_{83}=3\ 223\ 802\ 185\ 639\ 011\ 132\ 549\ 803=$$
$$499\times 6\ 460\ 525\ 422\ 122\ 266\ 798\ 697$$

最后,除了对 Z_{43} 尚不知其是不是素数外,《数学通讯》编辑部的编辑们还提出以下三个问题:

(1)当 p 为奇素数时,我们已经发现有 9 个 Z_p 为

素数,那么 Z_p 这种形状的素数是有限多个还是无限多个呢?

(2)能否断定并证明 Z_p 的素因子个数小于一个固定常数呢?

(3)关于 Z_p 的素因子除了具有上述定理的性质外,是否还有其他的规律或性质呢?

这几个问题,可供有兴趣的读者进一步思考和研究.但那之后并没有什么新的讨论结果出现.

§2 一块红手帕——费马数的挑战

德夫林(Keith Devlin)博士是兰开斯特大学数学方面的高级讲师.他曾在伦敦皇家协会举行的国际数学奥林匹克颁奖仪式上所做的演讲中指出,大多数人会受挫于检验下一个费马数是素数,即

$$F_5=2^{2^5}+1=2^{32}+1=4\ 294\ 967\ 297$$

他说,这表明费马数从刚刚开始就引起了问题.双重取幂意味着这样的数会迅速地变得非常大.它对于计算数学家就像一块红手帕对于一头公牛一样.

正如第 1 章 §3 末尾所介绍的,1878 年苏联数学家彼尔武申证明了 F_{12} 能被 $7\times2^{14}+1=114\ 689$ 整除,F_{23} 能被 $5\times2^{25}+1=167\ 772\ 161$ 整除.这是非常不容易的,因为 $2^{22}+1$ 写成十进制数共有 2 525 223 位.若用普通铅字将其排印出来,将会是长达 5 km 的一行.倘若印成书将会是一部 1 000 页的巨著.更令人吃惊的是,1886 年塞尔霍夫否定了 F_{36} 是素数,他证明了 F_{36} 能被 $10\times2^{38}+1=2\ 748\ 779\ 069\ 441$ 整除.为了帮

助我们想象数字 F_{36} 的巨大，柳卡计算出 F_{36} 的位数比 200 亿还多，印成一行铅字的话，将比赤道还长.

正是因为判断 F_n 是否为素数的极端困难性，许多数学家借此一举成名，可以说每一位对费马数做出判断的人都会为自己赢得巨大的荣誉. 如丹麦数学家克劳森曾证明了费马数 $F_6=2^{2^6}+1$ 的非素数性，因此得到高斯和贝塞尔(Bessel)的赏识.

克劳森是数学家、天文学家. 他生于丹麦斯诺拜克，卒于多帕特，现在的爱沙尼亚塔尔图. 他自学成才，早年学习语言学、数学和天文学. 1828 年到德国慕尼黑光学研究所任职. 1844 年在贝塞尔指导下获博士学位. 1866 年在多帕特任天文台主任和大学教授. 1854 年、1856 年分别成为哥廷根和彼得堡科学院通讯院士. 克劳森一生共出版和发表了 150 多种论著，内容涉及纯粹数学、应用数学、天文学、地理学和地球物理等多门学科. 他长于计算，曾因得出 1770 年的彗星轨道而获得哥本哈根研究院奖励.

1992 年，加利福尼亚州雷德市 NEZT 软件公司的首席科学家克兰德尔(Richard E. Crandall)和多尼亚斯(Doenias)及 Amdahl 公司的诺里(Christopher Norrie)成功地用计算机证明了第 22 个费马数 $2^{2^{22}}+1$ 是合数. 这个数的十进制形式有 100 万位以上，这一证明被称为有史以来为获得一个“一位”答案(即答案为“是”或“否”)而进行的最长计算，总共用了 10^{16} 次计算机运算，这与制作革命性的迪士尼动画片《玩具总动员》(*Toy Story*)时所用的计算机工作量相当.

§3 超过全世界图书馆藏书总和的费马数 F_{73} 的十进制表示

1968 年,《美国数学月刊》(AMM)第 1 119 页刊登了一个编号为 E2024 的问题.此题是由澳大利亚库郎保(Cooorangbong)埃文代尔学院(Avondale College)的埃格尔顿(R. B. Eggleton)提出,并由纽约市的普莱斯(Harray Pless)解答的.

问题 3.1 全世界图书馆的藏书之总数能否提供足够的地方,以便容纳这个巨大的数 F_{73} 的十进制表示?为了回答这个问题,我们从下面涉及全部图书及图书馆的规模的估算出发.

有 100 万家图书馆,每家假定藏书 100 册,每册书有 1 000 页,每页 100 行,每行提供 100 个数字的地方.

作为第二个问题,将确定数 F_{73} 的十进制表示中的最后三位数.

解 (1)给定的假设表明,全部图书馆总共可容纳

$$(100)(100)(1\ 000)(1\ 000\ 000)(1\ 000\ 000)=10^{19}$$

个数字.这实际上是多么大的数啊!显然,我们必须对数 F_{73} 的位数加以估算.由于 $2^{10}=1\ 024>10^3$,因而有

$$2^{73}=8\times2^{70}>8\times10^{21}$$

从而

$$2^{2^{73}}>2^{8\times10^{21}}=(2^{80})^{10^{20}}=((2^{10})^{8})^{10^{20}}>10^{24\times10^{20}}$$

因此，F_{73} 的位数多于 $24\times10^{20}=240(10^{19})$. 这就是说，需要有比我们所设想的那样的图书馆大 240 倍的地方，才能记下 F_{73} 的十进制表示.

(2)为了确定 F_{73} 的最后三位数，我们将不加证明地利用下述两个著名的结论，即：

(i) 一个自然数的平方及其 22 次方，末两位数相同，即

$$n^{22}=n^{2}\pmod{100}$$

(ii) 一个自然数的三次方与 103 次方，末三位数相同，即

$$n^{103}=n^{3}\pmod{1\ 000}$$

对非负的 k，由(i) mod 100 得出

$$n^{k+22}=n^{k}\cdot n^{22}\equiv n^{k}\cdot n^{2}=n^{k+2}$$

因此，可以从大于 22 的幂指数减去 20，而不改变该幂函数的 mod 100 的余数. 所以，多次运用这种方法，每次均使幂指数减少 20，直到幂指数不小于 2 为止. 类似地，从(ii)可以得知，对幂指数的 mod 1 000 可以减少 100 倍，直到得出的幂指数刚刚大于 2 为止.

这就表明

$$2^{73}=2^{60+13}\equiv2^{13}\pmod{100}$$

因此，由 mod 100 有

$$2^{73}\equiv2^{13}=2^{3}\times2^{10}=8\times1\ 024\equiv$$
$$8\times24=192\equiv92\pmod{100}$$

借助一个整数 q 可得

$$2^{73}=100q+92$$

利用(ii)，可得

$$2^{2^{73}}=2^{100q+92}\equiv2^{92}\pmod{1\ 000}$$

经简单的计算表明 $2^{92}\equiv896\pmod{1\ 000}$，因此，$F_{73}=$

$2^{2^{73}}+1$ 以 897 结尾.

后来,圣杰曼(St. Germagin)和斯蒂恩(Steen)利用计算机计算出了数 F_{73} 的最后 40 位数,即

8 947 301 518 995 672 165 296 243 935 786 246 864 897

果然如此! 顺便指出,现代数学的重要成就之一,就是得知了巨大的数

$$F_{1\,945}=2^{2^{1\,945}}+1$$

是一个合数.

与这个庞然大物相比,F_{73} 是极其渺小的. 借助于上述的方法,确定 $F_{1\,945}$ 的最后三位数,要比确定 F_{73} 的最后三位数容易. 读者可能会喜欢自己去证明 $F_{1\,945}$ 的最后三位数是 297.

我们也可以用另一种方法来确定 F_{73} 的最后三位数,而且这次不再应用前述没有证明的结论.

显然

$$2^{10}=1\,024=25t-1\equiv -1 \pmod{25}, t=41$$

由二项式定理得知

$$2^{100}=(2^{10})^{10}=(25t-1)^{10}=$$
$$(25t)^{10}-10(25t)^{9}+\cdots-10(25t)+1$$

因为在这个合数里,除了最后一项外,每一项都可被 125 整除,所以

$$2^{100}\equiv 1 \pmod{125}$$

此外

$$2^{73}=(2^{10})^{7}\times 2^{3}\equiv(-1)^{7}\times 2^{3}\equiv -8 \pmod{25}$$

由此可以得出

$$2^{73}=25k-8$$

其中,k 为整数. 另外,很显然,4 整除 2^{73}. 这就表明

$$2^{73}\equiv 0\equiv -8 \pmod{4}$$

从而有
$$2^{73}=4r-8$$
其中，r 为一个适当的整数，进一步有
$$25k-8=4r-8$$
从而
$$25k=4r$$
因此 $4|k$.

取 $k=4k_1$，我们得到
$$2^{73}=100k_1-8\equiv-8\equiv92(\text{mod } 100)$$
这就是说
$$2^{73}=100q+92$$
其中，q 为一个适当的整数.

因此，我们得到
$$2^{2^{73}}=2^{100q+92}=2^{92}(2^{100})^q\equiv2^{92}(1)^q(\text{mod } 125)$$
从而
$$2^{2^{73}}\equiv2^{92}(\text{mod } 125)$$
令 $2^{92}\equiv x(\text{mod } 125)$，则得
$$2^8\cdot x\equiv2^{100}\equiv1(\text{mod } 125)$$
$$2^8\cdot x=256x\equiv1(\text{mod } 125)$$
$$6x\equiv1(\text{mod } 125)$$
从而有
$$6x\equiv126(\text{mod } 125)$$
$$x\equiv21\equiv-104(\text{mod } 125)$$
由此得知
$$2^{2^{73}}\equiv x\equiv-104(\text{mod } 125)$$
另外，显然 $8|2^{2^{73}}$. 这就是说
$$2^{2^{73}}\equiv0\equiv-104(\text{mod } 8)$$
结果得到
$$2^{2^{73}}\equiv125s-104=8w-104$$
从而导致 $8|s$，$1\ 000|12s$，以及
$$2^{2^{73}}=1\ 000v-104\equiv-104\equiv896(\text{mod } 1\ 000)$$

因此，F_{73}以 897 结尾. 更大的费马数现在都具备研究方法，1987 年，汉堡大学的凯勒(Wilfrid Keller)使用一种筛法找出了大得吓人的数 $F_{23\,471}$ 的一个因子，$F_{23\,471}$的十进制形式大约有 $10^{7\,000}$ 位，而凯勒找到的这个因子本身“只有”大约 7 000 位.

§4　费马跨时代的知音——欧拉

费马一生中从未发表过数学著作，并且他给出的绝大部分定理都没有证明. 在他逝世后的近百年中也很少有人能解决它们. 但是，当欧拉出现之后，一切问题都冰释了，他几乎独自地解决了费马留下的全部问题(尤其是数论问题)，为完善费马的数学思想做出了非凡的贡献，也为费马赢得了许多荣誉. 所以有人把欧拉喻为“费马跨时代的知音”. 对于费马数问题，欧拉也作了深入的研究，但在费马数问题上，他没能为费马赢得荣誉，相反却发现了重大的错误.

据 1729 年哥德巴赫(Goldbach)介绍，欧拉很早就注意到费马数问题，他曾给出相关的两个性质：

(1)任何费马数 F_n 都没有小于 100 的因数.

(2)任意两个费马数都没有公因数.

欧拉给出的性质(1)预示着如果费马素数猜想不成立，即费马数中存在合数，它的因数也将是很大的，不易找到. 这是对费马数问题的最早怀疑. 1732 年，欧拉终于惊喜地发现第六个费马数 F_5 有真因数 641，即

$$F_5=641\times 6\ 700\ 417$$

从此费马在人们心目中"一贯正确"的形象被破坏了！

欧拉的工作彻底改变了人们对费马数研究的观念，事实上从这里开始人们再也没有找到任何新的费马素数，而费马合数却如雨后春笋，不断出现.

在欧拉证明 F_5 是合数之后，曾有人试图弥补费马猜想的不足. 例如，1828 年有一位匿名者猜想：数列

$$2+1,2^2+1,2^{2^2}+1,2^{2^{2^2}}+1,\cdots$$

将唯一地给出所有的费马素数. 然而这也是一个错误的猜测，1895 年马尔威(Malvy)指出费马数 $2^{2^8}+1$ 虽不在这个数列中，但它却是素数.

至于欧拉的第二个结论可由下列数列推出

$$3,5,17,257,65\ 537,\cdots$$

可以看出费马数列满足递推关系

$$F_n=F_0F_1\cdots F_{n-1}+2$$

1935 年，《美国数学月刊》在第 569 页问题 E152 中，对此给出了下述巧妙的证明方法. 这个问题是美国康奈狄格州的哈特福德联邦学院(Hartford Federal College)的罗森鲍姆(J. Rosenbaum)提出的，纽约州布鲁克莱恩(Brooklyn)的芬克尔(Daniel Finkel)给出解答.

$2^{2^0}-1$ 恰好等于 1，因而

$$\begin{aligned}
&1\cdot F_0F_1\cdots F_{n-1}=\\
&(2^{2^0}-1)(2^{2^0}+1)(2^{2^1}+1)\cdots(2^{2^{n-1}}+1)=\\
&(2^{2^1}-1)(2^{2^1}+1)(2^{2^2}+1)\cdots(2^{2^{n-1}}+1)=\\
&(2^{2^2}-1)(2^{2^2}+1)\cdots(2^{2^{n-1}}+1)=\cdots=\\
&(2^{2^{n-1}}-1)(2^{2^{n-1}}+1)=2^{2^n}-1=F_n-2
\end{aligned}$$

由这个关系式出发，很容易证明，任意两个不同

的费马数都是互素的. 当 $m<n$ 时

$$F_n=F_0F_1\cdots F_m\cdots F_{n-1}+2$$

因此,F_m 和 F_n 的共同的约数,也必定是 2 的约数,而 2 的约数则必定是 1 或 2.

我们知道这个约数不可能是 2,因为所有的费马数均为奇数. 因此,它只能是 1,所以 F_m 和 F_n 互素.

由于 $F_n>1$,因此每个费马数都有一个素数约数,它不能整除其他的费马数. 因为有无穷多个费马数,所以对存在无穷多个质数这一点,又得出另一种证明.

这个结果,又直接给出了下述问题的解.

刊于《美国数学月刊》1968 年第 1 016 页的问题 E 2014,是由纽约市布朗克斯社区学院(Bronx Community College)的贾斯特(Erwin Just)和肖姆伯格(Norman Schaumberger)提出的.

问题 3.2 试证明:$2^{2^n}-1$ 至少含有 n 个不同的质数约数.

证明

$$2^{2^n}-1=(2^{2^n}+1)-2=F_n-2=F_0F_1\cdots F_{n-1}$$

后者是 n 个不同的费马数之乘积. 这些费马数互素,因此,该乘积至少含有 n 个不同的质数约数.

在费马数的情形下,还可以证明一个简单的结果,即所有费马数都不是一个平方数或三次方数,并且,除 $F_0=3$ 之外,它们也不是三角数.

(1)F_n 不是平方数.

显然

$$(F_n-1)^2=(2^{2^n})^2=2^{2^{n+1}}=F_{n+1}-1$$

由此得出

$$F_{n+1}=1+(F_n-1)^2$$

因此，可由 $F_n \equiv 2 \pmod 3$ 推得 $F_{n+1} \equiv 2 \pmod 3$. 由于 $F_1 = 5 \equiv 2 \pmod 3$，因而表明当 $n > 0$ 时，$F_n \equiv 2 \pmod 3$.

但是，任何一个平方数都不能 mod 3 与 2 同余（因为 $n \equiv 0, 1, -1 \pmod 3$，从而 $n^2 \equiv 0, 1 \pmod 3$）. 因为 $F_0 = 3$ 不是一个平方数，因此，任何 F_n 都不是平方数.

(2) F_n 不是三次方数.

人们知道，任何一个三次方数，均使 mod 7 与 0，1 或 -1 同余，即

$$n \equiv 0, 1, 2, 3, 4, 5, 6$$

$$n^2 \equiv 0, 1, 4, 2, 2, 4, 1$$

$$n^3 \equiv 0, 1, 1, -1, 1, -1, -1$$

在费马数的情形下，则有 $F_0 = 3$，$F_1 = 5$，由

$$F_{n+1} = 1 + (F_n - 1)^2$$

得出，当 $F_n \equiv 3 \pmod 7$ 时

$$F_{n+1} \equiv 5 \pmod 7$$

当 $F_n \equiv 5 \pmod 7$ 时

$$F_{n+1} \equiv 3 \pmod 7$$

因此，费马数 mod 7 的余数在 3 和 5 之间交替变化，不与 0，1 或 -1 同余. 故任何一个费马数，均不可能是三次方数.

(3) 大于 $3 (F_n > 3)$ 的费马数，不是三角数.

第 n 个三角数是 $t_n = \dfrac{n(n+1)}{2}$，由此得出 $2t_n = n(n+1)$，并且 $n \equiv 0, 1$ 或 $2 \pmod 3$. 当 $n \equiv 0$ 或 $n \equiv 2 \pmod 3$ 时，n 或 $n+1$ 可被 3 整除. 这表明 $t_n \equiv 0 \pmod 3$. 另外，当 $n \equiv 1 \pmod 3$ 时，有等式 $2t_n \equiv$

$n(n+1)\equiv 2 \pmod 3$，这仅当 $t_n\equiv 1 \pmod 3$ 时才可能. 因此，t_n 对 mod 3 而言，与 0 或 1 同余，正如前面已看到的那样，这对大于 3 的费马数是不成立的. 由此即可得证.

§5 难啃的硬果——朱加猜测与费马数

如何判断一个很大的自然数 p 是否为素数，这是人们甚为关心的一个问题. 1950 年，朱加(G. Giuga)猜测：

设 $p>1$，则

$$\sum_{k=1}^{p-1} k^{p-1}+1\equiv 0 \pmod p \tag{3.1}$$

成立是 p 为素数的充要条件.

由费马小定理可知，p 为素数时式(3.1)成立. 但式(3.1)成立则 p 必为素数的猜测至今未能证明. 作为一个难啃的硬果至今没有被解决，但有一些较弱的结果.

成都地质学院的康继鼎及周国富两位先生曾证明了如下的定理.

定理 3.2 式(3.1)成立的充要条件是或 p 为素数，或 $p=\prod_{j=1}^{n} p_j$，其中 $p_1,\cdots,p_n$ 为不同的奇素数，$n>100$，且

$$(p_j-1)\mid(p-1),\ p_j\mid(m_j-1),\ j=1,\cdots,n$$

其中，$m_j=\dfrac{p}{p_j}$.

定理 3.3(判别法 1) 费马数 $F_m=2^{2^m}+1$ 是素数

的充要条件为

$$\sum_{k=1}^{F_m-1} k^{F_m-1}+1\equiv 0 \pmod{F_m} \qquad (3.2)$$

为了证明以上两个定理,先介绍几个易证的引理.

引理 3.2　若 p 为素数,$p\nmid a$,n 为任一自然数,则

$$a^{p-1}\equiv 1 \pmod p,\ a^{n(p-1)}\equiv 1 \pmod p$$

引理 3.3　若 p 为奇素数,$(p-1)\nmid m$,则

$$\sum_{k=1}^{p-1} k^m\equiv 0 \pmod p$$

引理 3.4　若 $p=p^* m$,p^* 为素数,且 $(p^*-1)\mid(p-1)$,则

$$\sum_{k=1}^{p-1} k^{p-1}+1\equiv 1-m \pmod{p^*}$$

证明　由于在 $1,\cdots,p-1$ 中有且只有 $\left[\frac{p-1}{p^*}\right]=\left[\frac{p^* m-1}{p^*}\right]=m-1$ 个数是 p^* 的倍数,因此在$1,\cdots,p-1$中有且只有$(p-1)-(m-1)=p-m$ 个数与 p^* 互素. 记 $p-1=n(p^*-1)$,由于 p^* 是素数,于是根据引理 3.1 就有

$$\sum_{k=1}^{p-1} k^{p-1}+1=\sum_{k=1}^{p-1} k^{n(p^*-1)}+1\equiv$$

$$\sum_{k=1}^{p-1} 1+1=(p-m)+1\equiv 1-m \pmod{p^*}$$

$$(k,p^*)=1$$

引理 3.5　若 $p=\prod_{j=1}^{n} p_j$,其中,$p_1,\cdots,p_n$ 为不同的奇素数,$n\geqslant 2$,且

$$(p_j-1)\mid(p-1),\ p_j\mid(m_j-1),\ j=1,\cdots,n$$

其中，$m_j=\frac{p}{p_j}$，则 $n>100$.

证明 由于 $p_j\mid(m_j-1)$，$j=1,\cdots,n$，故

$$p\mid(\sum_{j=1}^{n}m_j-1)$$

从而

$$\sum_{j=1}^{n}\frac{1}{p_j}-\frac{1}{p}=\frac{\sum_{j=1}^{n}m_j-1}{p}\geqslant 1$$

因此

$$\sum_{j=1}^{n}\frac{1}{p_j}>1 \tag{3.3}$$

又由于 $(p_j-1)\mid(p-1)$，而 $p_i\nmid(p-1)$，因此

$$(p_i,p_j-1)=1,i,j=1,\cdots,n \tag{3.4}$$

若 $n=2$，式(3.3)显然不能成立. 设 $n\geqslant 3$.

以下分 6 种情况讨论，在此，记全体奇素数所组成的集合为 $\overline{P}$.

(i) 若 p 有因子 3,5.

置 $Q=\{q_i\}$ 是 $\overline{P}$ 中去掉所有形如 $3k+1$ 及 $5k+1$ 的素数后所成的集合. 不妨设 $q_1<q_2<\cdots$. 于是由式(3.4)有

$$\sum_{j=1}^{100}\frac{1}{p_j}\leqslant\sum_{j=1}^{100}\frac{1}{q_j}\leqslant 0.93<1 \tag*{$(3.3)_1$}$$

(ii) 若 p 有因子 3，但无因子 5.

置 $Q=\{q_i\}$ 是 $\overline{P}$ 中去掉 5 及所有形如 $3k+1$ 的素数后所成的集合. 不妨设 $q_1<q_2<\cdots$. 于是由式(3.3)有

$$\sum_{j=1}^{100}\frac{1}{p_j}\leqslant\sum_{j=1}^{100}\frac{1}{q_j}\leqslant 0.77<1 \tag*{$(3.3)_2$}$$

(iii) 若 p 无因子 3,但有因子 5,7. 此时仿上讨论,知

$$\sum_{j=1}^{100} \frac{1}{p_j} \leqslant \sum_{j=1}^{100} \frac{1}{q_j} \leqslant 0.98 < 1 \qquad (3.3)_3$$

(iv) 若 p 无因子 3,5,但有因子 7. 此时仿上讨论,知

$$\sum_{j=1}^{100} \frac{1}{p_j} \leqslant \sum_{j=1}^{100} \frac{1}{q_j} \leqslant 0.99 < 1 \qquad (3.3)_4$$

(v) 若 p 无因子 3,7,但有因子 5. 此时仿上讨论,知

$$\sum_{j=1}^{100} \frac{1}{p_j} \leqslant \sum_{j=1}^{100} \frac{1}{q_j} \leqslant 0.92 < 1 \qquad (3.3)_5$$

(vi) 若 p 无因子 3,5,7. 此时仿上讨论,知

$$\sum_{j=1}^{100} \frac{1}{p_j} \leqslant \sum_{j=1}^{100} \frac{1}{q_j} \leqslant 0.94 < 1 \qquad (3.3)_6$$

现在,由式(3.3)及$(3.3)_1 \sim (3.3)_6$,则知$x>100$.

引理 3.6　费马数 $F_m = 2^{2^m} + 1$ 的素约数必形如 $2^{m+1}x+1$.

下面首先证明定理 3.2.

证明　(1)充分性.

若 p 为素数,此时由引理 3.2 有

$$\sum_{k=1}^{p-1} k^{p-1} + 1 \equiv (p-1) + 1 \equiv 0 (\bmod p)$$

即式(3.1)成立.

若 p 不为素数,此时由引理 3.4 知

$$\sum_{k=1}^{p-1} k^{p-1} + 1 \equiv 1 - m_j \equiv 0 (\bmod p_j), j = 1, \cdots, n$$

因此
$$\sum_{k=1}^{p-1} k^{p-1} + 1 \equiv 0 (\bmod p)$$

即式(3.1)成立.

(2)必要性.

设式(3.1)成立.若 p 不为素数,我们分以下 4 步进行讨论.

(i) 若 $p=2m,m>1$.

此时 $p-1$ 为奇数.由二项式定理知,对于任何正整数 k 有

$$k^{p-1}+(p-k)^{p-1}\equiv 0(\bmod p)\equiv 0(\bmod m) \tag{3.5}$$

从而根据式(3.5)有

$$\begin{aligned}\sum_{k=1}^{p-1}k^{p-1}+1= & \sum_{k=1}^{\frac{p}{2}-1}(k^{p-1}+(p-k)^{p-1})+\left(\frac{p}{2}\right)^{p-1}+1= \\ & \sum_{k=1}^{m-1}(k^{p-1}+(p-k)^{p-1})+ \\ & m^{p-1}+1\equiv 1(\bmod m)\end{aligned} \tag{3.6}$$

式(3.6)的左端既然不能被 m 除尽,故必不能有式(3.1),此与式(3.1)成立相矛盾.

因此 $p\neq 2m,m>1$,即 p 无素因子 2.

(ii) 若 $p=p^{*}m,m>1,p^{*}$ 为奇素数,且 $(p^{*}-1)\nmid(p-1)$.此时

$$p=p^{*}m=(m-1)p^{*}+p^{*}$$

由引理 3.3 有

$$\begin{aligned}\sum_{k=1}^{p-1}k^{p-1}+1\equiv & \sum_{k=1}^{p}k^{p-1}+1\equiv \\ & \sum_{l=0}^{m-1}\sum_{r=1}^{p^{*}}(lp^{*}+r)^{p-r}+1\equiv \\ & m\sum_{r=1}^{p^{*}}r^{p-1}+1\equiv m\sum_{r=1}^{p^{*}-1}r^{p-1}+1\equiv \\ & 1(\bmod p^{*})\end{aligned} \tag{3.7}$$

式(3.7)的左端既然不能被 p^* 除尽，故必然不能有式(3.1)，此与式(3.1)成立相矛盾.

因此对 p 的奇素因子 p^* 必然有 $(p^*-1)|(p-1)$，以下进一步证明 p 的奇素因子互不相同.

(iii) 若 $p=p^{*2}m, m\geqslant 1$，p^* 为奇素数，且 $(p^*-1)|(p-1)$.

此时由引理3.4有

$$\sum_{k=1}^{p-1} k^{p-1}+1\equiv 1-p^*m\equiv 1(\mathrm{mod}\ p^*) \quad (3.8)$$

与前同理，知式(3.8)与式(3.1)矛盾，故 p 的奇素因子 p^* 互不相同，且皆有 $(p^*-1)|(p-1)$.

(iv) 若 $p=\prod_{j=1}^{n} p_j, n\geqslant 2$，其中，$p_1,\cdots,p_n$ 为不同的奇素数，且 $(p_j-1)|(p-1), j=1,\cdots,n$.

此时由引理3.4及式(3.1)有

$$1-m_j\equiv\sum_{k=1}^{p-1} k^{p-1}+1\equiv 0(\mathrm{mod}\ p_j), j=1,\cdots,n$$

于是得到

$$p_j|(m_j-1), j=1,\cdots,n$$

再由引理3.5知 $n>100$. 至此，定理3.2证毕.

其次，证明定理3.3.

证明　(1)充分性.

若 F_m 是素数，则由式(3.1)知式(3.2)成立.

(2)必要性.

若 F_m 不是素数，则由定理3.2知 $F_m=\prod_{j=1}^{n} p_j$，其中，$p_1,\cdots,p_n, n\geqslant 2$ 为不同的奇素数，且

$$(p_j-1)|2^{2^m}, j=1,\cdots,n \quad (3.9)$$

不妨设 $p_1<\cdots<p_n$. 由引理 3.6 知,可设

$$p_j=2^{m+1}x_j+1, j=1,\cdots,n$$

于是 $p_j-1=2^{m+1}x_j$. 再由式(3.9)知 $2^{m+1}x_j \mid 2^{2^m}$. 因此可设

$$p_j=2^{\alpha_j}+1, j=1,\cdots,n$$

其中

$$0<\alpha_1<\alpha_2<\cdots<\alpha_n<2^m \qquad (3.10)$$

从而

$$F_m=2^{2^m}+1=\prod_{j=1}^{n}(2^{\alpha_j}+1) \qquad (3.11)$$

由于 $2^{2^m}+1\equiv 1(\bmod 2^{\alpha_2})$,又由式(3.10)有

$$\prod_{j=1}^{n}(2^{\alpha_j}+1)\equiv 2^{\alpha_1}+1(\bmod 2^{\alpha_2})$$

于是由式(3.11)有

$$1\equiv 2^{\alpha_1}+1(\bmod 2^{\alpha_2})$$

即 $2^{\alpha_1}\equiv 0(\bmod 2^{\alpha_2})$,此与 $\alpha_1<\alpha_2$ 相矛盾,故 F_m 必是素数. 至此,定理 3.3 证毕.(以上证明属于康继鼎、周国富.)

有一道国际中学生数学竞赛题:当 $4\nmid m$ 时,$1^m+2^m+3^m+4^m\equiv 0(\bmod 5)$;当 $4\mid m$ 时,$1^m+2^m+3^m+4^m\equiv -1(\bmod 5)$,若将 5 改为素数 p,则陈景润已得到漂亮的结果:

定理 3.4 设 m 为自然数,p 为素数,则

$$S_m^{p-1}\equiv\begin{cases}0(\bmod p), & p-1\nmid m\\ -1(\bmod p), & p-1\mid m\end{cases} \qquad (3.12)$$

实际上,广西灌阳高中的王云葵老师进一步证明了式(3.12)是判别素数的充要条件,其中 $S_m^{p-1}=1^m+2^m+\cdots+(p-1)^m$.

定理 3.5　p 为素数的充要条件是，满足：

(1)当 $p-1\nmid m$ 时，有

$$S_m^{p-1}\equiv 0(\bmod p) \tag{3.13}$$

(2)当 $p-1\mid m$ 时，有

$$S_m^{p-1}\equiv -1(\bmod p) \tag{3.14}$$

朱加猜测是说 p 为素数的充要条件是

$$1^{p-1}+2^{p-1}+\cdots+(p-1)^{p-1}\equiv -1(\bmod p) \tag{3.15}$$

如果套用等幂和 $S_m^{(n)}=1^m+2^m+\cdots+n^m$ 的定义，朱加同余式(3.15)即为

$$S_{p-1}^{p-1}\equiv -1(\bmod p) \tag{3.16}$$

证明　(1)必要性.

(i) 因 p 为素数，故 p 有原根存在，设为 a，因为 $p-1\nmid m$，所以 $a^m\not\equiv 1(\bmod p)$.

因为 $1,2,\cdots,p-1$ 是 p 的简化剩余系，而 $(a,p)=1$，所以 $a,2a,\cdots,(p-1)a$ 也是 p 的简化剩余系，故

$$\begin{aligned}S_m^{p-1}&=1^m+2^m+\cdots+(p-1)^m\equiv\\&(a^m+(2a)^m+\cdots+(a(p-1))^m)(\bmod p)\equiv\\&a^mS_m^{p-1}(\bmod p)\end{aligned}$$

即
$$(a^m-1)S_m^{p-1}\equiv 0(\bmod p)$$

由于 $a^m-1\not\equiv 0(\bmod p)$，故 $S_m^{p-1}\equiv 0(\bmod p)$.

(ii) 由费马小定理，若 $(a,p)=1$，则 $a^{p-1}\equiv 1(\bmod p)$，因 $p-1\mid m$，故 $a^m\equiv 1(\bmod p)$，故

$$S_m^{p-1}=\sum_{a=1}^{p-1}a^m\equiv p-1\equiv -1(\bmod p)$$

(2)充分性.

设 p 满足条件(i)与(ii)，并设 p_0 为 p 的最小素因数，$p_0^k\mid p$，则 $p=p_0^kp'$ 且 $p_0\nmid p'$. 下设 $p'=1$ 且 $k=1$，用

反证法.

a. 若 $p'\neq 1$,则

$$p'>p_0\geqslant 2$$

$$\varphi(p_0^k)=p_0^k-p_0^{k-1}\geqslant p_0^k-1=\frac{p}{p'}-1\leqslant$$

$$\frac{p}{3}-1\leqslant p-5$$

所以 $p-1\nmid\varphi(p_0^k)$,则根据条件(1)有

$$S_{\varphi(p_0^k)}^{p-1}\equiv 0(\bmod p)$$

因为 $p_0^k\mid p$,所以

$$S_{\varphi(p_0^k)}^{p-1}\equiv 0(\bmod p_0^k)$$

另外,由欧拉定理,若 $(a,p_0)=1$,则

$$(a,p_0^k)=1,a^{\varphi(p_0^k)}\equiv 1(\bmod p_0^k)$$

若 $(a,p_0)=p_0$,因 $\varphi(p_0^k)\geqslant k$,故

$$a^{\varphi(p_0^k)}\equiv 0(\bmod p_0^k)$$

对于任意的整数 a,或 $(a,p_0)=1$ 或 $p_0\mid a$,故

$$S_{\varphi(p_0^k)}^{p-1}=\sum_{a=1}^{p-1}a^{\varphi(p_0^k)}\equiv\sum_{\substack{(a,p_0)=1\\1\leqslant a\leqslant p-1}}1\equiv p-\frac{p}{p_0}\equiv$$

$$p_0^k p'-p_0^{k-1}p'(\bmod p_0^k)$$

即

$$S_{\varphi(p_0^k)}^{p-1}\equiv -p_0^{k-1}p'\equiv 0(\bmod p_0^k)$$

所以 $p_0\mid p'$,这与 $p_0\nmid p'$ 矛盾,因为 $p'=1$,即 $p=p_0^k$.

b. 若 $k>1$,则 $p-1=p_0^k-1$,有 $p^1-1\mid p-1$.

由费马小定理,当 $(a,p_0)=1$ 时,$a^{p_0-1}\equiv 1(\bmod p_0)$,所以 $a^{p-1}\equiv 1(\bmod p_0)$,所以

$$S_{p-1}^{p-1}=\sum_{a=1}^{p-1}a^{p-1}\equiv\sum_{a=1}^{p-1}a^{p_0-1}\equiv$$

$$\sum_{\substack{(a,p_0)=1\\1\leqslant a\leqslant p-1}}1\equiv p-\frac{p}{p_0}(\bmod p_0)$$

即　$S_{p-1}^{p-1}\equiv p_0^k-p_0^{k-1}\equiv 0(\bmod p_0)$(由于 $k>1$)

这与条件(ii)矛盾.

故 $k=1$,即 $p=p_0$,则 p 为素数.

由定理 3.5 的证明显然可得到：

定理 3.6　p 为素数的充要条件是,满足：

(1)对 $1\leqslant m<p-1$,有

$$S_m^{p-1}\equiv 0(\bmod p) \tag{3.17}$$

(2)对 $m=p-1$,有

$$S_{p-1}^{p-1}\equiv -1(\bmod p) \tag{3.18}$$

对定理 3.6 做一些改进则得到：

定理 3.7　奇数 p 为素数的充要条件是,满足：

(1) 对 $2\leqslant 2m\leqslant\dfrac{p}{5}-1$ 有

$$S_{2m}^{p-1}\equiv 0(\bmod p) \tag{3.19}$$

(2) $S_{p-1}^{p-1}\equiv -1(\bmod p)$.

证明　必要性显然.

充分性.

设 p 的最小素因数为 p_0,则 $p=p_0^k p'$ 且 $p_0\nmid p'$. 下证 $p'=1$ 及 $k=1$,用反证法.

若 $p'\neq 1$,则 $p'>p_0\geqslant 3$,从而

$$\varphi(p_0^k)=p_0^k-p_0^{k-1}\leqslant p_0^k-1=\frac{p}{p'}-1\leqslant\frac{p}{5}-1$$

又 $\varphi(p_0^k)$必为偶数,有

$$S_{\varphi(p_0^k)}^{p-1}\equiv 0(\bmod p)$$

接下去的证明与定理 3.5 类似,略.

定理 3.8　奇数 p 为素数的充要条件是,满足：

(1)对 $2\leqslant 2m\leqslant\dfrac{p}{5}-1$,有

$$S_{2m}^{\frac{p-1}{2}}\equiv 0(\bmod p) \tag{3.20}$$

(2) $S_{p-1}^{p-1}\equiv -1(\bmod p)$.

证明　对任意奇数 p,有

$$(p-1)^{2m}\equiv 1^{2m}(\bmod p)$$
$$(p-2)^{2m}\equiv 2^{2m}(\bmod p)$$
$$\vdots$$
$$\left(\frac{p+1}{2}\right)^{2m}\equiv\left(\frac{p-1}{2}\right)^{2m}(\bmod p)$$

故

$$S_{2m}^{p-1}=1^{2m}+2^{2m}+\cdots+(p-1)^{2m}\equiv$$
$$2(1^{2m}+2^{2m}+\cdots+(\frac{p-1}{2})^{2m})(\bmod p)\equiv$$
$$2S_{2m}^{\frac{p-1}{2}}(\bmod p)$$

由式(3.19)有

$$S_{2m}^{p-1}\equiv 2S_{2m}^{\frac{p-1}{2}}\equiv 0(\bmod p)$$

于是,由定理 3.7 即知本定理成立.

费马数的素性判断

第4章

§1 引言——从一道征解问题谈起

问题 4.1 n 是非负整数，记 $F_n=2^{2^n}+1$，这称为费马数. 对于给定的 $m\in\mathbf{N}_+$，求能整除 2^m+1 的所有不同的费马数.

浙江温州市的陈克瀛给出的一个解答为：

解 熟知，m 可写成 $m=2^k\cdot l$，$0\leqslant k\in\mathbf{Z}$，$l$ 是正奇数，且 k，l 被 m 完全确定，由此和代数恒等式立得 $F_k\mid 2^m+1$. 以下证明，若非负整数 $r\neq k$，则 $F_r\nmid 2^m+1$.

（ⅰ）$r<k$. $2^m+1=((F_k-2)+1)^l+1=(uF_r+1)^l+1=vF_r+2$，其中 $u,v\in\mathbf{Z}$（这里用到费马数的熟知性质：$F_r\mid F_k-2$）.

由此及 $F_r>2$ 推出 $F_r\nmid 2^m+1$.

(ⅱ)$r>k$. 用反证法. 若 $F_r\mid 2^m+1$,则 $F_r\mid(2^m+1)(2^m-1)$,即 $F_r\mid 2^{2^{k+1}\cdot l}-1$,又显见 $F_r\mid 2^{2^{r+1}}-1$,根据 GCD 的性质得到

$$F_r\mid(2^{2^{k+1}\cdot l}-1,2^{2^{r+1}}-1) \qquad (4.1)$$

因为整除式(4.1)的右端$=2^{(2^{k+1}\cdot l,2^{r+1})}-1$(见潘承洞、潘承彪所著《初等数论》1992 年版,p46,例 3),而 $r+1>k+1,2\nmid l\Rightarrow(2^{k+1}\cdot l,2^{r+1})=2^{k+1}$,所以

$$F_r=2^{2^r}+1\mid 2^{2^{k+1}}-1 \qquad (4.2)$$

但 $r>k\Rightarrow r\geqslant k+1\Rightarrow 2^{2^r}+1>2^{2^{k+1}}-1$,这与式(4.2)矛盾!

综合以上各点得,给定正整数 $m=2^k\cdot l,2^m+1$ 的互异的费马数因子只有 F_k 这一个.

§2 费马数 $F_n=2^{2^n}+1$ 有两个素因数的充要条件①

人们猜想费马数 $F_n=2^{2^n}+1,n\geqslant 0$ 只有 $F_0=3$, $F_1=5,F_2=17,F_3=257,F_4=65\ 537$ 这 5 个数是素数,并且又猜想费马数 F_n 是合数时,它的标准分解式是 $F_n=p_1p_2\cdots p_t$,这是数论中至今未解决的两个难题. 宜春师范专科学校数学系的李鹤年和江西师范大

① 选自《江西师范大学学报(自然科学版)》,1997 年 5 月第 21 卷第 2 期.

学数学系的刘澄清两位教授在1997年给出了费马数F_n是合数的充要条件以及$F_n=p_1p_2\cdots p_t$的必要条件.首先给出解同余方程

$$x^2\equiv a(\bmod m),(a,m)=1 \tag{4.3}$$

的有关的定理,这里假定式(4.3)中m是奇数,并且m的标准分解式是$m=p_1^{\alpha_1}p_2^{\alpha_2}\cdots p_t^{\alpha_t}$.

定理4.1　同余方程(4.3)有解时,它的解的个数是2^t.

定理4.2　同余方程(4.3)有解的充分与必要条件是在

$$0,1,2,\cdots,(m-3)/2 \tag{4.4}$$

中有整数n使

$$1+2+3+\cdots+n\equiv d(\bmod m) \tag{4.5}$$

成立,其中$8d\equiv a-1(\bmod m),0\leqslant d<m$.

若式(4.4)中使式(4.5)成立的全部整数n是n_1,n_2,$\cdots$,n_s,那么同余方程(4.3)的全部解就是

$$x\equiv\pm(2n_1+1),\pm(2n_2+1),\cdots,\pm(2n_s+1)(\bmod m)$$

证明　由于m是奇数,当同余方程(4.3)有解时,在模m的非负最小完全剩余系里必有奇数$2n+1$使式(4.3)成立,即$(2n+1)^2\equiv a(\bmod m)$.由此得到$4n^2+4n\equiv a-1(\bmod m),0\leqslant n\leqslant(m-3)/2$.又因为$m$是奇数,$(8,m)=1$,所以同余方程$8x\equiv a-1(\bmod m)$有解,从而必有非负整数$d$使$8d\equiv a-1(\bmod m)$成立,$0\leqslant d<m$.于是$4n^2+4n\equiv 8d(\bmod m)$,$n(n+1)\equiv 2d(\bmod m)$,并且$2\mid n(n+1)$,$n(n+1)/2=1+2+3+\cdots+n$.因此,最后得到$1+2+3+\cdots+n\equiv d(\bmod m)$,其中$0\leqslant n\leqslant(m-3)/2$.这就证明了条件的必要性.

反之,如果 $1+2+3+\cdots+n\equiv d(\bmod m)$,并且 $8d\equiv a-1(\bmod m)$,那么由以上必要性的证明知道 $4n^2+4n\equiv a-1(\bmod m)$. 因此 $(2n+1)^2\equiv a(\bmod m)$,即同余方程(4.3)有解. 这就证明了条件的充分性. 若 $x\equiv x_0(\bmod m)$ 是同余方程(4.3)的任意一个解,由同余的性质,不妨认为 $0<x_0<m$. 那么 $x\equiv m-x_0(\bmod m)$ 也是方程(4.3)的一个解,并且 $m-x_0\equiv -x_0(\bmod m)$, $x_0\not\equiv -x_0(\bmod m)$, $0<m-x_0<m$,又因为 m 是奇数,所以 x_0 与 $m-x_0$ 中必有一个数是奇数 $2n+1$, $0\leqslant n\leqslant(m-3)/2$. 至此看得出使式(4.5)成立的全部整数 n 是 $n_1, n_2, \cdots, n_s$ 时,不仅 $x\equiv \pm(2n_1+1), \pm(2n_2+1), \cdots, \pm(2n_s+1)(\bmod m)$ 都是方程(5.3)的解,而且 $2n_i+1\not\equiv 2n_j+1(\bmod m)$, $2n_i+1\not\equiv -2n_j-1(\bmod m)$, $i\neq j$, $i=1,2,\cdots,s$, $j=1,2,\cdots,s$. 因此 $x\equiv \pm(2n_1+1), \pm(2n_2+1), \cdots, \pm(2n_s+1)(\bmod m)$ 必定是同余方程(4.3)的全部解. 证毕.

根据定理 4.2 可以得到同余方程(4.3)的一个新的解法,这个解法不需要知道方程(4.3)的模 m 是素数还是合数,也不需要求出模 m 的标准分解式就可以对同余方程(4.3)求解.

例 4.1 解同余方程 $x^2\equiv 19(\bmod 45)$.

解 假设 $(2n+1)^2\equiv 19(\bmod 45)$,由此得 $4n^2+4n\equiv 18(\bmod 45)$, $2n^2+2n\equiv 9(\bmod 45)$, $n^2+n\equiv 27(\bmod 45)$, $n^2+n\equiv 72(\bmod 45)$,于是, $1+2+3+\cdots+n=36(\bmod 45)$, $0\leqslant n\leqslant 21$.

用等差数列前 n 项和的公式进行估算. 首先得 $1+2+3+\cdots+8=36$,这就表示 $1+2+3+\cdots+8\equiv$

36(mod 45)成立.因此 $x\equiv 17 \pmod{45}$ 是所求的一个解.再用 $9+10+11+\cdots+n\equiv 0 \pmod{45}$ 计算,$9+10+11+12+13=55$,$55-45=10$,$10+14+15+16=55$,$55-45=10$,$10+17+18=45$,这就表示 $1+2+3+\cdots+18\equiv 36 \pmod{45}$ 成立,因此 $x\equiv 37 \pmod{45}$ 又是所求的一个解.再用 $19+20+21+\cdots+n\equiv 0 \pmod{45}$ 计算,但在 $18\leqslant n\leqslant 21$ 时没有整数 n 使 $19+20+21+\cdots+n\equiv 0 \pmod{45}$ 成立.

根据定理 4.2,这个同余方程的全部解就是 $x\equiv \pm 17, \pm 37 \pmod{45}$.

当方程(4.3)中 m 是偶数时像例 4.1 那样解同余方程(4.3)也是可以的,但这与本节所讨论的问题关系不大.为了简单起见,限制方程(4.3)中 m 为奇数.

定理 4.3　费马数 $F_n=2^{2^n}+1$ 有两个素因数的充分与必要条件是存在一个整数 s 使

$$1+2+3+\cdots+s\equiv 2^{2^n-2} \pmod{2^{2^n}+1} \quad (4.6)$$

其中 $2^{2^{n-1}}-1\leqslant s<2^{2^n-1}-2^{2^{n-1}-1}$,$n>0$.

证明　同余方程 $x^2\equiv 2^{2^n} \pmod{2^{2^n}+1}$ 显然有解,而且 $x\equiv 2^{2^{n-1}} \pmod{2^{2^n}+1}$ 就是它的一个解.于是 $x\equiv 2(2^{2^n-1}-2^{2^{n-1}-1})+1 \pmod{2^{2^n}+1}$,即 $x\equiv -2^{2^{n-1}} \pmod{2^{2^n}+1}$ 就是这个同余方程的另一个解,而且 $2^{2^n-1}-2^{2^{n-1}-1}$ 是式(4.4)中的一个数.这样一来由定理 5.2 知道 $1+2+3+\cdots+(2^{2^n-1}-2^{2^{n-1}-1})\equiv 2^{2^n-2} \pmod{2^{2^n}+1}$,其中 $8\cdot 2^{2^n-2}\equiv 2^{2^n}-1 \pmod{2^{2^n}+1}$.

如果费马数 $F_n=2^{2^n}+1$ 有两个以上的素因数,那么由定理 4.1 和定理 4.2 知同余方程 $x^2\equiv 2^{2^n} \pmod{2^{2^n}+1}$ 必定另有解 $x\equiv \pm(2s+1) \pmod{2^{2^n}+1}$,

并且 $0<s\leqslant(F_n-3)/2$. 但是 $0<2s+1<2^{2^{n-1}}$ 是不可能的，从而知道一定是 $2^{2^{n-1}}<2s+1<2^{2^n}+1-2^{2^{n-1}}$. 由此得 $2^{2^{n-1}-1}\leqslant s<2^{2^n-1}-2^{2^{n-1}-1}$. 又由定理 4.2，$1+2+3+\cdots+s\equiv 2^{2^n-2}(\bmod 2^{2^n}+1)$成立. 这就证明了条件的必要性. 反之，若式(4.6)成立，由定理 4.2 知道 $x\equiv\pm(2s+1)(\bmod F_n)$是同余方程 $x^2\equiv 2^{2^n}(\bmod 2^{2^n}+1)$ 的两个解. 又因为 $x\equiv\pm 2^{2^{n-1}}(\bmod 2^{2^n}+1)$又是同余方程 $x^2\equiv 2^{2^n}(\bmod 2^{2^n}+1)$的另外两个解，因此由定理 4.1 知同余方程 $x^2\equiv 2^{2^n}(\bmod 2^{2^n}+1)$的模 $F_n=2^{2^n}+1$ 至少有两个素因数. 这就证明了条件的充分性. 证毕.

推论 4.1 同余式 $1+2+3+\cdots+(2^{2^n-1}-2^{2^{n-1}-1})\equiv 2^{2^n-2}(\bmod 2^{2^n}+1)$ 恒成立，其中 n 是正整数.

推论 4.2 费马数 $F_n=2^{2^n}+1$ 有两个素因数的充分与必要条件是存在正整数 k，使

$$F_{n-1}+(F_{n-1}+2)+(F_{n-1}+4)+\cdots+(F_{n-1}+2k)\equiv 0(\bmod F_n) \tag{4.7}$$

其中 $0\leqslant k<2^{2^n-1}-2^{2^{n-1}}-1$.

证明 由推论 4.1，$2+4+6+\cdots+(2^{2^n}-2^{2^{n-1}})\equiv 2^{2^n-1}(\bmod F_n)$，即 $2+4+6+\cdots+(F_n-F_{n-1})\equiv\frac{F_n-1}{2}(\bmod F_n)$. 如果 F_n 有两个素因数，那么由定理 4.3得

$$2+4+6+\cdots+2s\equiv\frac{F_n-1}{2}(\bmod F_n)$$

$$2^{2^{n-1}-1}\leqslant s<2^{2^n-1}-2^{2^{n-1}-1}$$

因此，$2(s+1)+2(s+2)+\cdots+(F_n-F_{n-1})\equiv 0(\bmod F_n)$，把它记为 $(F_n-F_{n-1})+(F_n-F_{n-1}-$

2)$+\cdots+(F_n-F_{n-1}-2k)\equiv 0\pmod{F_n}$，其中 $2k=F_n-F_{n-1}-2s-2$，由此得 $F_{n-1}+(F_{n-1}+2)+(F_{n-1}+4)+\cdots+(F_{n-1}+2k)\equiv 0\pmod{F_n}$，并且 $0\leqslant k<2^{2^n-1}-2^{2^{n-1}}-1$. 这就证明了条件的必要性. 反之，若式(4.7)成立，再由推论 4.1 就可以看出 $2+4+6+\cdots+2s\equiv 2^{2^n-1}\pmod{F_n}$ 成立，这也就是 $1+2+3+\cdots+s\equiv 2^{2^n-2}\pmod{2^{2^n}+1}$ 成立，其中 $2^{2^{n-1}-1}\leqslant s<2^{2^n-1}-2^{2^{n-1}-1}$. 由定理 4.3，这就证明了费马数 F_n 有两个素因数. 条件的充分性证毕.

显然，定理 4.3 与它的推论 4.2 不仅给出了费马数 F_n 有两个素因数的充分与必要条件，而且给出了费马数 F_n 是合数的充分条件以及 F_n 的标准分解式是 $F_n=p_1p_2\cdots p_t$ 的必要条件.

§3　费马数为素数的一个充要条件①

众所周知，费马数 $F_n=2^{2^n}+1$ 中当 $n=0,1,2,3,4$ 时为质数，但费马数中是否还有其他质数至今仍是一个没有解开的谜. 凤阳师范学校的陶国安教授在 1997 年以分数化小数的性质为基础给出了费马数 F_n，$n\geqslant 2$ 为质数的一个充要条件.

引理 4.1　如果 d 是奇质数，那么 $1/d$ 化成小数后是循环节位数为 $(d-1)/2$ 的约数的循环小数的充

① 选自《安徽农业技术师范学院学报》(1997，11(4)).

要条件为 $d\equiv\pm 3^k\pmod{40}$（其中 $k=0,1,2,3$）[①].

引理 4.2 如果 $n\geqslant 2$，那么存在非负整数 m 使 $F_n=40m+17$.

证明 （ⅰ）因为当 $n=2$ 时，$F_2=17=40\times 0+17$，所以当 $n=2$ 时引理 4.2 成立.

（ⅱ）假设当 $n=k,k\geqslant 2$ 时引理 4.2 成立，即存在非负整数 p 使 $F_k=40p+17$.

那么，当 $n=k+1$ 时，有 $F_{k+1}=2^{2^{k+1}}+1=2^{2^k}\times 2^{2^k}+1=(F_k-1)^2+1=(40p+16)^2+1=40(40p^2+32p+6)+17$.

由 p 为非负整数与整数性质知 $40p^2+32p+6$ 为正整数.

这也就是说当 $n=k,k\geqslant 2$ 时引理 4.2 成立，那么当 $n=k+1$ 时引理 4.2 也成立.

综合(ⅰ)，(ⅱ)与数学归纳法原理，引理 4.2 得证.

引理 4.3 若 $n\geqslant 2$ 时费马数 F_n 为质数，那么，$1/F_n$ 化成小数后是一循环节位数为 F_n-1 的纯循环小数.

证明 由引理 4.2 知当 $n\geqslant 2$ 时存在非负整数 m，使 $F_n=40m+17$，故当 $n\geqslant 2$ 时有 2 不整除 F_n，与 5 不整除 F_n，由分数化小数的性质知 $1/F_n$ 化成小数后是一纯循环小数.

又因 $40m+17\not\equiv\pm 3^k\pmod{40}$，故由 F_n 为质数与引理 4.1 知 $1/F_n$ 化成小数后的循环节位数不是 $(F_n-1)/2$ 的约数的循环小数.

---

① 陈湘能，国际最佳数学征解问题分析．长沙：湖南技术出版社，1983，31(175).

再由费马小定理知

$$10^{F_n-1}\equiv 1(\bmod F_n) \tag{4.8}$$

因此设 $1/F_n$ 化成小数后循环节的位数为 t，那么 $t\mid(F_n-1)$[①]，即 t 是 2^{2^n} 的约数，但是在 2^{2^n} 的所有约数中只有 2^{2^n} 不是 $(F_n-1)/2$ 的约数，进一步由式(4.8)知引理 4.3 成立.

引理 4.4　若 $n\geqslant 2$ 且 $1/F_n$ 化成小数后是循环节位数为 F_n-1 的循环小数，则必 F_n 为质数.

证明　因为当 $n\geqslant 2$ 时由引理 4.1 知 $(10,F_n)=1$，所以由欧拉定理知 $10^{\varphi(F_n)}\equiv 1(\bmod F_n)$

又因为若 F_n 为合数，设 F_n 的标准分解式为 $F_n=P_1^{\alpha_1}P_2^{\alpha_2}\cdots P_s^{\alpha_s}$，其中 $P_1,P_2,\cdots,P_s$ 为各不相同的质数，$\alpha_1,\alpha_2,\cdots,\alpha_s$ 是正整数.

而由欧拉函数的定义得 $\varphi(F_n)=F_n(1-\frac{1}{P_1})(1-\frac{1}{P_2})\cdots(1-\frac{1}{P_s})$，所以若 $s=1$，则

$$\varphi(F_n)=F_n(1-\frac{1}{P_1})=P_1^{\alpha_1}-P_1^{\alpha_1-1} \tag{4.9}$$

由 F_n 为合数，知 $\alpha_1\geqslant 2$，故 $P_1^{\alpha_1-1}>1$，因此由式(4.9)知 $\varphi(F_n)<P_1^{\alpha_1}-1$，即

$$\varphi(F_n)<F_{n-1} \tag{4.10}$$

若 $s>1$，由 $P_2,P_3,\cdots,P_s$ 均为质数知

$$(1-\frac{1}{P_2})(1-\frac{1}{P_3})\cdots(1-\frac{1}{P_s})<1$$

于是

① 左平泽. 数学欣赏. 北京：北京出版社，1985：23.

$$\varphi(F_n)<F_n(1-\frac{1}{P_1})$$

即

$$\varphi(F_n)<F_n-P_1^{\alpha_1-1}\cdot P_2^{\alpha_2}\cdot P_3^{\alpha_3}\cdots P_s^{\alpha_s} \quad (4.11)$$

再由 $P_1,P_2,\cdots,P_s$ 均为质数，且 $\alpha_1,\alpha_2,\alpha_3,\cdots,\alpha_s$ 均为正整数知 $P_1^{\alpha_1-1}\geqslant1,P_2^{\alpha_2}P_3^{\alpha_3}\cdots P_s^{\alpha_s}>1$，因此由式(4.11)得 $\varphi(F_n)<F_n$.

这也就是说 $1/F_n$ 化为小数后循环节的位数小于 F_n-1，这与题设矛盾！故 F_n 为质数. 综合式(4.10)，(4.11)知若 F_n 为合数，则必有 $\varphi(F_n)<F_n-1$.

定理 4.4 若 $n\geqslant2$，则 $F_n=2^{2^n}+1$ 为质数的充要条件为 $1/F_n$ 化成小数后是循环节位数为 F_n-1 的循环小数.

证明 由引理 5.4 知充分性成立，再由引理 4.3 知必要性得证. 故定理得证.

§4 素数公式与费马素数的判别[1]

怎样判别素数？是人们颇为关心的问题. 早在 18 世纪初，欧拉[2]等人获得了常表素数的多项式：$f(n)=n^2-n+17,-15\leqslant n\leqslant16,f(n)=n^2-n+41,-39\leqslant n\leqslant40,f(n)=n^2-79n+1\,601,0\leqslant n\leqslant79$；1987 年沈阳

---

① 选自《商丘师范学院学报》，2002 年 10 月第 18 卷第 5 期.

② 洪伯阳. 数字宝山上的明珠. 湖北：湖北科学技术出版社，1993：105-110.

刚[①]证明了当且仅当 $m=2,3,5,11,17,41$ 时，$f(n)=n^2-n+m$ 对于 $1\leqslant n\leqslant m-1$ 均常表素数；1999 年王友菁与蒋华松[②]得到了用 n 表示第 n 个素数的公式，但却无助于素数的计算与判别；1996 年以来，王云葵与马武瑜[③]利用等幂和与伯努利数获得了判别素数的充要条件及朱加猜想、费马素数的深刻结果；广西民族学院数学与计算机科学系的王云葵教授在 2002 年利用构造法获得了常表素数的计算公式及判别费马数为素数的充要条件.

1. **素数的判别及其计算公式**

定理 4.5　设 $p_1,p_2,\cdots,p_m$ 是前 m 个素数的任一个排列，p_{m+i}，$1\leqslant i\leqslant r$ 是第 $m+i$ 个素数，如果奇数 p 满足：$1<p<p_{m+r}^2$，$(p,p_{m+1}p_{m+2}\cdots p_{m+r-1})=1$ 以及

$$p=|p_1^{\lambda_1}p_2^{\lambda_2}\cdots p_k^{\lambda_k}\pm p_{k+1}^{\lambda_{k+1}}\cdots p_m^{\lambda_m}|,1\leqslant k\leqslant m-1 \tag{4.12}$$

其中 λ_i，$1\leqslant i\leqslant m$ 是正整数，则 p 必为介于 p_{m+r-1} 与

---

① 沈明刚. n^2-n+p 常表素数的完全确定. 科学通报，1987(11)：801-803.

② 王友菁，蒋华松. 用 n 表示第 n 个素数. 南京航空航天大学学报，1999，31(4)：434-435.

③ 王云葵. 等幂和与判别素数的充要条件. 数学通报，1996(6)：46-47.

王云葵. 伯努利数与判别素数的充要条件. 广西民族学院学报，1998，4(1)：11-13.

王云葵. Bernoulli 数与素数的判别. 广西科学，2000，7(3)：180-182.

王云葵，马武瑜. Bernoulli 数与判别素数的充要条件. 华侨大学学报，2000，21(3)：234-238.

王云葵，邓艳平. 关于费马数为伪素数的充要条件. 广西民族学院学报，1998，4(4)：3-5.

p_{m+r}^2之间的素数.

证明 用反证法. 假设 p 为合数,则 p 必有最小素因子 q,由 p 的结构式(4.12)知,p 必与 $p_1,p_2,\cdots,p_m$ 两两互素,又由已知$(p_1,p_{m+1}p_{m+2}\cdots p_{m+r-1})=1$,故有$(p,p_1p_2\cdots p_{m+r-1})=1$,从而$(q,p_1p_2\cdots p_{m+r-1})=1$,即 p 的最小素因子 $q\geqslant p_{m+r}$,故必有 $p\geqslant q^2\geqslant p_{m+r}^2$,但这与题设 $1<p<p_{m+r}^2$ 相矛盾. 故 p 必为素数,并且由已证知 $p_{m+r}\leqslant p<p_{m+r}^2$,证毕.

推论 4.3 设 $p_1,p_2,\cdots,p_m$ 是前 m 个素数的任一个排列,p_{m+1} 为第 $m+1$ 个素数,如果 $1<p<p_{m+1}^2$ 且可表示为

$$p=|p_1^{\lambda_1}p_2^{\lambda_2}\cdots p_k^{\lambda_k}\pm p_{k+1}^{\lambda_{k+1}}\cdots p_m^{\lambda_m}|,1\leqslant k\leqslant m-1 \tag{4.13}$$

其中 $\lambda_i,1\leqslant i\leqslant m$ 是正整数,则 p 必为介于 p_m 与 p_{m+1}^2 之间的素数.

根据定理 4.5 或推论 4.3 可得素数的判别与计算方法:若正整数 p 可由前 m 个素数表示为式(4.13)的形式,并且小于第 $m+1$ 个素数的平方,则 p 必为素数. 例如,取前 3 个素数 2,3,5,则由 $|2^m\pm3^n\cdot5^k|$,$|3^m\pm2^n\cdot5^k|$ 及 $|5^m\pm2^n\cdot3^k|$ 可得介于 5 与 49 之间的所有素数

$$3^3-2^2\cdot5=3\cdot2^2-5=2\cdot5-3=7$$

$$5+2\cdot3=3\cdot5-2^2=2^2\cdot5-3^2=11$$

$$3\cdot5-2=2^3\cdot5-3^3=3+2\cdot5=13$$

$$2+3\cdot5=2^5-3\cdot5=3^3-2\cdot5=17$$

$$2^2+3\cdot5=3^2+2\cdot5=5^2-2\cdot3=19$$

$$2\cdot3^2+5=2^3+3\cdot5=3+2^2\cdot5=23$$

$$2^2\cdot5+3^2=2^3\cdot3+5=5\cdot3^2-2^4=29$$

$$5^2+2\cdot 3=2^4+3\cdot 5=3^4-2\cdot 5^2=31$$
$$5^2+2^2\cdot 3=2^3\cdot 5-3=3^3+2\cdot 5=37$$
$$5+2^2\cdot 3^2=5\cdot 3^2-2^2=3^4-2^3\cdot 5=41$$
$$5^2+2\cdot 3^2=2^3\cdot 5+3=5^3-2\cdot 3^4=43$$
$$2^5+3\cdot 5=5\cdot 3^2+2=3^3+2^2\cdot 5=47$$

2. **关于费马数的判别**

1640 年费马猜想：费马数 $F_n=2^{2^n}+1, n\geqslant 0$ 均为素数. 然而在 1732 年，欧拉举出反例：$F_5=641\cdot 6\ 700\ 417$是合数，从而推翻了费马猜想！至今，人们只发现前五个费马素数：$F_0=3, F_1=5, F_2=17, F_3=257, F_4=65\ 537$，并且证明了 48 个费马数为合数，是否存在无穷多个费马素数？或者费马合数有没有重因子？都是当今数论研究的主攻课题. 本节利用获得的素数公式，得到了判别费马素数的有效方法.

定理 4.6　设 $p_1, p_2, \cdots, p_m$ 是前 m 个素数的一个排列，$p_{m+i}, 1\leqslant i\leqslant r$ 是第 $m+i$ 个素数，$F_n=p_{m+r}$是第 $m+r$ 个素数，$(F_{n+1}, p_{m+1}p_{m+2}\cdots p_{m+r-1})=1$，且可表示为

$$F_{n+1}=|p_1^{\lambda_1}p_2^{\lambda_2}\cdots p_k^{\lambda_k}\pm p_{k+1}^{\lambda_{k+1}}\cdots p_m^{\lambda_m}|, 1\leqslant k\leqslant m-1 \tag{4.14}$$

其中 $\lambda_i, 1\leqslant i\leqslant m$ 为正整数，则 F_{n+1}必为素数.

证明　因 $F_n=p_{m+r}$，故 $F_{n+1}=F_n(F_n-2)+2=F_n^2-2(F_n-1)<F_n^2=p_{m+r}^2$，即 $1<F_{n+1}<p_{m+r}^2$，由定理 4.5 知，F_{n+1}必为素数.

推论 4.4　设 $p_1, p_2, \cdots, p_m$ 为前 m 个素数的任一个排列，$F_n=p_{m+1}$为第 $m+1$ 个素数，并且 F_{n+1}可表示为

$$F_{n+1}=|p_1^{\lambda_1}p_2^{\lambda_2}\cdots p_k^{\lambda_k}\pm p_{k+1}^{\lambda_{k+1}}\cdots p_m^{\lambda_m}|, 1\leqslant k\leqslant m-1 \tag{4.15}$$

其中 $\lambda_i, 1 \leqslant i \leqslant m$ 是正整数，则 F_{n+1} 必为素数.

根据定理 4.6 或推论 4.4，只要知道前一个费马数 F_n 的素合性，就可以很方便地判别后一个费马数 F_{n+1} 的素合性，即若 F_n 为素数，则由推论 4.4 判别 F_{n+1} 的素合性；若 F_n 为合数，则由定理 4.6 判别 F_{n+1} 的素合性.

例 4.2 $F_1=5=p_3$ 是第三个素数，而 $F_2=17$ 可用前 2 个素数 2 与 3 表示为 $F_2=3^2+2^3$，故由推论4.4 知$F_2=17$为素数.

例 4.3 $F_2=17=p_7$ 是第 7 个素数，$F_3=257$ 与 7,11,13 均互素，并且可由前 3 个素数 2,3,5 表示为 $F_3=2^2 \cdot 5^3-3^5$，故由定理 5.6 知 $F_3=257$ 为素数.

最后我们猜想：

(a)由式(4.12)可产生介于 p_{m+r-1} 与 p_{m+r}^2 之间的所有素数，从而由式(4.12)可循环计算任何素数.

(b)任何奇素数 p 必可由前 m 个素数表示为式(4.12)的形式，即定理 4.5 是判别 p 为素数的充要条件.

§5 对“几乎一切梅森数与费马数都是素数”的质疑①

公元前 300 多年，古希腊数学家欧几里得用反证法证明了素数有无穷多个，并提出了少量素数可写成

① 选自《前沿科学(季刊)》2010 年 2 第 4 卷，总第 14 期.

2^p-1(其中指数 p 为素数)的形式. 此后许多数学家都研究过这种特殊形式的素数,而 17 世纪的法国数学家梅森是其中成果最为卓著的一位. 为了纪念他,数学界就把 2^p-1 型的数称为"梅森数",并以 M_p 记之;若 M_p 为素数,则称之为"梅森素数". 这种特殊素数历来是数论研究的一项重要内容,也是当今科学探索的热点和难点之一.

1640 年,法国数学家费马提出了一个猜想,认为所有形如 $2^{2^n}+1$ 的数都是素数;于是他宣称找到了表示素数的公式. 为了纪念他,数学界把形如 $2^{2^n}+1$ 的数称为"费马数",并以 F_n 记之,把费马数中的素数称为"费马素数". 费马数是数论研究的一项重要内容.

《前沿科学》2009 年第 3 期刊登了王世强教授等人合写的《几乎一切梅森数与费马数都是素数》[①]一文,作者在该文中认为几乎一切梅森数与费马数都是素数. 本节根据有关的事实和理论,对该文的结论提出质疑.

1. 关于梅森数

(1)事实为佐证.

根据中国航天科工集团公司高红卫副总经理的《素数研究与应用参考手册》一书中的"自然数 $6\times10^5+1$以内素数表"[②],可以得知:在自然数 $6\times10^5+1$ 以内共有 49 098 个素数,而其中仅有 31 个素数 p 所

---

① 王世强,别荣芳,史璟,杜文静. 几乎一切梅森数与费马数都是素数. 前沿科学,2009,3(11):93-94.

② 高红卫. 素数研究与应用参考手册. 北京:科学出版社,2008:188-301.

对应的梅森数 M_p 是素数,即在前 49 098 个梅森数中只有 31 个素数,它们依次是 M_2,M_3,M_5,M_7,M_{13},M_{17},M_{19},M_{31},M_{61},M_{89},M_{107},M_{127},M_{521},M_{607},$M_{1\,279}$,$M_{2\,203}$,$M_{2\,281}$,$M_{3\,217}$,$M_{4\,253}$,$M_{4\,423}$,$M_{9\,689}$,$M_{9\,941}$,$M_{11\,213}$,$M_{19\,937}$,$M_{21\,701}$,$M_{23\,209}$,$M_{44\,497}$,$M_{86\,243}$,$M_{110\,503}$,$M_{132\,049}$ 和 $M_{216\,091}$;其中,在 M_7 和 M_{13} 之间有 1 个合数,M_{19} 和 M_{31} 之间有 2 个合数,M_{31} 和 M_{61} 之间有 6 个合数,M_{61} 和 M_{89} 之间有 5 个合数,M_{89} 和 M_{107} 之间有 3 个合数,M_{107} 和 M_{127} 之间有 2 个合数,M_{127} 和 M_{521} 之间有 66 个合数,M_{521} 和 M_{607} 之间有 12 个合数,M_{607} 和 $M_{1\,279}$ 之间有 95 个合数,$M_{1\,279}$ 和 $M_{2\,203}$ 之间有 120 个合数,$M_{2\,203}$ 和 $M_{2\,281}$ 之间有 10 个合数,$M_{2\,281}$ 和 $M_{3\,217}$ 之间有 115 个合数,$M_{3\,217}$ 和 $M_{4\,253}$ 之间有 127 个合数,$M_{4\,253}$ 和 $M_{4\,423}$ 之间有 18 个合数,$M_{4\,423}$ 和 $M_{9\,689}$ 之间有 593 个合数,$M_{9\,689}$ 和 $M_{9\,941}$ 之间有 29 个合数,$M_{9\,941}$ 和 $M_{11\,213}$ 之间有 130 个合数,$M_{11\,213}$ 和 $M_{19\,937}$ 之间有 896 个合数,$M_{19\,937}$ 和 $M_{21\,701}$ 之间有 180 个合数,$M_{21\,701}$ 和 $M_{23\,209}$ 之间有 155 个合数,$M_{23\,209}$ 和 $M_{44\,497}$ 之间有2 032 个合数,$M_{44\,497}$ 和 $M_{86\,243}$ 之间有 3 759 个合数,$M_{86\,243}$ 和 $M_{110\,503}$ 之间有 2 104 个合数,$M_{110\,503}$ 和 $M_{132\,049}$ 之间有 1 841个合数,$M_{132\,049}$ 和 $M_{216\,091}$ 之间有 6 960 个合数.由以上数据可知,梅森素数在梅森数中的比例相当小,而且大体的趋势是越到后面梅森素数出现的频率越小,间隔越大.

(2)理论为旁证.

1992 年,中国数学家和语言学家周海中教授首次给出了梅森素数分布的精确表达式,这一重大成果被

国际上称为“周氏猜测”[①]. 根据周氏猜测(即“当 $2^{2^n}<p<2^{2^{n+1}}$ 时,梅森数 M_p 中有 $2^{2^{n+1}}-1$ 个是素数”),可以得知:当 n 越大时,梅森数中的素数就越稀少.

综上所述,我们认为:《几乎一切梅森数与费马数都是素数》一文中的“定理 1”不成立.

2. **关于费马数**

(1)事实为佐证.

虽然费马数中的 $F_0=3$, $F_1=5$, $F_2=17$, $F_3=257$ 和 $F_4=65\ 537$ 是素数,但瑞士数学家欧拉在 1732 年给出了分解式:$F_5=4\ 294\ 967\ 297=641\times 6\ 700\ 417$;因此,费马的猜想不成立. 而且后来人们发现了 F_6, F_7 等许多费马数也不是素数而是合数. 迄今为止,费马数中除了被费马本人所证实的那 5 个素数外人们再也没有发现 1 个素数. 而到 2003 年 5 月底,人们就已经发现了 214 个费马数是合数[②].

(2)理论为旁证.

当 n 增大时,F_n 增大很快;这给人们判别 F_n 的素性带来很大的困难. 1877 年,法国数学家佩平利用数学家鲁卡斯给出的费马小定理的逆命题,就费马数给出了以下素性检测的方法:

佩平检测　令 $F_n=2^{2^n}+1$, $n\geqslant 2$, $k\geqslant 2$. 则以下两个条件等价.

(ⅰ)F_n 为素数并且 $(k|F_n)=-1$.

---

① 李明达. 梅森素数:数学宝库中的明珠. 科学(中文版),2000,262(2):62-63.

② (加拿大)P. 里本伯姆著;孙淑玲,冯克勤译. 博大精深的素数. 北京:科学出版社,2007:70-76.

（ⅱ）$k^{(F_n-1)/2} \equiv -1 \pmod{F_n}$.

这个检验在应用中很有效；但若 F_n 为合数，这个检测就不能给出 F_n 的任何因子.

如果真的如《几乎一切梅森数与费马数都是素数》一文中的“定理 2”所言，那么第 6 个费马素数应该早就找到了. 然而直到现在，还没有发现新的费马素数（大于 F_4 的）[①]；在 370 年的时间里，寻找新的费马素数的研究始终毫无进展.

此外，德国数学家高斯在 1801 年证明了：可以尺规作图的正 m，$m \geqslant 3$ 边形的边数有形式 $m = 2^k F_1 F_2 \cdots F_n$，其中 $k, n \geqslant 0$，而 $F_1, F_2, \cdots, F_n$ 是不同的费马素数. 由高斯的证明，具有素数 m 条边的正多边形可用尺规作图的必要条件是 m 为费马数. 由于我们现在得到的费马素数只有前 5 个费马数，那么可用尺规作图完成的具有素数 m 条边的正多边形的边数就只有 3，5，17，257 和 65 537.

综上所述，我们认为：《几乎一切梅森数与费马数都是素数》一文中的“定理 2”也不成立.

3. 结语

目前，人们发现的梅森素数仅有 47 个；发现的费马素数仅有 5 个. 梅森素数和费马素数的个数是否无穷，其实至今尚未证明. 根据本节所列举的事实和阐述的理论，我们认为：《几乎一切梅森数与费马数都是素数》一文中的两个所谓“定理”是不成立的，而且该文的结论也是错的.

---

① （美）K. 罗森著；夏鸿刚译. 初等数论及其应用（第 5 版）. 北京：机械工业出版社，2009：90-96.

§6　费马数为素数的充要条件证明①

1. 主要理论

形如 $F_m=2^{2^m}+1$（m 为非负整数）的数称为费马数. 当 $m=0,1,2,3,4$ 时，F_m 均为素数. 除了以上5个素数，至今尚未找到第六个这种形状的素数. 一些文献给出了费马数 $F_m=2^{2^m}+1$ 为素数的充要条件

$$\sum_{k=1}^{F_m-1} k^{F_m-1}+1\equiv 0 \pmod{F_m} \qquad (4.16)$$

其必要性证明是错误的. 文献中提到，"若 F_m 不是素数，则 $F_m=\prod_{j=1}^{n} p_j$，其中 $p_1,\cdots,p_n$，$n\geqslant 2$ 为不同的奇素数，且 $(p_j-1)\mid 2^{2^m}$，$j=1,\cdots,n$". 但事实上，F_5 是复合数，$641\mid F_5$，但 $640\nmid 2^{2^5}$. 因此，式(4.16)只是猜想而已.

泰州师范高等专科学校的管训贵教授在2010年给出费马数为素数的四个充要条件.

定理4.7　$F_m=2^{2^m}+1$ 为素数的充要条件是

$$(F_m-1)!\equiv -1 \pmod{F_m}$$

定理4.8　$F_m=2^{2^m}+1$ 为素数的充要条件是

$$3^{\frac{F_m-1}{2}}\equiv -1 \pmod{F_m}$$

定理4.9　$F_m=2^{2^m}+1$ 为素数的充要条件是

---

① 选自《重庆科技学院学报(自然科学版)》，2010年8月第12卷第4期.

$$\sum_{k=1}^{F_m-3} k(k!) \equiv 0 \pmod{F_m}$$

定理 4.10 若 $m\geqslant 2$,则 $F_m=2^{2^m}+1$ 为素数的充要条件是:

$\frac{1}{F_m}$化成小数后的循环节长为 F_m-1.

2. **关键性引理**

引理 4.5 (Wilson 定理)n 为素数的充要条件是

$$(n-1)! \equiv -1 \pmod{n} \tag{4.17}$$

引理 4.6 设 $n=2^k+1,k>1$,则 n 为素数的充要条件是

$$3^{\frac{n-1}{2}} \equiv -1 \pmod{n} \tag{4.18}$$

引理 4.7 若 p 为奇素数,则$\frac{1}{p}$化成小数后的循环节长为$\frac{p-1}{2}$的因数的充要条件是

$$p\equiv \pm 3^k \pmod{40}, k=0,1,2,3$$

引理 4.8 设 $m\geqslant 2$,则 $F_m\equiv 17 \pmod{40}$.

证明 用数学归纳法,当 $m=2$ 时,$F_2=17\equiv 17 \pmod{40}$,结论成立.

假设当 $m=k,k\geqslant 2$ 时结论成立,即 $F_k\equiv 17 \pmod{40}$,则当 $m=k+1$ 时,有

$$\begin{aligned} F_{k+1}=2^{2^{k+1}}+1=(2^{2^k})^2+1= \\ (F_k-1)^2+1\equiv \\ (17-1)^2+1\equiv \\ 17 \pmod{40} \end{aligned}$$

这说明当 $m=k+1$ 时结论也成立.

3. **定理证明**

定理 4.7 的证明 在式(4.17)中令 $n=F_m$ 即得.

定理 4.8 的证明　在式(4.18)中令 $n=F_m$ 即得.

定理 4.9 的证明　我们有

$$\sum_{k=1}^{F_m-3}k(k!)=1(1!)+2(2!)+\cdots+(F_m-3)((F_m-3!))$$

由

$$k(k!)=(k+1)k!-k!=(k+1)!-k!$$

可得

$$\sum_{k=1}^{F_m-3}k(k!)=(2!-1!)+(3!-2!)+(4!-3!)+\cdots+((F_m-2)!-(F_m-3)!)=(F_m-2)!-1$$

即

$$(F_m-1)\sum_{k=1}^{F_m-3}k(k!)+F_m=(F_m-1)!+1$$

两边同取模 F_m,并结合定理 4.7 知,$F_m=2^{2^m}+1$ 为素数的充要条件是

$$\sum_{k=1}^{F_m-3}k(k!)\equiv 0(\bmod F_m)$$

以下是定理 4.10 的证明.首先证明其必要性.

由引理 4.8 知,当 $m\geqslant 2$ 时,有 $F_m\equiv 17(\bmod 40)$,故$2\nmid F_m$,$5\nmid F_m$.由分数化小数的性质知$\frac{1}{F_m}$化成小数后是一个纯循环小数,又因 $F_m\equiv 17\not\equiv\pm 3^k(\bmod 40)$,故由 F_m 为素数,同时据引理 4.7 知,$\frac{1}{F_m}$化成小数后其循

环节长不可能是$\frac{(F_m-1)}{2}$的因数.再由费马小定理知

$$10^{F_m-1}\equiv 1(\bmod F_m) \tag{4.19}$$

令$\frac{1}{F_m}$化成小数后的循环节长为t,则$t|(F_m-1)$,即$t|2^{2^m}$,但2^{2^m}不是$\frac{F_m-1}{2}$的因数,进一步由式(4.19)知,$\frac{1}{F_m}$化成小数后的循环节长为F_m-1.

接下来证其充分性.

当$m\geqslant 2$时,由引理4.7知,$(10,F_m)=1$,再由欧拉定理知

$$10^{\varphi(F_m)}\equiv 1(\bmod F_m)$$

假设F_m为合数,令F_m的标准分解式为

$$F_m=p_1^{\alpha_1}p_2^{\alpha_2}\cdots p_s^{\alpha_s}$$

其中$p_1,p_2,\cdots,p_s$为互不相同的素数,$\alpha_1,\alpha_2,\cdots,\alpha_s$为正整数,则

$$\varphi(F_m)=F_m(1-\frac{1}{p_1})(1-\frac{1}{p_2})\cdots(1-\frac{1}{p_s})$$

若$s=1$,有

$$\varphi(F_m)=F_m(1-\frac{1}{p_1})=p_1^{\alpha_1}-p_1^{\alpha_1-1} \tag{4.20}$$

由F_m为合数知$\alpha_1\geqslant 2$,故$p_1^{\alpha_1-1}>1$,因此由式(4.20)知$\varphi(F_m)<p_1^{\alpha_1}-1$,即

$$\varphi(F_m)<F_m-1$$

若$s>1$,由$p_2,p_3,\cdots,p_s$均为素数知

$$(1-\frac{1}{p_2})(1-\frac{1}{p_3})\cdots(1-\frac{1}{p_s})<1$$

同样有

$$\varphi(F_m) < F_m(1-\frac{1}{p_1}) < F_m - 1$$

这表明$\frac{1}{F_m}$化成小数后的循环节长小于 F_m-1,与已知矛盾,故 F_m 为素数.

费马数的性质研究

第5章

§1 费马数是复合数的一个充要条件①

武汉市张家湾中学的梅义元老师证明了费马数 F_n 是合数的一个充要条件.

定理 5.1 当 $n\geqslant 5$ 时,$F_n=2^{2^n}+1$ 是合数的充要条件是不定方程

$$2^{2n}x^2+x-2^{2^n-2n-2}=y^2 \quad (5.1)$$

有正整数解(x_0,y_0)且满足

$$2^n x_0>y_0 \quad (5.2)$$

证明 充分性.

若方程(5.1)有满足条件(5.2)的正整数解(x_0,y_0),则

① 选自《数学通讯》,1995 年第 9 期.

$$k_1=2^n x_0+\sqrt{2^{2n}x_0^2+x_0-2^{2^n-2n-2}}=2^n x_0+y_0 \tag{5.3}$$

及

$$k_2=2^n x_0-\sqrt{2^{2n}x_0^2+x_0-2^{2^n-2n-2}}=2^n x_0-y_0 \tag{5.4}$$

均为正整数,且

$$\begin{aligned}&(2^{n+1}k_1+1)(2^{n+1}k_2+1)=\\&(2^{n+1}(2^n x_0+y_0)+1)(2^{n+1}(2^n x_0-y_0)+1)=\\&(2^{2n+1}x_0+1)^2-2^{2n+2}y_0^2=\\&2^{4n+2}x_0^2+2^{2n+2}x_0+1-\\&2^{2n+2}(2^{2n}x_0^2+x_0-2^{2^n-2n-2})=\\&2^{2^n}+1=F_n\end{aligned}$$

显然 $2^{n+1}k_1+1>1,2^{n+1}k_2+1>1$,所以 F_n 是合数.

必要性.

若 F_n 是合数,则 F_n 可分解为如下形式

$$F_n=(2^{n+1}l_1+1)(2^{n+1}l_2+1) \tag{5.5}$$

其中 l_1,l_2 是正整数且 $l_1\leqslant l_2$.

将式(5.5)展开并化简,得

$$2^{2^n-n-1}=2^{n+1}l_1 l_2+(l_1+l_2) \tag{5.6}$$

当 $n\geqslant 5$ 时,$2^n-n-1>n+1$,由式(5.6)立知,存在正整数 x_0 使得

$$l_1+l_2=2^{n+1}x_0 \tag{5.7}$$

将式(5.7)代入式(5.6)并化简,得

$$l_1 l_2=2^{2^n-2n-2}-x_0 \tag{5.8}$$

解代数方程组(5.7),(5.8)并注意到 $l_1\leqslant l_2$,立得

$$\begin{cases}l_1=2^n x_0-\sqrt{2^{2n}x_0^2+x_0-2^{2^n-2n-2}}\\ l_2=2^n x_0+\sqrt{2^{2n}x_0^2+x_0-2^{2^n-2n-2}}\end{cases}$$

由于 l_1, l_2 均为正整数,所以存在正整数 y_0,使得

$$2^{2n}x_0^2+x_0-2^{2^n-2n-2}=y_0^2$$

且 $2^n x_0>y_0$,这就表明方程(5.1)有满足条件(5.2)的解.

由定理5.1的证明过程可以获得如下结论.

定理5.2 若 F_n 是合数,则 F_n 可分解为

$$F_n=(2^{2n+1}x_0-2^{n+1}y_0+1)(2^{2n+1}x_0+2^{n-1}y_0+1) \tag{5.9}$$

其中(x_0, y_0)是不定方程(5.1)满足条件(5.2)的任意一组正整数解.

例5.1 证明 F_5 合数.

证明 首先,我们容易验证不定方程

$$2^{10}x^2+x-2^{20}=y^2 \tag{5.10}$$

有正整数解$(x, y)=(1\ 636, 52\ 342)$且 $2^5\times 1\ 636=52\ 352>52\ 342$.因此,由定理5.1可知 F_5 是合数.此外,由定理5.2还可得到 F_5 有如下分解

$$\begin{aligned}F_5=&(2^{11}\times 1\ 636-2^6\times 52\ 342+1)\times\\&(2^{11}\times 1\ 636+2^6\times 52\ 342+1)=\\&641\times 6\ 700\ 417\end{aligned}$$

§2 关于费马数的一个性质[①]

齐齐哈尔师范学院数学系的谷峰教授对费马数做了一些研究,得到了费马数的末两位数的一个性

① 选自《齐齐哈尔师范学院学报(自然科学版)》,1996年2月第16卷第1期.

质，即证明了：当 $n\geqslant 2$ 时，F_n 满足 $\{F_{4k}\}_2=37$，$\{F_{4k+1}\}_2=97$，$\{F_{4k+2}\}_2=17$，$\{F_{4k+3}\}_2=57$. 其中符号 $\{m\}_2$ 表示整数 m 的末两位数.

1. **几个引理**

为了方便起见，本节所论之数除特殊声明之外均指自然数. 此外，我们记 $\{a\}_m$ 为整数 a 的末 m 位数.

引理 5.1　若自然数 u 的末尾 m 位数为 $b=\overline{b_m b_{m-1}\cdots b_1}$ $(0\leqslant b_l\leqslant 9, l=1,2,3,\cdots,m)$，则

$$\{u^n\}_m=\{b^n\}_m$$

证明　因为 $\{u\}_m=b$，所以 u 可表示为 $u=10^m a+b$（a 为非负整数），于是就有

$$\begin{aligned}u^n=&(10^m a+b)^n=(10^m a)^n+C_n^1(10^m a)^{n-1}\cdot\\&b+\cdots+C_n^{n-1}(10^m a)\cdot b^{n-1}+b^n=\\&10^m a((10^m a)^{n-1}+C_n^1(10^m a)^{n-1}\cdot\\&b+\cdots+C_n^{n-1}\cdot b^{n-1})+b^n\end{aligned}$$

由此可见 $\{u^n\}_m=\{b^n\}_m$.

引理 5.2　若 $b=c^p$，则 $\{b^n\}_m=\{c^{np}\}_m$.

证明是显然的.

引理 5.3　若 $b=b_1\cdot b_2$，则 $\{b\}_m=\{\{b_1\}_m\cdot\{b_2\}_m\}_m$.

证明　令 $b=10^m a_1+\{b_1\}_m$，$b_2=10^m a_2+\{b_2\}_m$，其中 a_1,a_2 为非负整数，则

$$\begin{aligned}b=&b_1\cdot b_2=(10^m a_1+\{b_1\}_m)(10^m a_2+\{b_2\}_m)=\\&10^m(10^m a_1 a_2+a_1\{b_2\}_m+a_2\{b_1\}_m)+\\&\{b_1\}_m\cdot\{b_2\}_m\end{aligned}$$

所以可得

$$\{b\}_m=\{\{b_1\}_m\cdot\{b_2\}_m\}_m$$

由数学归纳法，我们有：

推论 5.1　若 $b=b_1\cdot b_2\cdot\cdots\cdot b_n$，则

$$\{b\}_m=\{\{b_1\}_m\cdot\{b_2\}_m\cdot\cdots\cdot\{b_n\}_m\}_m=\{\prod_{i=1}^{k}\{b_i\}_m\}_m$$

2. **定理及其证明**

定理 5.3　当 $n\geqslant 2$ 时，费马数 F_n 的末两位数 $\{F_n\}_2$ 满足：

(1) $\{F_{4k}\}_2=37$；

(2) $\{F_{4k+1}\}_2=97$；

(3) $\{F_{4k+2}\}_2=17$；

(4) $\{F_{4k+3}\}_2=57$.

证明　我们对 k 用数学归纳法.

(1) 只需证明 $\{F_{4k}-1\}_2=\{2^{2^{4k}}\}_2=36$ 即可.

① 当 $k=1$ 时，$\{2^{2^{4k}}\}_2=\{2^{2^4}\}_2=\{65\ 536\}_2=36$；

② 假设当 $k=m$ 时结论成立，即 $\{2^{2^{4m}}\}_2=36$，则当 $k=m+1$ 时，由推论 5.1 有

$$\begin{aligned}\{2^{2^{4(m+1)}}\}_2=\{2^{2^{4m}2^4}\}_2=\{(2^{2^{4m}})^{16}\}_2=\\ \{\underbrace{\{2^{2^{4m}}\}_2\cdot\{2^{2^{4m}}\}_2\cdot\cdots\cdot\{2^{2^{4m}}\}_2}_{16\text{个}}\}_2=\\ \{\underbrace{36\times 36\times\cdots\times 36}_{16\text{个}}\}_2=\\ \{\underbrace{96\times 96\times\cdots\times 96}_{8\text{个}}\}_2=\\ \{16\times 16\times 16\times 16\}_2=\\ \{56\times 56\}_2=36\end{aligned}$$

故对任意 $k\geqslant 1$，有 $\{2^{2^{4k}}\}_2=36$，于是 $\{F_{4k}\}_2=\{2^{2^{4k}}+1\}_2=37$.

(2) 由引理 5.3 及已证得的结论(1)知，当 $k\geqslant 1$ 时，就有

$$\{2^{2^{4k+1}}\}_2=\{2^{2^{4k}\cdot 2}\}_2=\{\{2^{2^{4k}}\}_2\cdot\{2^{2^{4k}}\}_2\}_2=$$
$$\{36\times 36\}_2=96$$

从而得到

$$\{F_{4k+1}\}_2=\{2^{2^{4k+1}}+1\}_2=\{\{2^{2^{4k+1}}\}_2+1\}_2=$$
$$\{96+1\}_2=97$$

(3)当 $k=0$ 时,有

$$\{F_{4k+2}\}_2=\{F_2\}_2=\{2^{2^2}+1\}_2=17$$

当 $k\geqslant 1$ 时,由已证得的(2)及引理5.3知,有

$$\{2^{2^{4k+2}}\}_2=\{2^{2^{4k+1}\cdot 2}\}_2=\{\{2^{2^{4k+1}}\}_2\cdot\{2^{2^{4k+1}}\}_2\}_2=$$
$$\{96\times 96\}_2=16$$

于是

$$\{F_{4k+2}\}_2=\{2^{2^{4k+2}}+1\}_2=\{\{2^{2^{4k+2}}\}_2+1\}_2=$$
$$\{16+1\}_2=17$$

(4)对于 $k\geqslant 0$,由已证得的(3)及引理5.3得

$$\{2^{2^{4k+3}}\}_2=\{2^{2^{4k+2}\cdot 2}\}_2=\{\{2^{2^{4k+2}}\}_2\cdot\{2^{2^{4k+2}}\}_2\}_2=$$
$$\{16\times 16\}_2=56$$

于是 $\{F_{4k+3}\}_2=\{2^{2^{4k+3}}+1\}_2=\{\{2^{2^{4k+3}}\}_2+1\}_2=\{56+1\}_2=57$.

§3　费马数的若干结论和应用[①]

1.引言

在数论中,费马数是一个极为重要而又很基本的数论数,它的引入对数论中某些问题的研究具有重要

① 选自《大庆高等专科学校学报》,2002年10月第22卷第4期.

的意义,也促进了其他相关问题的发展.

众多学者在该领域的研究已取得不少成果,但目前对费马数的诸多结论以及相关应用等方面的研究并不多见,大庆高等专科学校数学系的刘荣辉教授在 2002 年从费马数的定义出发研究了它的某些结论和应用.

2. 若干结论

(1) $F_0F_1F_2\cdots F_n=F_{n+1}-2$.

证明

$$\text{左式}=(2^{2^0}+1)(2^{2^1}+1)(2^{2^2}+1)\cdots(2^{2^n}+1)=\cdots=$$
$$(2^{2^n}+1)(2^{2^n}-1)=$$
$$2^{2^{n+1}}-1=$$
$$2^{2^{n+1}}+1-2=$$
$$F_{n+1}-2$$

(2)任意两个不同的费马数互素.

我们给出如下两种方法:

证法 1 设 F_m,F_n 是任意两个不同的费马数,不妨设 $m>n$,则 F_n 是 $F_0,F_1,F_2,\cdots,F_{m-1}$ 中的一个,就有 $F_n\mid F_0F_1\cdots F_{m-1}$.

可见 $F_n\mid F_{m-2}$,从而,若 $(F_n,F_m)=d$,则 $d\mid F_m,d\mid F_n$,就有 $d\mid 2$,那么:

$d=1$ 或 $d=2$,但 F_m,F_n 均为奇数.

所以 $d=1$,即 $(F_m,F_n)=1$

证法 2 设 $a_n=2^{2^n}$,首先证明,序列 $a_0-1,a_1-1,a_2-1,\cdots,a_n-1$ 中的每一项,从第二项开始,都能被前一项整除,从而能被它前面的所有项整除.

事实上,$a_{n+1}-1=a_n^2-1=(a_n+1)(a_n-1)$,所以

$a_{n+1}-1$ 能被 a_n-1 整除，同时还可知道，a_n+1 是 $a_{n+1}-1$ 的因数，从而是 a_m-1 的因数，这里 $m>n$，因此当$m>n$时，$a_m+1=(a_m-1)+2=q(a_n+1)+2$，这里 q 是整数，由此知，a_m+1 和 a_n+1 的公因数应是 2 的因数，由于费马数是奇数，故 $2^{2^m}+1$ 和 $2^{2^n}+1$ 除 1 以外，无其他公因数，所以$(2^{2^m}+1,2^{2^n}+1)=1$.

我们知道，$F_2=17$，$F_3=257$，$F_4=65\ 537$，$F_5=4\ 294\ 967\ 297$，好像均以 7 结尾，此非偶然，一般地，我们有：

(3)当 $n\geqslant2$ 时，费马数恒以 7 结尾.

证明　我们就是要证明当 $n\geqslant2$ 时，恒有

$$F_n=2^{2^n}+1\equiv7(\text{mod }10)$$

事实上，因为

$$n\geqslant2$$

所以有

$$F_n=2^{2^n}+1=2^{2^2 2^{n-2}}+1=(2^{2^2})^{2^{n-2}}+1=16^{2^{n-2}}+1\equiv6^{2^{n-2}}+1\equiv6+1\equiv7(\text{mod }10)$$

推论 6.2　当 $n\geqslant2$ 时，恒有 $F_n\equiv2(\text{mod }5)$.

结论是明显的，因为当 $n\geqslant2$ 时，$F_n\equiv7(\text{mod }10)$，得

$$F_n\equiv7(\text{mod }5)$$

所以有

$$F_n\equiv2(\text{mod }5)$$

当 $n=1$ 时，$F_1=5$，4 除 F_1 余 1，对 $n\geqslant2$，我们可以证明：当 n 是 $4k$，$4k+1$，$4k+2$，$4k+3$ 时，F_n 的末两位数分别是 37，97，17，57，它们被 4 除均余 1，一般地，当 $n\geqslant1$ 时，有：

(4)费马数被 4 除恒余 1.

证明 就是要证明：

当 $n\geqslant 1$ 时，$F_n\equiv 1(\mathrm{mod}\ 4)$，即要证明当 $n\geqslant 1$ 时，有 $2^{2^n}\equiv 0(\mathrm{mod}\ 4)$.

事实上，此时，$2^{2^n}=2^{2^1 2^{n-1}}=4^{2^{n-1}}\equiv 0(\mathrm{mod}\ 4)$.

(5)当 $n\geqslant 2$ 时，恒有 $F_n\equiv 1(\mathrm{mod}\ 8)$.

证明 当 $n\geqslant 2$ 时，显然有

$$F_n=2^{2^n}+1=(8-6)^{2^n+1}\equiv 6^{2^n}+1=$$
$$(6^{2^2})^{2^{n-2}}+1=1\ 296^{2^{n-2}}+1\equiv$$
$$0+1\equiv 1(\mathrm{mod}\ 8)$$

(6)对 $n\geqslant 1$ 时的每一个费马数 F_n，当它表示成十二进制的数时，恒以 5 结尾.

证明 我们证明当 $n\geqslant 1$ 时，恒有

$$F_n=2^{2^n}+1\equiv 5(\mathrm{mod}\ 12)$$

不难验证：$10^1\equiv 10,10^2\equiv 4,10^2\equiv 4,\cdots(\mathrm{mod}\ 12)$.

故当 $t>1$ 时，总有 $10^t\equiv 4(\mathrm{mod}\ 12)$，但因 $n\geqslant 1$，所以 $2^n>1$，所以

$$F_n=2^{2^n}+1=(12-10)^{2^n}+1\equiv 10^{2^n}+1\equiv$$
$$4+1\equiv 5(\mathrm{mod}\ 12)$$

经计算，7 除 F_0 余 3，7 除 F_1 余 5，7 除 F_2 余 3，7 除 F_3 余 5，7 除 F_4 余 3，一般地，我们有：

(7)当 n 为偶数(含 0)时

$$F_n\equiv 3(\mathrm{mod}\ 7) \tag{5.11}$$

当 n 为奇数时

$$F_n\equiv 5(\mathrm{mod}\ 7) \tag{5.12}$$

证明 $2^1\equiv 2,2^2\equiv 4,2^3\equiv 1(\mathrm{mod}\ 7)$

$$2^{3^t+}\equiv 2^{3^t+2}\equiv 4,2^{3^t+2}\equiv 1(\mathrm{mod}\ 7) \tag{5.13}$$

当 n 为偶数时，设 $n=2k$，所以

$$2^n=2^{2k}=4^k\equiv 1(\bmod 3)$$

所以

$$2^n=3t+1$$

所以

$$F_n=2^{2^n}+1=2^{3^{3t+1}}+1\equiv 3(\bmod 7)$$

此即式(5.11)成立.

当 n 为奇数时,设

$$n=2k+1$$

$$2^n=2^{2k+1}=2\cdot 4^k\equiv 2(\bmod 3)$$

所以

$$2^n=3t+2$$

再由式(5.13),有

$$F_n=2^{2^n}+1\equiv 2^5+1\equiv 5(\bmod 7)$$

此即式(5.12)成立.

我们发现当 $n=1$ 时

$$r(F_1)=5$$

$$r(F_2)=8$$

$$r(F_3)=5$$

$$r(F_4)=8$$

事实上,我们有下面的结论成立.

(8)当 n 为正偶数时,$r(F_n)=8$.

当 n 为正奇数时,$r(F)=5$.

证明　由上面的结论,我们只需证:

当 n 为正偶数时

$$F_n\equiv 8(\bmod 9) \tag{5.14}$$

当 n 为正奇数时

$$F_n\equiv 5(\bmod 9) \tag{5.15}$$

有

$$2^{6^{t+1}} \equiv 2, 2^{6^{t+2}} \equiv 4, 2^{6^{t+3}} \equiv 8 \pmod 9$$
$$2^{6^{t+4}} \equiv 7, 2^{6^{t+5}} \equiv 5, 2^{6^{t}} \equiv 1 \pmod 9$$

因当 $t>0$，恒有 $4^t=6m+4$，这样一来，就有当 n 为正偶数时，设 $n=2k$，则有

$$F_n=2^{2^n}+1=2^{2^{2k}}+1=2^{4^k}+1=$$
$$2^{6t+4}+1\equiv 7+1\equiv 8 \pmod 9$$

当 n 为奇数时，设 $n=2k+1$，则有

$$F_n=2^{2^n}+1=2^{2^{2k+1}}+1=(2^{4^k})^2+1=$$
$$(2^{6t+1})^2+1\equiv 5 \pmod 9$$

综上所述，结论成立.

推论 5.3 对 $n>0$ 的每一个费马数 F_n，被 3 除余 2.

因为不论 n 为奇数还是偶数，恒有 $8\equiv 5\equiv 2 \pmod 3$ 成立.

(9)当 $n\geqslant 5$ 时，$F_n=2^{2^n}+1$ 是合数的充要条件是不定方程

$$2^{2^n}x^2+x-2^{2^n-2^{n-2}}=y^2 \tag{5.16}$$

有正整数解 (x_0, y_0)，且满足

$$2^n x_0>y_0 \tag{5.17}$$

证明从略.

(10)费马数 F_n 是素数的充要条件是

$$\sum_{k=1}^{F_n-1} k^{F_n-1}+1\equiv 0 \pmod{F_n}$$

证明从略.

3. **应用**

(1)素数有无穷多个.

证明 由费马数的定义可知，费马数有无穷多个，由结论(2)知，这无穷多个互不相同的费马数彼此

皆互素,故它们各自的素因数互不相同,既然费马数有无穷多个,所以素数也有无穷多个.

(2)有关尺规作图问题.

值得一提的是,费马数后来又出现在用尺规作图这样一个问题中,它能用来确定哪些圆内接正多边形可以用尺规作图,哪些则不能,这一伟大理论是数学大师高斯发现的.

高斯断言:一个具有 n 个顶点的正多边形,当且仅当 n 是一个费马素数或若干个不同的费马数的乘积时,才能用尺规作出来.

高斯的伟大发现引起了人们对费马数的寻求产生新的兴趣,为了寻求新的费马素数,人们做出了许多计算,但是,至今为止,没有新的费马素数被发现,而仅有的前五个费马数都是素数.

现在我们来看几道例题.

例 5.1　求出小于 100 的所有奇数 n,使得相应的正 n 边形可以被作出来.

解　根据高斯理论:只有当 n 是一个费马素数,或若干个不同的费马数的乘积时,正 n 边形才能被作出来.

所以 $n=3,5,15(3\times5),17,51(3\times17),75(5\times15)$这几个数时,满足所求.

例 5.2　假定你已经会作正 17 边形,你如何来作正 51 边形.

解　因为

$$360/51=6\times360/17-360/3$$

而正 3 边形和正 17 边形都可以作出来,所以正 51 边形也可作出来.

(3)关于费马数的分解.

经过多少年的研究,F_5,F_6,F_7,F_8,F_9 终于被分解,即

$$F_5=4\ 294\ 967\ 297=641\times 6\ 700\ 417$$

$$F_6=274\ 177\times 67\ 280\ 421\ 310\ 721$$

$$F_7=59\ 649\ 589\ 127\ 497\ 217\times 5\ 704\ 689\ 200\ 685\ 129\ 054\ 721$$

由于 F_8,F_9,F_{11} 分解出的因数太长,因此这里我们就不写出了.

目前未被分解的最小的费马数,便是第 11 个费马数 F_{10}.因此,分解第 11 个费马数是当今国际计算数论界的一个全攻课题.

实际上,数学中又出现了一种特殊数,即 $F(b,m)=b^{2^m}+1$,b 为偶数,m 为非负整数,它被称为广义费马数,且分别称 b 和 m 为 $F(b,m)$的底和阶数,将 $F_n=2^{2^n}+1$,即 $F(2,n)$称为标准费马数,广义费马数对于数学的研究有一定的意义,当今世界上,有众多的学者对此问题十分关注,广义费马数的研究已经成为该领域的又一颇具影响的热门话题.

4. 结论

以上我们给出了费马数的若干结论,以及费马数在数学领域中的应用,并且对于其中的结论我们都给出了别具特色的证明,由于时间和篇幅的限制,多数结论只给出一种证明,只有个别的是用多种方法来证的,这使我们感到很遗憾.

§4　费马数的若干结论[1]

黑龙江八一农垦大学基础部的于晓秋和齐齐哈尔大学的肖藻两位教授在 2003 年根据数论中著名的数之一——费马数的定义，探讨了它的一些结论，并逐一加以证明. 通过研究费马数的若干结论，可帮助我们加深对费马数的理解.

数学家费马曾考察过形如 $2^{2^n}+1$ 的数，故有如下的定义：称形如 $2^{2^n}+1$ 的数为费马数，记为 $F_n=2^{2^n}+1$（n 为非负整数）. 当时费马曾根据 $F_0=3$，$F_1=5$，$F_2=17$，$F_3=257$，$F_4=65\ 537$ 全是素数，猜测所有的 F_n 均为素数. 后来瑞士数学家欧拉于 1732 年证明了 $641\mid F_5$，数学家兰德里于 1880 年又分解了 F_6，到了 1970 年数学家佩平又分解了 F_7，……. 以上事实表明，费马猜想不成立. 不止如此，目前，人们只知道以上五个费马素数，从而数学界又出现了“反猜想”，此乃数学界的难题之一[2]. 至今，发现了 40 多个费马数是合数，这些合数可以分成三类.

(1)当 $n=5,6,7$ 时，得到了 F_n 的标准分解式；

(2)当 $n=8,9,10,11,12,13,15,16,18,19,21,23,25,26,27,30,32,36,38,39,42,52,55,58,63,73,77,81,117,125,144,150,207,226,228,250,267,$

---

① 选自《佳木斯大学学报(自然科学版)》，2003 年 9 月第 21 卷第 3 期.

② 柯召，孙琦. 数论讲义. 北京：高等教育出版社，1986.

268,316,452,556,744,1 945 时,仅知道 F_n 的部分因子;

(3)当 $n=14$ 时,只知道 F_{14} 是合数,却不知道它的任何一个真因子.

尽管猜测而未获解,但人们仍然证得了费马数的若干定理如下:

定理 5.4 当 $t\geqslant 2$ 时,费马数 $F_t=2^b+1,b=2^t$ 的素因数必具 $q=2^{t+2}h+1$ 的形式($h\in\mathbf{N}$).

证明 先证明费马数的任一素因数 q 必具有 $2^{t+1}k+1$的形式.

若 q 是 F_t 的素因数,则显然为奇素因数,且有

$$q\mid F_t\Rightarrow q\mid 2^{2^t}+1\Rightarrow$$
$$2^{2^t}\equiv -1(\bmod q)\Rightarrow$$
$$(2^{2^t})^2\equiv(-1)^2(\bmod q)$$

即 $2^{2^{t+1}}\equiv 1(\bmod q)$,可见 2^{t+1} 是最小的,于是有,$2^{q-1}\equiv 1(\bmod q)$且$(2,q)=1$,推出 $2^{t+1}\mid q-1$,即 $q=2^{t+1}k+1$.

又由于 $t\geqslant 2$,故 $q\equiv 1(\bmod 8)$. 从而有 $2^{\frac{q-1}{2}}\equiv 1(\bmod q)$,而$\frac{q-1}{2}=2^tk$,故有

$$1\equiv 2^{\frac{q-1}{2}}=2^{2^tk}=(2^{2^t})^k\equiv(-1)^k(\bmod q)$$

也就是

$$1\equiv(-1)^k(\bmod q)$$

由于 $q\equiv 1(\bmod 2)$,故 $k\equiv 0(\bmod 2)$,记 $k=2h$,从而得到:

当 $t\geqslant 2$ 时,F_t 的任一素因数必具有 $q=2^{t+2}h+1$ 的形式.

例如

$$F_5 = 2^{32} + 1 = 641 \times 6\ 700\ 417$$

$$F_6 = 2^{64} + 1 = 274\ 127 \times 67\ 280\ 421\ 310\ 721$$

它们的素因数均是 $2^{t+2}h+1$ 形的.

事实上

$$641 = 128 \times 5 + 1 = 2^7 \times 5 + 1$$

$$6\ 700\ 417 = 128 \times 52\ 347 + 1 = 2^7 \times 52\ 347 + 1$$

$$274\ 177 = 256 \times 1\ 071 + 1 = 2^8 \times 1\ 071 + 1$$

$$67\ 280\ 421\ 310\ 721 = 256 \times 262\ 814\ 145\ 745 + 1 = 2^8 \times 262\ 814\ 145\ 745 + 1$$

定理 5.5　如果 2^m+1 是素数,那么 $m=2^n$,反之,不真.

证明　反证法,假设 m 有一个奇真因子 q,那么 $m=qr$,且

$$2^m + 1 = 2^{qr} + 1 = (2^r)^q + 1 = (2^r + 1)(2^{r(q-1)} - \cdots - 2^r + 1)$$

因为 $1<2^r+1<2^m+1$,所以 2^m+1 有真因子 2^r+1,即 2^m+1 就不是素数,这与已知矛盾.因此 m 不能有奇真因子,即 $m=2^n$,证毕.反之不成立是显然的.

定理 5.6　费马数 $F_n=2^{2^n}+1$ 是素数的充要条件为 $\sum\limits_{k=1}^{F_n-1} k^{F_n-1} + 1 \equiv 0 \pmod{F_n}$ [①].

证明略.

由费马数的定义和定理,我们得出它的若干结论如下:

---

①　康继鼎,周国富.关于居加猜测与费马数为素数的充要条件.数学通讯,1981(2):20-22.

结论 1 $F_0F_1F_2\cdots F_n=F_{n+1}-2$.

证明

$$
\begin{aligned}
F_0F_1F_2\cdots F_n=&(2^{2^0}+1)(2^{2^1}+1)\cdots(2^{2^n}+1)=\\
&(2^{2^0}-1)(2^{2^0}+1)(2^{2^1}+1)\cdots(2^{2^n}+1)=\\
&(2^{2^1}-1)(2^{2^1}+1)\cdots(2^{2^n}+1)=\\
&(2^{2^n}-1)(2^{2^n}+1)=\\
&2^{2^{n+1}}-1=\\
&F_{n+1}-2
\end{aligned}
$$

证毕.

结论 2 任两个不同的费马数互素,即当 $m\neq n$ 时,有$(F_n,F_m)=1$.

证明 不失一般性,设 $F_n,F_m,m>n\geqslant 0,m=n+k,k>0$. 而 $l|F_n,l|F_{n+k}$,若令 $x=2^{2^n}$,有

$$
\frac{F_{n+k}-2}{F_n}=\frac{2^{2^{n+k}}-1}{2^{2^n}+1}=\frac{x^{2^k}-1}{x+1}=
$$
$$
x^{2^k-1}-x^{2^k-2}+\cdots-1
$$

故 $F_n|F_{n+k}-2$,且因 $l|F_{n+k},l|F_{n+k}-2$,推出 $l|2$,因为 F_n 是奇数,所以 $l=1$,即$(F_n,F_m)=1$.

推论 5.4 素数有无穷多个①.

证明 由费马数的定义知,费马数有无穷多个. 由结论 2 知,这无穷多个互不相同的费马数两两互素. 故它们的各自的素因数互不相同. 既然费马数有无穷多个,所以素数也有无穷多个.

又因为当 $n\geqslant 2$ 时,$F_n=2^{2^n}+1$,有

$$
F_n=2^{2^2 2^{n-2}}+1=16^{2^{n-2}}+1 \tag{5.18}
$$

① 王元. 谈谈素数. 上海:上海教育出版社,1978.

我们得到

$$F_n=16^{2^{n-2}}+1\equiv 6^{2^{n-2}}+1\equiv 6+1\equiv 7 \pmod{10}$$

$$F_n=16^{2^{n-2}}+1\equiv 1^{2^{n-2}}+1\equiv 1+1\equiv 2 \pmod{5}$$

$$F_n=16^{2^{n-2}}+1\equiv 0^{2^{n-2}}+1\equiv 0+1\equiv 1 \pmod{8}$$

$$F_n=16^{2^{n-2}}+1\equiv 4^{2^{n-2}}+1\equiv 4+1\equiv 5 \pmod{12}$$

$$F_n=16^{2^{n-2}}+1\equiv 0^{2^{n-2}}+1\equiv 0+1\equiv 1 \pmod{4}$$

于是又具有如下结论.

结论 3　当 $n\geqslant 2$ 时,费马数恒以 7 结尾.

推论 5.5　当 $n\geqslant 2$ 时,费马数以五进制表示时末尾数为 2.

推论 5.6　当 $n\geqslant 2$ 时,费马数以八进制表示时末尾数为 1.

结论 4　当 $n\geqslant 1$ 时,费马数以十二进制表示时末尾数为 5.

结论 5　当 $n\geqslant 1$ 时,费马数以四进制表示时末尾数为 1.

结论 6　当 $n\equiv 0 \pmod{2}$,时

$$F_n\equiv 3 \pmod{7} \tag{5.19}$$

当 $n\equiv 1 \pmod{2}$,时

$$F_n\equiv 5 \pmod{7} \tag{5.20}$$

证明　因为

$$2^1\equiv 2,2^2\equiv 4,2^3\equiv 1 \pmod{7}$$

所以

$$2^{3t+1} \equiv 2, 2^{3t+2} \equiv 4, 2^{3t} \equiv 1 \pmod 7 \qquad (5.21)$$

其中，t 为非负整数，从而，当 $n \equiv 0 \pmod 2$ 时，设 $n=2k$（k 为非负整数）. 则有

$$2^n = 2^{2k} = 4^k \equiv 1 \pmod 3$$

即

$$2^n = 3t+1$$

再由式(5.21)，就有

$$F_n = 2^{2^n}+1 = 2^{3t+1}+1 \equiv 2+1 \equiv 3 \pmod 7$$

从而，当 $n \equiv 1 \pmod 2$ 时，设 $n=2k+1$，k 为非负整数，则有

$$2^n = 2^{2k+1} = 2 \times 4^k \equiv 2 \times 1 \equiv 2 \pmod 3$$

即

$$2^n = 3t+2$$

再由式(5.21)，就有

$$F_n = 2^{2^n}+1 = 2^{3t+2}+1 \equiv 4+1 \equiv 5 \pmod 7$$

证毕.

结论 7　当 $n \geqslant 1$ 时，费马数可写成一个整数平方加 1 的形式，即 $F_n = m^2+1$ 的形式.

证明　因为 $F_n = 2^{2^n}+1 = 2^{2^{m+1}}+1 = (2^{2^m})^2+1$，所以只需证 $n=m+1$ 时结论成立，即 $n \geqslant 1$ 时结论就成立.

故当 $n \geqslant 1$ 时，费马数可写成一个整数平方加 1 的形式. 例如 $F_1 = 5 = 2^2+1$，$F_2 = 17 = 4^2+1$，$F_3 = 257 = 16^2+1$，$F_4 = 65\,537 = 256^2+1$，……

以上我们通过费马数的定义，介绍了几个费马数的定理，推出了几个简单且易于理解，而又有趣的结论，可以使大家能对费马数有所了解，进一步对费马数的“反猜测”的探求能有所帮助，并激起对数论学习的一点兴趣.

§5　关于费马数的最大素因数的下界[①]

设 $P(F_m)$ 是 F_m 的最大素因数. 由初等数论知识可知, F_m 的任何素因数 p 都满足[②]

$$p \equiv 1 \pmod{2^{m+2}} \tag{5.22}$$

所以 $P(F_m) \geqslant 2^{m+2}+1$. 1998 年,湛江师范学院数学系的乐茂华教授运用超越数论方法证明了当 $m \geqslant 2^{18}$ 时, $P(F_m) > 2^{m-4}m$. 2001 年, A. Grytczuk 和 M. Wojtowicz[③] 运用初等方法证明了当 $m>3$ 时, $P(F_m) \geqslant 2^{m+2}(4m+9)+1$. 本节进一步证明了以下结果.

定理 5.7　当 $m>3$ 时, $P(F_m) \geqslant 2^{m+2}(4m+15)+1$.

证明　先将 F_m 表示成若干素数的乘积,即

$$F_m = 2^{2^m}+1 = p_1 p_2 \cdots p_s \tag{5.23}$$

式中 $p_1, p_2, \cdots, p_s$ 是 F_m 的素因数. 由式(5.22)可知

$$p_i = 2^{m+2}a_i + 1, i=1,2,\cdots,s \tag{5.24}$$

式中 a_i 为正整数. 由于当 $a_j, 1 \leqslant j \leqslant s$ 等于 1 或 2 的方幂时,素数 p_j 必为费马数,并且由脚注文献③的定理 3.7.1可知,任意两个不同的费马数都是互素的,因

---

① 选自《宁夏大学学报(自然科学版)》,2003 年 12 月第 24 卷第 4 期.

② 孙琦,郑德勋,沈仲琦. 快速数论变换. 北京:科学出版社, 1980:43-44.

③ Grytczuk A, Wojtowicz M. Another note on the greatest prime factors of Fermat numbers. Southeast Asian Bull. Math., 2001, 25:111.

此，式(5.24)中的 a_i 都不等于1或2的方幂，故有

$$a_i\geqslant 3, i=1,2,\cdots,s \tag{5.25}$$

由式(5.23)～(5.25)可知

$$2^{2^m}+1\geqslant(2^{m+2}3+1)^s$$

所以

$$2^m\geqslant(m+2)s+s\log_2 3>(m+3.5)s$$

从而有

$$s<\frac{2^m}{m+3.5} \tag{5.26}$$

因为当 $m>3$ 时，$2^m>2m+4$，所以，由式(5.23)和(5.24)可得

$$1+2^{2^m}\equiv 1\equiv\prod_{i=1}^{s}(2^{m+2}a_i+1)\equiv$$
$$2^{m+2}(a_1+a_2+\cdots+a_s)+$$
$$1\pmod{2^{2m+4}}$$

从而 $a_1+a_2+\cdots+a_s\equiv 0\pmod{2^{m+2}}$. 所以

$$a_1+a_2+\cdots+a_s\geqslant 2^{m+2}$$

令 $a=\max\{a_1,a_2,\cdots,a_s\}$，则有 $as\geqslant 2^{m+2}$. 再结合式(5.26)得 $a>4(m+3.5)=4m+15$. 因此

$$P(F_m)=2^{m+2}a+1\geqslant 2^{m+2}(4m+15)+1$$

证毕.

§6 费马数的无平方因子部分[①]

设 **N**,**Q** 分别是全体正整数和有理数的集合. 对于正整数 m，设 $F_m=2^{2^m}+1$ 是第 m 个费马数. 由于费马

① 选自《商丘师范学院学报》，2005年10月第21卷第5期.

数不但与很多经典数学问题有关,而且在现代科学技术领域中也有广泛的应用,因此它的基本性质一直是数论中的一个引人关注的课题①.

设 a 是大于 1 的正整数. 已知任何给定的 a 都可唯一地表示成 $a=df^2$,其中 d 等于 1 或者是无平方因子正整数,f 是正整数,这样的 d 称为 a 的无平方因子部分,记作 $\mathbf{Q}(a)$. 湛江师范学院数学系的乐茂华教授在 2005 年给出了费马数的无平方因子部分的下界,即证明了:

定理 5.8　对于任何正整数 m,都有 $\mathbf{Q}(F_m)>2^{4m-6}/m^2$.

证明　布里尔哈特等②已证得本定理在 $m<17$ 时成立,以下仅需考虑 $m\geqslant 17$ 的情况. 设 $D=Q(F_m)$. 此时存在正整数 t 可使

$$Dt^2-1=4\circ 2^{2^m-2} \tag{5.27}$$

设 $h(D)$ 和 $\varepsilon(D)$ 分别是实二次域 $K=\boldsymbol{Q}(\sqrt{D})$ 的类数和基本单位数. 从式(5.27)可知方程

$$Dx^2-1=4y^{2n},x,y,n\in\mathbf{N},y>1,n>1 \tag{5.28}$$

有解 $(x,y,n)=(t,2,2^{m-1}-1)$. 由于该解 $(D,x,y,n)\neq(41,5,2,4)$,可知此时③

$$\varepsilon(D)=2^{2^{m-1}}+t\sqrt{D} \tag{5.29}$$

$$h(D)\equiv 0(\bmod 2^{m-1}-1) \tag{5.30}$$

从式(5.30)立得

① 颜松远. 数论及其应用. 数学的实践与认识,2002,32(3):486-507.

② Brillhart J, Lehmer D H and Selfridge J L. New Primality criteria and factorzations of $2^m\pm 1$. Math Comp,1975,29:620-627.

③ 乐茂华. 实二次域 $\mathbf{Q}(\sqrt{(1+4k^{2n})/a^2})$ 类数的可除性. 数学学报,1990,33:565-574.

$$h(D) \geqslant 2^{m-1} - 1 \tag{5.31}$$

同时，因为从式(5.27)可知 $D \equiv 1 \pmod 4$，所以根据华罗庚的《数论导引》(科学出版社，1979)中的定理 12.10.1 可知

$$h(D) = \frac{\sqrt{D}}{\ln \varepsilon(D)} L(1, \chi) \tag{5.32}$$

其中 χ 是模 D 的实原特征，$L(s, \chi)$ 是 χ 的狄利克雷 L—函数. 另外，根据 S. Louboutin 的文章 *Majoration explicites de* $|L(1, x)|$ 中的定理 6.8 可知

$$|L(1, \chi)| < \ln \sqrt{D} + 0.023\ 5 \tag{5.33}$$

由于从式(5.27)和(5.29)可知

$$\varepsilon(D) > 2^{2^{m-1}} + 1 \tag{5.34}$$

所以将式(5.33)代入式(5.32)可得

$$h(D) < \sqrt{D} (\log \sqrt{D} + 0.023\ 5) / 2(2^{m-1} + 1) \log 2 \tag{5.35}$$

结合式(5.31)和(5.35)立得

$$2^{2m-2} < 2(2^{m-1} - 1)(2^{m-1} + 1) \log 2 < \sqrt{D} (\log \sqrt{D} + 0.023\ 5) \tag{5.36}$$

因为 $m \geqslant 17$，故从式(5.36)可得 $D > 2^{4m-6} / m^2$. 定理证完.

§7 关于费马数的若干性质[①]

1. 引言及主要结论

法国数学家费马曾考察过形如 $2^{2^n} + 1, n = 0, 1,$

① 选自《佳木斯大学学报(自然科学版)》，2009 年 9 月第 27 卷第 5 期.

2,…的数,人们常把这样的数称为费马数,记作 $F_n=2^{2^n}+1$. 对 $F_n\equiv x(\bmod y)$,已有过许多的研究成果.

于晓秋和肖藻[①]给出:模取 4,5,7,8,10,12 的情形;张四保和罗霞[②]给出:模取 14 的情形;刘荣辉[③]给出:模取 3 和 9 的情形.

泰州师范高等专科学校的管训贵教授在 2009 年借助中国剩余定理给出如下结论.

定理 5.9　$n\geqslant 2$ 时

$$F_n\equiv 2(\bmod 15)$$
$$F_n\equiv 17(\bmod 20)$$
$$F_n\equiv 17(\bmod 24)$$
$$F_n\equiv 17(\bmod 30)$$
$$F_n\equiv 17(\bmod 40)$$
$$F_n\equiv 17(\bmod 60)$$
$$F_n\equiv 17(\bmod 120)$$

定理 5.10　n 为正偶数,且 $n\geqslant 2$ 时

$$F_n\equiv 17(\bmod 18)$$
$$F_n\equiv 17(\bmod 21)$$
$$F_n\equiv 17(\bmod 28)$$
$$F_n\equiv 17(\bmod 35)$$
$$F_n\equiv 17(\bmod 36)$$
$$F_n\equiv 17(\bmod 42)$$

---

① 于晓秋,肖藻. Fermat 数的若干性质. 佳木斯大学学报(自然科学版),2003(3):290-292.

② 张四保,罗霞. 有关 Fermat 数的一个性质结论. 沈阳大学学报,2007(4):25-26.

③ 刘荣辉. Fermat 数的若干结论和应用. 大庆高等专科学校学报,2002(4):4-6.

$$F_n \equiv 17 \pmod{45}$$
$$F_n \equiv 17 \pmod{56}$$
$$F_n \equiv 17 \pmod{63}$$
$$F_n \equiv 17 \pmod{70}$$
$$F_n \equiv 17 \pmod{72}$$
$$F_n \equiv 17 \pmod{84}$$
$$F_n \equiv 17 \pmod{90}$$
$$F_n \equiv 17 \pmod{105}$$
$$F_n \equiv 17 \pmod{126}$$
$$F_n \equiv 17 \pmod{168}$$
$$F_n \equiv 17 \pmod{180}$$
$$F_n \equiv 17 \pmod{210}$$
$$F_n \equiv 17 \pmod{280}$$
$$F_n \equiv 17 \pmod{315}$$
$$F_n \equiv 17 \pmod{420}$$
$$F_n \equiv 17 \pmod{504}$$
$$F_n \equiv 17 \pmod{630}$$
$$F_n \equiv 17 \pmod{840}$$
$$F_n \equiv 17 \pmod{1\ 260}$$
$$F_n \equiv 17 \pmod{2\ 520}$$

定理 5.11 n 为正奇数，且 $n \geqslant 3$ 时

$$F_n \equiv 5 \pmod{18}$$
$$F_n \equiv 5 \pmod{21}$$
$$F_n \equiv 5 \pmod{28}$$
$$F_n \equiv 12 \pmod{35}$$
$$F_n \equiv 5 \pmod{36}$$
$$F_n \equiv 5 \pmod{42}$$
$$F_n \equiv 32 \pmod{45}$$

$$F_n \equiv 33 \pmod{56}$$
$$F_n \equiv 5 \pmod{63}$$
$$F_n \equiv 47 \pmod{70}$$
$$F_n \equiv 41 \pmod{72}$$
$$F_n \equiv 5 \pmod{84}$$
$$F_n \equiv 77 \pmod{90}$$
$$F_n \equiv 47 \pmod{105}$$
$$F_n \equiv 5 \pmod{126}$$
$$F_n \equiv 89 \pmod{168}$$
$$F_n \equiv 77 \pmod{180}$$
$$F_n \equiv 47 \pmod{210}$$
$$F_n \equiv 257 \pmod{280}$$
$$F_n \equiv 257 \pmod{315}$$
$$F_n \equiv 257 \pmod{420}$$
$$F_n \equiv 257 \pmod{504}$$
$$F_n \equiv 257 \pmod{630}$$
$$F_n \equiv 257 \pmod{840}$$
$$F_n \equiv 257 \pmod{1\ 260}$$
$$F_n \equiv 257 \pmod{2\ 520}$$

2. **关键性引理**

引理 5.4　$n \geqslant 2$ 时

$$F_n \equiv 1 \pmod{4}$$
$$F_n \equiv 2 \pmod{5}$$
$$F_n \equiv 1 \pmod{8}$$
$$F_n \equiv 7 \pmod{10}$$
$$F_n \equiv 5 \pmod{12}$$

引理 5.5

$n \equiv 0 \pmod{2}$时

$$F_n \equiv 3 \pmod 7$$

$n \equiv 1 \pmod 2$时

$$F_n \equiv 5 \pmod 7$$

引理 5.6

$n \equiv 0 \pmod 2$时

$$F_n \equiv 3 \pmod{14}$$

$n \equiv 1 \pmod 2$时

$$F_n \equiv 5 \pmod{14}$$

引理 5.7　$n \geqslant 1$ 时

$$F_n \equiv 2 \pmod 3$$

引理 5.8　$n \equiv 0 \pmod 2$时

$$F_n \equiv 8 \pmod 9$$

$n \equiv 1 \pmod 2$时

$$F_n \equiv 5 \pmod 9$$

引理 5.9　（中国剩余定理）设 $m_1, m_2, \cdots, m_k$ 是两两互素的正整数. 令

$$m_1 m_2 \cdots m_k = M = m_1 M_1 = m_2 M_2 = \cdots = m_k M_k$$

则同余式组

$$\begin{cases} x \equiv c_1 \pmod{m_1} \\ x \equiv c_2 \pmod{m_2} \\ \vdots \\ x \equiv c_k \pmod{m_k} \end{cases}$$

有唯一解

$$x \equiv M_1 \alpha_1 c_1 + M_2 \alpha_2 c_2 + \cdots + M_k \alpha_k c_k \pmod M$$

其中 $M_i \alpha_i \equiv 1 \pmod{m_i}, i = 1, 2, \cdots, k$.

3. **定理证明**

先证定理 5.9.

由引理 5.4 及引理 5.7 知，$n \geqslant 2$ 时

$$\begin{cases} F_n \equiv 2 \pmod 5 \\ F_n \equiv 2 \pmod 3 \end{cases}$$

故 $F_n \equiv 2 \pmod{15}$.

由引理5.4知，$n \geqslant 2$ 时

$$\begin{cases} F_n \equiv 1 \pmod 4 \\ F_n \equiv 2 \pmod 5 \end{cases}$$

其中 $m_1 = 4, m_2 = 5, c_1 = 1, c_2 = 2; M_1 = 5, M_2 = 4, M = 4 \times 5 = 20$.

由 $5\alpha_1 \equiv 1 \pmod 4$，取 $\alpha_1 = 1$.

由 $4\alpha_2 \equiv 1 \pmod 5$，取 $\alpha_2 = 4$.

根据引理5.9，可得

$$F_n \equiv 5 \times 1 \times 1 + 4 \times 4 \times 2 \equiv 17 \pmod{20}$$

类似可证余下的同余式：

由引理5.4及引理5.7可得

$$F_n \equiv 17 \pmod{24}$$

$$F_n \equiv 17 \pmod{30}$$

$$F_n \equiv 17 \pmod{120}$$

由引理5.4可得

$$F_n \equiv 17 \pmod{40}$$

$$F_n \equiv 17 \pmod{60}$$

再证定理5.10.

易知，$F_n = 2^{2^n} + 1 \equiv 1 \pmod 2$，结合引理5.8，当 n 为正偶数且 $n \geqslant 2$ 时，有

$$\begin{cases} F_n \equiv 1 \pmod 2 \\ F_n \equiv 8 \pmod 9 \end{cases}$$

其中 $m_1 = 2, m_2 = 9, c_1 = 1, c_2 = 8; M_1 = 9, M_2 = 2, M = 2 \times 9 = 18$.

由 $9\alpha_1 \equiv 1 \pmod 2$，取 $\alpha_1 = 1$.

由 $2\alpha_2 \equiv 1 \pmod 9$，取 $\alpha_2 = 5$.

根据引理 5.9，可得

$$F_n \equiv 9 \times 1 \times 1 + 2 \times 5 \times 8 \equiv 17 \pmod{18}$$

类似可证余下的同余式：

由引理 5.5 及引理 5.7 可得

$$F_n \equiv 17 \pmod{21}$$

由引理 5.4 及引理 5.5 可得

$$F_n \equiv 17 \pmod{28}$$

$$F_n \equiv 17 \pmod{35}$$

$$F_n \equiv 17 \pmod{56}$$

$$F_n \equiv 17 \pmod{84}$$

$$F_n \equiv 17 \pmod{280}$$

$$F_n \equiv 17 \pmod{420}$$

由引理 5.4 及引理 5.8 可得

$$F_n \equiv 17 \pmod{36}$$

$$F_n \equiv 17 \pmod{45}$$

$$F_n \equiv 17 \pmod{72}$$

$$F_n \equiv 17 \pmod{90}$$

$$F_n \equiv 17 \pmod{180}$$

由引理 5.6 及引理 5.7 可得

$$F_n \equiv 17 \pmod{42}$$

由引理 5.5 及引理 5.8 可得

$$F_n \equiv 17 \pmod{63}$$

由引理 5.4 及引理 5.6 可得

$$F_n \equiv 17 \pmod{70}$$

由引理 5.6 及引理 5.8 可得

$$F_n \equiv 17 \pmod{126}$$

由引理 5.4、引理 5.5 及引理 5.7 可得

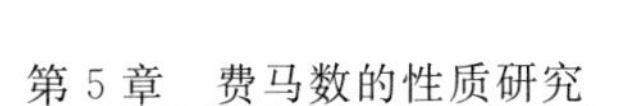

$$F_n \equiv 17 \pmod{105}$$

$$F_n \equiv 17 \pmod{168}$$

$$F_n \equiv 17 \pmod{840}$$

由引理 5.4、引理 5.6 及引理 5.7 可得

$$F_n \equiv 17 \pmod{210}$$

由引理 5.4、引理 5.5 及引理 5.8 可得

$$F_n \equiv 17 \pmod{315}$$

$$F_n \equiv 17 \pmod{504}$$

$$F_n \equiv 17 \pmod{630}$$

$$F_n \equiv 17 \pmod{1\,260}$$

$$F_n \equiv 17 \pmod{2\,520}$$

最后证定理 5.11.

易知，$F_n = 2^{2^n} + 1 \equiv 1 \pmod{2}$，结合引理 5.8，当 n 为正奇数且 $n \geqslant 3$ 时，有

$$\begin{cases} F_n \equiv 1 \pmod{2} \\ F_n \equiv 5 \pmod{9} \end{cases}$$

其中 $m_1 = 2, m_2 = 9, c_1 = 1, c_2 = 5; M_1 = 9, M_2 = 2, M = 2 \times 9 = 18$.

由 $9\alpha_1 \equiv 1 \pmod{2}$，取 $\alpha_1 = 1$.

由 $2\alpha_2 \equiv 1 \pmod{9}$，取 $\alpha_2 = 5$.

根据引理 5.9，可得

$$F_n \equiv 9 \times 1 \times 1 + 2 \times 5 \times 5 \equiv 5 \pmod{18}$$

类似可证余下的同余式：

由引理 5.5 及引理 5.7 可得

$$F_n \equiv 5 \pmod{21}$$

由引理 5.4 及引理 5.5 可得

$$F_n \equiv 5 \pmod{28}$$

$$F_n \equiv 12 \pmod{35}$$

$$F_n \equiv 33 \pmod{56}$$
$$F_n \equiv 5 \pmod{84}$$
$$F_n \equiv 257 \pmod{280}$$
$$F_n \equiv 257 \pmod{420}$$

由引理 5.4 及引理 5.8 可得

$$F_n \equiv 5 \pmod{36}$$
$$F_n \equiv 32 \pmod{45}$$
$$F_n \equiv 41 \pmod{72}$$
$$F_n \equiv 77 \pmod{90}$$
$$F_n \equiv 77 \pmod{180}$$

由引理 5.6 及引理 5.7 可得

$$F_n \equiv 5 \pmod{42}$$

由引理 5.5 及引理 5.8 可得

$$F_n \equiv 5 \pmod{63}$$

由引理 5.4 及引理 5.6 可得

$$F_n \equiv 47 \pmod{70}$$

由引理 5.6 及引理 5.8 可得

$$F_n \equiv 5 \pmod{126}$$

由引理 5.4、引理 5.5 及引理 5.7 可得

$$F_n \equiv 47 \pmod{105}$$
$$F_n \equiv 89 \pmod{168}$$
$$F_n \equiv 257 \pmod{840}$$

由引理 5.4、引理 5.6 及引理 5.7 可得

$$F_n \equiv 47 \pmod{210}$$

由引理 5.4、引理 5.5 及引理 5.8 可得

$$F_n \equiv 257 \pmod{315}$$
$$F_n \equiv 257 \pmod{504}$$
$$F_n \equiv 257 \pmod{630}$$

$$F_n \equiv 257 (\mathrm{mod}\ 1\ 260)$$
$$F_n \equiv 257 (\mathrm{mod}\ 2\ 520)$$

§8 关于费马数的最大素因数[①]

设 m 是非负整数，此时 $2^{2^m}+1$ 称为第 m 个费马数，记作 F_m. 又设 $P(F_m)$ 是 F_m 的最大素因数. 长期以来，$P(F_m)$ 的下界与数学及其应用中的很多重要问题有关. 由于已知 F_m 的素因数 p 都满足

$$p \equiv 1 (\mathrm{mod}\ 2^{m+1}) \tag{5.37}$$

所以由此直接可得 $P(F_m) \geqslant 2^{m+1}+1$.[②]

1977 年，C. L. Stewart[③] 运用超越数论方法将上述下界改进为

$$P(F_m) > C \cdot 2^m m \tag{5.38}$$

其中 C 是可有效计算的常数. 1998 年，乐茂华[④]具体算出：当 $m \geqslant 2^{18}$ 时，式(5.38)中的 $C > 1/16$. 由此可知 $P(F_m) \geqslant 2^{m-4} m + 1$. 广东石油化工学院理学院的李中，李伟勋两位教授在 2013 年运用初等方法改进了上述结果，即证明了：

定理 5.12 当 $m > 2$ 时，$P(F_m) \geqslant 2^{m+2}(m+1)+1$.

---

① 选自《广东石油化工学院学报》，2013 年 2 月第 23 卷第 1 期.

② Birkhoff G D and Vandiver H S. On the integral divisors of $a^n - b^n$. Ann. of Math, 1904, 5(2): 173-180.

③ Stewart C L. On divisors of Fermat, Fibonacci, Lucas and Lehmer numbers. Proc. London Math. Soc., 1977, 35(3): 425-447.

④ Le M－H. A note on the greatest prime factor of Fermat numbers. Southeast Asian Bull. Math., 1998, 22: 41-44.

证明 根据算术基本定理可知

$$F_m = p_1 p_2 \cdots p_k \tag{5.39}$$

其中 $p_1, p_2, \cdots, p_k$ 是适合 $p_1 \leqslant p_2 \leqslant \cdots \leqslant p_k$ 的素数. 此时

$$P(F_m) = p_k \tag{5.40}$$

从式(5.37),(5.39)可知 F_m 的素因数 $p_1, p_2, \cdots, p_k$ 分别可表示成

$$p_i = 2^{m+1} t_i + 1, i = 1, 2, \cdots, k \tag{5.41}$$

其中 $t_i, i=1,2,\cdots,k$ 都是正整数. 将式(5.41)代入式(5.39)可得

$$F_m = (1+2^{m+2} t_1)(1+2^{m+1} t_2) \cdots (1+2^{m+1} t_k) = \\ 1+2^{m+1}(t_1+t_2+\cdots+t_k)+2^{2m+2} s \tag{5.42}$$

其中 s 是适当的非负整数. 因为

$$F_m = 1+2^{2^m} \tag{5.43}$$

故从式(5.42)可得

$$2^{2^m - m - 1} = (t_1+t_2+\cdots+t_k) + 2^{m+1} s \tag{5.44}$$

又因为 $m \geqslant 3$, 所以 $2^m - m - 1 \geqslant m+1$, 故从式(5.44)可知

$$t_1+t_2+\cdots+t_k \equiv 0 \pmod{2^{m+1}} \tag{5.45}$$

由于 $t_1, t_2, \cdots, t_k$ 都是正整数, 故从式(5.45)立得

$$t_1+t_2+\cdots+t_k \geqslant 2^{m+1} \tag{5.46}$$

同时, 从式(5.39),(5.41),(5.43)可知

$$2^{2^m}+1 = F_m \geqslant (2^{m+1}+1)^k \geqslant 2^{(m+1)k}+1 \tag{5.47}$$

从式(5.47)立得

$$k \leqslant 2^m / m+1 \tag{5.48}$$

将式(5.48)代入式(5.46)可得

$$2^m t_k / (m+1) \geqslant k t_k \geqslant t_1+t_2+\cdots+t_k \geqslant 2^{m+1}$$

由此可知 $t_k \geqslant 2(m+1)$. 于是从式(5.40)和(5.41)

立得

$$P(F_m) \geqslant 2^{m+2}(m+1)+1$$

定理证完.

§9　费马数取模的一个结论[①]

关于费马数 $F_n = 2^{2^n}+1$ 取模的讨论已有很多的结论[②]. 但只是给出了费马数 $F_n = 2^{2^n}+1$ 的非负整数 n 的取值范围,而并未给出 n 的具体取值情况. 对于费马数 $F_n = 2^{2^n}+1$ 的各个位次上数字的取值的确定,在某种程度上对于判断费马数 $F_n = 2^{2^n}+1$ 是素数还是合数有一定的意义. 为此,喀什师范学院数学系的张四保教授在 2013 年通过对费马数 $F_n = 2^{2^n}+1$ 的非负整数 n 具体取值情况的讨论,利用中国剩余定理进行演算,讨论了费马数 $F_n = 2^{2^n}+1$ 取模 10 000 的情况,得到如下结论.

定理 5.13　$n \geqslant 4$ 时,当 $n \equiv 2,3,11,12,18,41,53,56,74,89 \pmod{100}$ 时,$F_n = 2^{2^n}+1$ 的千位数字是 0;当 $n \equiv 6,7,25,28,40,57,64,70,79,95 \pmod{100}$

---

① 选自《华中师范大学学报(自然科学版)》,2013 年 8 月第 47 卷第 4 期.

② 于晓秋,肖藻. Fermat 数的若干结论. 佳木斯大学学报:自然科学版,2003,21(3):290－292.

张四保,罗霞. 有关 Fermat 数的一个性质结论. 沈阳大学学报:自然科学版,2007,19(4):25－26.

管训贵. 关于 Fermat 数的若干性质. 佳木斯大学学报:自然科学版,2009,27(5):780－782.

时，$F_n=2^{2^n}+1$ 的千位数字是 1；当 $n\equiv1,13,32,43,49,51,54,76,82,98 \pmod{100}$ 时，$F_n=2^{2^n}+1$ 的千位数字是 2；当 $n\equiv17,19,35,47,48,50,60,84,85,86 \pmod{100}$ 时，$F_n=2^{2^n}+1$ 的千位数字是 3；当 $n\equiv9,34,52,61,62,73,78,83,91,96 \pmod{100}$ 时，$F_n=2^{2^n}+1$ 的千位数字是 4；当 $n\equiv4,30,45,59,66,68,75,77,80,87 \pmod{100}$ 时，$F_n=2^{2^n}+1$ 的千位数字是 5；当 $n\equiv14,16,21,23,31,33,42,58,69,72 \pmod{100}$ 时，$F_n=2^{2^n}+1$ 的千位数字是 6；当 $n\equiv0,5,10,15,24,27,37,46,88,99 \pmod{100}$ 时，$F_n=2^{2^n}+1$ 的千位数字是 7；当 $n\equiv22,29,36,38,63,71,81,92,93,94 \pmod{100}$ 时，$F_n=2^{2^n}+1$ 的千位数字是 8；当 $n\equiv8,20,26,39,44,55,65,67,90,97 \pmod{100}$ 时，$F_n=2^{2^n}+1$ 的千位数字是 9.

1. **引理**

引理 5.10[①] （中国剩余定理）设 $m_1,m_2,\cdots,m_k$ 是 k 个两两互素的正整数，$m=m_1m_2\cdots m_k$，$m=m_iM_i$，$i=1,2,\cdots,k$，则同余式组

$$\begin{cases}x\equiv b_1 \pmod{m_1}\\x\equiv b_2 \pmod{m_2}\\\vdots\\x\equiv b_k \pmod{m_k}\end{cases}$$

的解是

$$x\equiv M_1M'_1b_1+M_2M'_2b_2+\cdots+M_kM'_kb_k,\bmod m$$

其中，$M_iM'_i\equiv1 \pmod{m_i}$，$i=1,2,\cdots,k$.

---

① 单墫.初等数论.南京：南京大学出版社，2010.

2. 定理的证明

当 $n=0,1,2,3$ 时，有 $F_0=3$，$F_1=5$，$F_2=17$，$F_3=257$. 对于以上 4 种情况，均有 $F_n=2^{2^n}+1<1\ 000$，故对这 4 种情况不加讨论，只需考虑 $n\geqslant 4$ 的情况. 由于 $10\ 000=16\times 625$，那么当 $n\geqslant 4$ 时，考虑费马数 $F_n=2^{2^n}+1$ 的千位上的数字的取值情况时，只需考虑 $F_n=2^{2^n}+1$ 分别取模 16，625 的情况. 当 $n\geqslant 4$ 时，$F_n=2^{2^n}+1$ 取模 16 时有关系式

$$F_n=2^{2^n}+1\equiv 1 \pmod{16} \qquad (5.49)$$

而对于当 $n\geqslant 4$ 时，$F_n=2^{2^n}+1$ 取模 625 的情况，必须找到其一个循环周期. 由于 $2^{2^{i+1}}=(2^{2^i})^2$，i 为非负整数，那么在考虑 $F_n=2^{2^n}+1$ 取模 625 时，先考虑 2^{2^i} 取模 625，那么 $F_i=2^{2^i}+1$ 取模 625 的余数等于 2^{2^i} 取模 625 的余数加 1 即可，即有 $F_{i+1}=2^{2^{i+1}}+1=(2^{2^i})^2+1\equiv y^2+1 \pmod{625}$，其中 y 满足 $2^{2^i}\equiv y \pmod{625}$. 据此推理，当 $4\leqslant n\leqslant 104$ 时，$F_n=2^{2^n}+1$ 取模 625 有下面关系.

当 $n\geqslant 4$ 时

$F_n=2^{2^n}+1\equiv$ 537，422，367，207，562，347，342，32，337，397，567，357，487，572，417，557，387，247，517，7，37，47，242，582，62，597，217，407，462，22，442，107，612，197，292，307，512，497，392，382，162，297，117，332，187，222，92，157，587，272，317，482，112，447，167，57，12，122，267，132，287，547，617，82，312，472，592，532，87，522，192，232，237，72，42，432，137，372，142，507，412，172，492，457，437，97，467，282，212，147，67，607，362，322，542，182，262，622，17，

$$257,537 \pmod{625} \tag{5.50}$$

从式(5.50)可知，当 $4 \leqslant n \leqslant 103$ 时，费马数 $F_n=2^{2^n}+1$ 取模 625 完成一个周期，从 $n=104$ 开始，费马数 $F_n=2^{2^n}+1$ 取模 625 的情况进入下一个周期. 那么，可将 n 的值分为 100 种情况，即 $n \equiv x \pmod{100}$，其中 $x=0,1,\cdots,99$. 将式(5.49) $F_n=2^{2^n}+1$ 取模 16 与式(5.48) $F_n=2^{2^n}+1$ 取模 625 的情况构成一次同余式组，利用中国剩余定理解得

$$F_n=2^{2^n}+1 \equiv 5\,537,7\,297,1\,617,1\,457,9\,937,4\,097,7\,217,657,337,2\,897,6\,817,7\,857,6\,737,3\,697,417,3\,057,9\,137,6\,497,8\,017,6\,257,7\,537,1\,297,9\,617,7\,457,1\,937,8\,097,5\,217,6\,657,2\,337,6\,897,4\,817,3\,857,8\,737,7\,697,8\,417,9\,057,1\,137,497,6\,017,2\,257,9\,537,5\,297,7\,617,3\,457,3\,937,2\,097,3\,217,2\,657,4\,337,897,2\,817,9\,857,737,1\,697,6\,417,5\,057,3\,137,4\,497,4\,017,8\,257,1\,537,9\,297,5\,617,9\,457,5\,937,6\,097,1\,217,8\,657,6\,337,4\,897,817,5\,857,2\,737,5\,697,4\,417,1\,057,5\,137,8\,497,2\,017,4\,257,3\,537,3\,297,3\,617,5\,457,7\,937,97,9\,217,4\,657,8\,337,8\,897,8\,817,1\,857,4\,737,9\,697,2\,417,7\,057,7\,137,2\,497,17,257,5\,537 \pmod{10\,000} \tag{5.51}$$

从式(5.50)可得，当 $4 \leqslant n \leqslant 103$ 时，对 n 取模 100 有 $n \equiv x \pmod{100}$，其中 $x=0,1,\cdots,99$. 注意式(5.50)中 n 取模 100 的情况为 $n \equiv 4,5,6,\cdots,99,0,1,2,3 \pmod{100}$. 对式(5.51)进行分析，将式(5.51)中整数千位数字为 0,1,2,3,4,5,6,7,8,9 分别归类，对照式(5.51) n 取模 100 的情况，可以得到本节结论.

3. **推论**

根据本节结论的证明，对于费马数 $F_n=2^{2^n}+1$ 的个位，十位，百位数字的取值情况可以作为推论得到.

推论 5.6　当非负整数 $n\geqslant 2$ 时，费马数 $F_n=2^{2^n}+1$的个位数字恒为 7.

推论 5.7　费马数 $F_n=2^{2^n}+1$ 的十位数字不可能为 7，且当非负整数 $n\geqslant 2, n\equiv 2 \pmod 4$ 时，费马数 $F_n=2^{2^n}+1$ 的十位数字为 1；当 $n\equiv 0 \pmod 4$ 时，费马数 $F_n=2^{2^n}+1$ 的十位数字为 3；当 $n\equiv 3 \pmod 4$ 时，费马数 $F_n=2^{2^n}+1$ 的十位数字为 5；当 $n\equiv 1 \pmod 4$ 时，费马数 $F_n-2^{2^n}+1$ 的十位数字为 9.

证明　由式(5.51)数据可知，费马数 $F_n=2^{2^n}+1$ 的十位数字不可能为 7，再将十位数字为 1，3，5，9 分类可得，当 $n\equiv 2,6,10,14,18,22,26,30,34,38,42,46,50,54,58,62,66,70,74,78,82,86,90,94,98 \pmod{100}$ 时，费马数 $F_n=2^{2^n}+1$ 的十位数字为 1，根据同余的性质可得，此时 n 满足 $n\equiv 2 \pmod 4$；当 $n\equiv 0,4,8,12,16,20,24,28,32,36,40,44,48,52,56,60,64,68,72,76,80,84,88,92,96 \pmod{100}$ 时，费马数 $F_n=2^{2^n}+1$ 的十位数字为 3，此时 n 满足 $n\equiv 0 \pmod 4$；当 $n\equiv 3,7,11,15,19,23,27,31,35,39,43,47,51,55,59,63,67,71,75,79,83,87,91,95,99 \pmod{100}$ 时，费马数 $F_n=2^{2^n}+1$ 的十位数字为 5，此时 n 满足 $n\equiv 3 \pmod 4$；当 $n\equiv 1,5,9,13,17,21,25,29,33,37,41,45,49,53,57,61,65,69,73,77,81,85,89,93,97 \pmod{100}$ 时，费马数 $F_n=2^{2^n}+1$ 的十位数字为 9，此时 n 满足 $n\equiv 1 \pmod 4$. 推论证毕.

推论 5.8 非负整数 $n \geqslant 4$，当 $n \equiv 2,9,19,22,29,39,42,49,59,62,69,79,82,89,99 \pmod{100}$时，费马数 $F_n = 2^{2^n}+1$ 的百位数字为 0；当 $n \equiv 0,20,40,60,80 \pmod{100}$时，费马数 $F_n = 2^{2^n}+1$ 的百位数字为 1；当 $n \equiv 3,5,10,23,25,30,43,45,50,63,65,70,83,85,90 \pmod{100}$时，费马数 $F_n = 2^{2^n}+1$ 的百位数字为 2；当 $n \equiv 12,32,52,72,92 \pmod{100}$时，费马数 $F_n = 2^{2^n}+1$的百位数字为 3；当 $n \equiv 1,7,18,21,27,38,41,47,58,61,67,78,81,87,98 \pmod{100}$时，费马数 $F_n = 2^{2^n}+1$ 的百位数字为 4；当 $n \equiv 4,24,44,64,84 \pmod{100}$时，费马数 $F_n = 2^{2^n}+1$ 的百位数字为 5；当 $n \equiv 6,11,17,26,31,37,46,51,57,66,71,77,86,91,97 \pmod{100}$时，费马数 $F_n = 2^{2^n}+1$ 的百位数字为 6；当 $n \equiv 16,36,56,76,96 \pmod{100}$时，费马数 $F_n = 2^{2^n}+1$ 的百位数字为 7；当 $n \equiv 13,14,15,33,34,35,53,54,55,73,74,75,93,94,95 \pmod{100}$时，费马数 $F_n = 2^{2^n}+1$ 的百位数字为 8；当 $n \equiv 8,28,48,68,88 \pmod{100}$时，费马数 $F_n = 2^{2^n}+1$ 的百位数字为 9.

4. **结语**

对于费马数 $F_n = 2^{2^n}+1$ 万位甚至万位以上位次上数字的取值情况，均可利用中国剩余定理来解决，只需对费马数取模 100 000，1 000 000，……即可，只不过计算量大点而已. 因为要找到费马数取模的一个循环周期，对于这个问题可以采用计算机来解决.

§10　费马合数的几个分解表达式

形状是 $F_n=2^{2^n}+1$ 的数叫费马数. 当 $n=0,1,2,3,4$ 时, $F_0=3, F_1=5, F_2=17, F_3=257, F_4=65\ 537$ 都是素数. 因此, 1640 年, 法国数学家费马猜测, F_n 都是素数. 但, 1732 年, 欧拉证明了 $F_5=641\times 6\ 700\ 417$, 从而否定了费马的猜想. 到目前为止, 我们只知道上述 5 个素数. 此外, 还知道 48 个费马数是复合数. 许多数论教科书都把它们一一列举出来了. 可是没有写出其一般分解表达式. 湖北省随州市教委会函授站的刘祖成试图用初等知识推出费马合数的一般分解表达式. 结果对费马素数也适用. 这或许是有意义的. 经探究, 得到如下几个表达式($n\geqslant 5$):

(i) $2^{2^n}+1=p(a+2^{2^{n-1}+1}-p)$;

(ii) $2^{2^n}+1=p(2^{2^{(n+2)}}k-p+2)$;

(iii) $2^{2^n}+1=(2^{n+2}(2^{n+1}k-G)+1)(2^{n+a}(2^{n+1}k+G)+1)$. 其中 p 是 $2^{2^n}+1$ 的一个素因子, a 是偶数, k, G 为正奇数.

定理 5.14　对于素数 p, 则 $p\mid f^2+1$ 的充要条件是 $p\mid (f-p)^2+1$. 其中 f 为正整数.

证明　很显然, 由

$$(f-p)^2+1=f^2-2fp+p^2+1=(f^2+1)+p(p-2f)$$

知定理 5.14 成立.

特别, 当 $f=2^{2^{n-1}}$ 时:

费马合数有素因子 $p \Leftrightarrow$ 存在整数 $a=\dfrac{(2^{2^{n-1}}-p)^2+1}{p}$,即

$$F_n=2^{2^n+1}=p(a+2^{2^{n-1}+1}-p)$$

此即(ⅰ)式. a 是偶数很易得证.

引理 5.11 费马数 F_n, $n\geqslant 2$ 的素因子是 $2^{n+2}t+1$ 形状. 其中 t 为整数.

引理 5.12 $n\geqslant 5$ 时, $2^n-2(n+2)>0$.

证明 用数学归纳法.

(1) $n=5$ 时,命题显然成立 .

(2)假设 $n=t-1$ 时,命题成立,即 $2^{t-1}-2(t-1+2)>0$,或 $2^{t-1}>2(t+1)$. 那么, $n=t$ 时, $2^t=2\cdot 2^{t-1}>4(t+1)$,因对任何自然数 t,有 $4(t+1)>2(t+2)$,故对自然数 $n\geqslant 5$,有 $2^n-2(n+2)>0$.

由引理 5.12,显然 $n\geqslant 5$ 时, $2^n-(n+3)>0$.

定理 5.15 费马合数有素因子 $2^{n+2}t+1$, $n\geqslant 5$, $2\nmid t$,则存在 2 个正奇数 G, k 使

$$G^2+2^{2^n-2(n+2)}=2^{2n+2}k^2+k$$

且 $t=2^{n+1}k-G$,又 F_n 有以下表达式

$$F_n=2^{2^n}+1=(2^{n+2}(2^{n+1}k-G)+1)(2^{n+2}(2^{n+1}k+G)+1)$$

证明 由引理 5.11 可设费马合数 F_n 有素因子

$$2^{n+2}t+1,\ n\geqslant 5,\ 2\nmid t$$

因为

$$2\nmid t,\ 2^{n+2}t+1\neq 0$$

令 $\dfrac{2^{2^n}+1}{2^{n+2}t+1}-(2^{n+2}t+1)=2^{\alpha}G$, G 为正奇数, α 为正整数,所以

$$2^{2^n}+1-(2^{n+2}t+1)^2=2^{\alpha}G(2^{n+2}t+1)$$

整理得

$$2^{n+3}(2^{2^n-n-3}-2^{n+1}t^2-t)=2^{\alpha}G\cdot(2^{n+2}t+1)$$

因为 $2\nmid t, 2\nmid G, 2\nmid 2^{n+2}t+1$，又由引理 5.12 知：$n\geqslant 5$，$2^{2^n-n-3}$ 为整数.

所以 $\alpha=n+3$，且

$$2^{n+1}t^2+(2^{n+2}G+1)t+G-2^{2^n-n-3}=0 \quad (5.52)$$

$$\Delta=2^{2(n+2)}G^2+2^{2^n}+1$$

因为 t 为整数，故 Δ 必为平方数，又 Δ 为奇数，令

$$2^{2(n+2)}G^2+2^{2^n}+1=(2^{\beta}k+1)^2 \quad (5.53)$$

k 为正奇数，β 为正整数，但 $p\neq 1$，如若不然

$$\beta=\frac{-(2^{n+2}G+1)+(2k+1)}{2^{n\pm 2}}$$

为分数，矛盾.

整理式(5.53)得

$$2^{2(n+2)}(G^2+2^{2^n-2(n+2)})=2^{\beta+1}(2^{\beta-1}k^2+k)$$

因为 $2\nmid G, 2\nmid k$，又由引理 5.12 知，$n\geqslant 5$，$2^{2^n-2(n+2)}$ 为整数，所以 $\beta+1=2(n+2)$，或 $\beta=2n+3$，且

$$G^2+2^{2^n-2(n+2)}=2^{2n+2}k^2+k$$

于是由式(5.52)有解

$$t=\frac{-(2^{n+2}G+1)+(2^{2n+3}k+1)}{2^{n+2}}=2^{n+1}k-G$$

又 $\beta=2n+3$，代入式(5.53)得

$$2^{2^n}+1=(2^{n\pm 2}(2^{n+1}k-G)+1)(2^{n\pm 2}(2^{n+1}k+G)+1)$$

此即前文所提到的(ⅲ)式.

(ⅲ)式中令 $t_j=2^{n+1}k-G, t_2=2^{n+1}k+G$，则

$$t_1+t_2=2^{n+2}k;t_3-t_1=2G \quad (5.54)$$

$$t_1t_2=2^{2^n-2(n+2)}-k;t_2=2^{n+2}k-t_1, G=2^{n+1}k-t_1$$

所以

$$2^{2^n}+1=(2^{n+2}t_1+1)(2^{n+2}t_2+1)=$$
$$(2^{n+2}t_1+1)(2^{n+2}(2^{n+2}k-t_1)+1)=$$
$$p(2^{n(n+2)}k-p+2)$$

其中 $p=2^{n+2}t_1+1$，此即前文所提到的式(ⅱ).

下面示几例并说明一种 $p=2^{n+2}t_1+1$ 的求法.

由(ⅰ),(ⅱ)两式，如果式中 n,p 相等，则有

$$2^{2(n+2)}k-a=2^{2^{n-1}+1}-2,n\geqslant 5 \qquad (5.55)$$

其特解

$$a_0=2,k_0=2^{2^{n-1}-2n-1}$$

故式(5.55)的全部解为

$$\begin{cases}k=2^{2^{n-1}-2n-3}-s\\a=2-2^{2(n+2)}s\end{cases},s\text{ 为整数} \qquad (5.56)$$

(此并不是一种好解法，只是上下文的需要).

从而当 $n=5$ 时，由式(5.56)有

$$\begin{cases}k=2^3-s\\a=2-2^{14}s\end{cases}$$

当 $s=-401$ 时，$k=409$，$a=6\ 569\ 986$. 分别将 k，a 代入(ⅱ),(ⅰ)式，均解得 $p=641$，从而有

$$2^{2^5}+1=641(2^{14}\times 409-641+2)=$$
$$641(6\ 569\ 986+2^{17}-641)=$$
$$641\times 6\ 700\ 417$$

由 $p=641=2^{5+2}t_1+1$ 知 $t_1=5$，所以

$$G=2^{5+1}\times 409-5=26\ 171$$

从而有

$$2^{2^5}+1=(2^{5+2}(2^{5+1}\times 409-26\ 171)+1)\times$$
$$(2^{5+2}(2^{5+1}\times 409+26\ 171)+1)=$$
$$641\times 6\ 700\ 417$$

最后，用(ⅱ)(ⅲ)两式表示费马合数 $F_{1\ 945}$.

由式(5.54)知($n\geqslant 5$)

$$\begin{cases} t_1+t_2=2^{n+2}k & (*) \\ t_1t_2=2^{2^n-2(n\pm 2)-k} & (**) \end{cases}$$

式(*)$\times t_1$ 得

$$t_1^2+t_1t_2=2^{n+2}kt_1$$

式(**)代入上式得

$$t_1^2+2^{2^n-2(n+2)}-k=2^{n+2}kt_1$$

从而得

$$k=\frac{t_1^2+2^{2^n-2(n+2)}}{1+2^{n+2}t_1} \tag{5.57}$$

大家知道,$F_{1\,945}$的最小素因子 $p=5\times 2^{1\,947}+1$,于是 t_1-5,$2\nmid t_1$,$1\,945>5$ 满足定理 5.15 条件,由式(5.57)知

$$k_{1\,945}=\frac{5^2+2^{2^{1\,003}-2(1\,945+2)}}{5\times 2^{1\,947}+1}$$

由式(5.54)$G_{1\,945}=2^{1\,945}k_{1\,945}-5$

由(ⅱ)(ⅲ)两式有

$$\begin{aligned} F_{1\,945}=&(5\times 2^{1\,947}+1)(2^{2(1\,945\pm 2)})k_{1\,945}- \\ &(5\times 2^{1\,947}+1)+2)= \\ &(2^{1\,947}(2^{1\,945}k_{1\,945}-G_{1\,945})+1)\times \\ &(2^{1\,947}(2^{1\,945}k_{1\,945}+G_{1\,945})+1) \end{aligned}$$

从上可知,只要知道费马合数的一个素因子,不用除算,另一因子就可由一个表达式写出来.

迪克森论费马数 $F_n=2^{2^n}+1$

第6章

费马[1]表述了他认为每一个 F_n 均是素数,但必须承认的是他没有给出证明. 在别处[2]他称他将此定理认为是必然的,后来[3]他表明它可以利用斜率来证得. 费雷尼克勒·德·贝西(Frenicle de Bessy)确认了这个费马的猜测的定理. 在一些时候费马请求费雷尼克勒公布他的证明,希望得到重要的运用. 在最后一封信中,费马[4]提出了一个问题:是否 $(2k)^{2m}+1$ 总是素数,除了当它可被 F_n 整除时.

① Oeuvres,2,1894,p. 206,letter to Frenicle,Aug. (?) 1640;2,1894,p. 309,letter to Pascal,Aug. 29,1654(Fermat asked Pascal to undertake a proof of the proposition,Pascal,Ⅲ,232;Ⅳ,1819,384); proposed to Brouncker and Wallis,June 1658,Oeuvres,2,p. 404(French transl. ,3,p. 316). Cf. C. Henry,Bull. Bibl. Storia Sc. Mat. e Fis. ,12,1879,500-501,716-717;on p. 717,42...1 should end with 7,*ibid.* ,13,1880,470; A. Genocchi,Atti Ac. Sc. Torino ,15,1879-1880,803.

② Oeuvres,1,1891,p. 131(French transl. ,3,1896,p. 120).

③ Oeuvres,2,433-434,letter to Carcavi,Aug. ,1659.

④ Oeuvres,2,208,212,letters from Fermat to Frenicle and Mersenne,Oct. 18 and Dec. 25,1640.

高斯[①]指出了费马的断言是正确的. 相对的观点是由芒西翁(P. Mansion)[②]和巴尔策(R. Baltzer)[③]表述出的.

梅森[④]指出每一个 F_n 均是素数. 哥德巴赫[⑤]称欧拉的注意力在费马的猜想 F_n 总是素数上,且评论了 F_n 没有小于 100 的因子,没有两个 F_n 有相同的因子.

欧拉[⑥]发现:$F_5=2^{32}+1=641\times 6\ 700\ 417$.

欧拉[⑦]证明了如果 a 和 b 是互素的,则 $a^{2^n}+b^{2^n}$ 的每个因子均是 2 或 $2^{n+1}k+1$ 形式的数,并且指出因此 F_5 的任一因子都满足 $64k+1$ 的形式,当 $k=10$ 时即给出了因子 641.

欧拉[⑧]和贝格林(N. Beguelin)[⑨]应用二进制找到了 F_5 的因子 $641=1+2^7+2^9$.

高斯[⑩]证明了一个 m 边的规则正多边形能够由直尺和圆规画出,如果 m 是 2 的方幂的乘积,并且明显

---

① Disq. Arith., Art. 365. Cf. Werke, 2, 151, 159. Same view by Klügel, Math. Wörterbuch, 2, 1805, 211; 3, 1808, 896.

② Nouv. Corresp. Math., 5, 1879, 88, 122.

③ Jour. für Math., 87, 1879, 172.

④ Novarum Physico-Mathematicarum, Paris, 1647, 181.

⑤ Corresp. Math. Phys. (ed., Fuss), I, 1843, p. 10, letter of Dec. 1729; p. 20, May 22, 1730; p. 32, July 1730.

⑥ Comm. Ac. Petrop., 6, ad annos 1732-1733 (1739), 103-107; Comm. Arith. Coll., 1, p. 2.

⑦ Novi Comm. Petrop., 1, 1747-1748, p. 20 [9, 1762, p. 99]; Comm. Arith. Coll., 1, p. 55 [p. 357].

⑧ Opera postuma, I, 1862, 169-171 (about 1770).

⑨ Nouv. Mém. Ac. Berlin, année 1777, 1779, 239.

⑩ Disq. Arith., 1801, Arts. 335-366; German transl. by Maser, 1889, p. 397-448, 630-652.

每个 F_n 由奇素数构成，且指出如果 m 不是上述那样的乘积就不可能构造得出. 这一话题被 Roots of unity 探讨.

Sebastiano Canterzani[①] 研究了 20 个例子，每一部分均决定于可能因子的最后尾数，找到了 F_5 的因子 641，并用同样的方法证得商数是素数.

一位匿名的作者[②]叙述了

$$2+1, 2^2+1, 2^{2^2}+1, 2^{2^{2^2}}+1, \cdots \tag{4.1}$$

均是素数且只是 2^k+1 形式的素数.

Joubin[③] 猜测式(4.1)的这些数非常可能是费马的意思，显然他没有翻阅费马的陈述.

艾森斯坦(G. Eisenstein)[④]设立了一个问题，证明了素数 F_n 是无穷的.

鲁卡斯[⑤]叙述了一个能够从根本上研究数 F_6 的数，他是在 30 小时内通过 3，17，577，…这一系列数来研究的，每一个数均比之前一个数平方的 2 倍小 1. 于是，如果 2^{n-1} 是被 F_n 整除的数中的第一个数，则 F_n 就是素数；如果没有一个数可被 F_n 整除，则 F_n 可分解. 总之，如果 α 是可被 F_n 整除的第一个数，那么 F_n 的素除数就是 $2^k q+1$ 的形式，其中 $k=a+1$(并不是 $k=2^{a+1}$).

---

① Mem. Ist. Naz. Italiano, Bologna, Mat., 2, Ⅱ, 1810, 459-469.

② Annales de Math. (ed. Gergonne), 19, 1828-1829, 256.

③ Mémoire sur les facteurs numériques, Havre, 1831, note at end.

④ Jour. für Math., 27, 1844, 87, Prob. 6.

⑤ Comptes Rendus Paris. 85, 1877, 136-139.

佩平[①]叙述了鲁卡斯的方法. 当 F_n 按顺序分解成 $\alpha<2^{n-1}$ 时即不适用;如果其成立,则我们只能得到 F_n 的素除数是 $2^{\alpha+2}q+1$ 的形式的结论,因此我们不能说若 $\alpha+2\leqslant 2^{n-2}$,则 F_n 是否是素数. 我们能够明白地应用新的定理来解决问题:对于 $n>1$,F_n 是一素数当且仅当如果它可分解为 $k^{(F_{n-1})/2}+1$ 的形式,其中 k 为 F_n 的满足条件的非余数. 例如 5 或 10,应用这一定理时,取模 F_n 的最小余数 $k^2,k^4,k^2,\cdots,k^{2^{2^n}-1}$. 证明由鲁卡斯和莫瑞汉德给出.

彼尔武申[②]在 1877 年 11 月发表了 $F_{12}\equiv 0(\bmod 114\ 689=7\times 2^{14}+1)$ 的结论.

鲁卡斯[③]在两个月之后发表了相同的结果,并证明了 F_n 的每一素因子模 2^{n+2} 后均余 1.

鲁卡斯[④]利用 6,34,1 154,…一系列数,即每数均是与之前数的平方少 2 的数,得到如果每部分第一个数在 2^{n-1} 到 2^n-1 之间的数被 F_n 整除,则 F_n 即是素数. 但若没有数可被 F_n 整除,则 F_n 即可分解. 总之,如果 α 是每部分中第一个可被 F_n 整除的数,且如果 $\alpha<2^{n-1}$,则 F_n 的素因子均是 2^kq+1 的形式,其中$k=$

---

① Comptes Rendus, 85, 1877, 329-331. Reprinted, with Lucas and Landry, Sphinx-Oedipe, 5, 1910, 33-42.

② Bull. Ac. St. Pétersbourg, (3) 24, 1878, 559 (presented by V. Bouniakowsky). Mélanges math. ast. sc. St. Pétersbourg, 5, 1874-1884, 505.

③ Atti R. Accad. Sc. Torino, 13, 1877-1878, 271 (Jan. 27, 1878). Cf. Nouv. Corresp. Math., 4, 1878, 284; 5, 1879, 88. See Lucas of Ch. XVII.

④ Amer. Jour. Math., 1, 1878, 313.

$\alpha+1$(鲁卡斯).他指出了 F_n 是素数的一个重要条件,即是在一系列数中 2^n-1 模 F_n 的余数是 0.他证实了 F_5 有因子 641,且再次陈述了 30 个小时将足够对 F_6 进行试验.

普罗斯[①]陈述了,如果 $k=2^n$,2^k+1 是素数当且仅当如果它可整除 $m=3^{2^{k-1}}+1$.他[②]通过运用鲁卡斯定义的 $u_0=0,u_1=1,\cdots,u_n=3u_{n-1}+1$ 这一系列数指出了一个证明,且事实上 u_{p-1} 可被素数 p 整除,而 $m=\frac{u_{2^k}}{u_{2^{k-1}}}$.

格林[③]提出疑问:是否式(6.1)中的数均是素数.卡塔兰指出前 4 个是素数.

鲁卡斯[④]指出普罗斯提出的公理是佩平提出的当 $k=3$ 时的情况.

彼尔武申[⑤]在 1878 年 2 月发表说,F_{23} 有素因子 $5\times2^{25}+1=167\ 772\ 161$.

W. Simerka[⑥] 给出了 $7\times2^{14}+1$ 整除 F_{12} 这个事实的一个简单的证明.

---

① Comptes Rendus Paris,87,1878,374.

② Nouv. Corresp. Math.,4,1878,210-211;5,1879,31.

③ Ibid.,4,1878,160.

④ Ibid.,5,1879,137.

⑤ Bull. Ac. St. Pétersbourg,(3)25,1879,63(presented by V. Bouniakowsky);Mélanges math. ast. ac. St. Pétersbourg,5,1874-1881,519. Cf. Nouv. Corresp. Math.,4,1878,284-285;5,1879,22.

⑥ Casopis,Prag,8,1879,36,187-188. F. J. Studnicka,*ibid.*,11,1881,137.

兰德里[1],82岁的他经过最后几个月的努力研究,解决了 $F_6=27\ 417\ 767\ 280\ 421\ 310\ 721$的第一个因子是一个素数,他和 Le Lasseur 以及 Gérardin[2] 分别证明了 F_6 的最后一个因子也是素数.

K. Broda[3] 通过考虑 $n=(a^{32}-1)(a^{64}+1)(a^{512}+a^{384}+a^{256}+a^{128}+1)$来找 $a^{32}+1$ 的一个素因子 p,使其与 $u=\frac{a^{32}+1}{p}$ 相乘,这样得到 $nu=\frac{a^{640}-1}{p}$,但 $a^{640}\equiv 1 \pmod{641}$. 由于 n 的每一个因子均是与 p 互素的,我们取 $a=2$ 并观察到 $2^{32}+1$ 可被 641 整除.

鲁卡斯[4]叙述了在兰德里找到了因子之前他已经证明了 F_6 是可分解的.

P. Seelhoff[5] 给出了 $5\times 2^{39}+1$ 是 F_{35} 的因子,并给贝格林作了评论.

赫密士[6]通过费马定理指出了对 F_n 可分解的研究.

李普希茨[7]将所有整数分成了几大类,其中一类素数是费马数 F_n,并设置了一个有关素数 F_n 的无穷

---

① Comptes Rendus Paris, 91, 1880, 138; Bull. Bibl. Storia Sc. Mat., 13, 1880, 470; Nouv. Corresp. Math., 6, 1880, 417; Les Mondes, (2)52, 1880. Cf. Seelhoff, Archiv Math. Phys., (2)2, 1885, 329; Lucas, Amer. Jour. Math. 1, 1878, 292; Récréat. Math., 2, 1883, 235; l'intermédiaire des math., 16, 1909, 200.

② Sphinx-Oedipe, 5, 1910, 37-42.

③ Archiv Math. Phys., 68, 1882, 97.

④ Récréations Math., 2, 1883, 233-235. Lucas, 354-355.

⑤ Zeitschr. Math. Phys., 31, 1886, 172-174, 380. For F_6, p. 329. French transl., Sphinx-Oedipe, 1912, 84-90.

⑥ Archiv Math. Phys., (2)4, 1886, 214-215, footnote.

⑦ Jour. für Math., 105, 1889, 152-156; 106, 1890, 27-29.

问题的研究.

鲁卡斯[①]提出了普罗斯的结论,但是是以一个印刷错误提出的.

H. Scheffler[②] 叙述了勒让德认为每一个 F_n 数均是素数,并人为地得到了 F_5 的因子 641. 他指出了 $F_nF_{n+1}\cdots F_{\alpha-1}=1+2^{2^n}+2^{2\cdot 2^n}+2^{3\cdot 2^n}+\cdots+2^{2^\alpha-2^n}$. 他复述了佩平的研究,取 $k=3$,且表述了他认为式(4.1)中的数均为素数的观点. 但是对于 F_{16} 并没有给出证明.

W. W. R. Ball[③] 对了解到的结论作了参考与引述.

彼尔武申[④]验证了他对 F_{12} 和 F_{23} 被除数 10^3-2 除后余数分解的证明.

马尔威[⑤]指出素数 2^3+1 不在式(4.1)内.

F. Klein[⑥] 叙述了 F_7 是可分解的.

赫维茨(A. Hurwitz)[⑦]对普罗斯提出的规律作了归纳和总结. 令 $F_n(x)$表示 x^n-1 的 $\phi(n)$次的最简因子,则如果存在一个整数 q 使得 $F_{p-1}(q)$可被素数 p

---

① Théorie des nombres,1891,preface,xii.

② Beiträge Zahlentheorie,1891,147,151-152,155(bottom),168.

③ Math. Recreations and Problems, ed. 2,1892,26; ed. 4,1905,36-37; ed. 5,1911,39-40.

④ Math. Papers Chicago Congress of 1893, I ,1896,277.

⑤ L'intermédiaire des math. ,2,1895,41(219).

⑥ Vorträge über ausgewählte Fragen der Elementar Geometrie,1895,13; French transl. ,1896,26; English transl. ,"Famous Problems of Elementary Geometry,"by Beman and Smith,1897,16.

⑦ L'intermédiaire des math. ,3,1896,214.

整除.当 $p=2^k+1$ 时,$F_{p-1}(x)=2^{2^{k-1}}-1$.

阿达玛(J. Hadamard)[1]给出了鲁卡斯提出的第二个标注的一个非常简单的证明.

坎宁安(Cunningham)[2]发现 F_{11} 有因子 319 489,974 849.

A. E. Western[3] 发现 F_9 有因子 $2^{16}\times 37+1$,F_{18} 有因子 $2^{20}\times 13+1$,由我们都知道的 $2^{14}\times 7+1$ 知道 F_{12} 的商数有因子 $2^{16}\times 397+1$ 和 $2^{16}\times 7\times 139+1$.他证实了 F_{38} 的因子 $2^{41}\times 3+1$ 的首位,由 J. Cullen 和坎宁安发现.他和坎宁安发现 F_n 没有小于 10^6 的因子和相似的结论.

M. Cipolla[4] 指出,若 q 是一个大于$\frac{9^{2^{m-2}}-1}{2^{m+1}}$的素数且 $m>1$,则 $2^m q+1$ 是一素数当且仅当如果它可整除 3^k+1,其中 $k=q\cdot 2^{m+1}$.他指出了在鲁卡斯论述中的印刷错误.

Nazarevsky[5] 证明了普罗斯的结论,通过应用 3 是素数 2^k+1 的一个原本的根的事实.

坎宁安[6]指出 3,5,6,7,10,12 是原本的根且 13,

---

① Ibid.,p. 114.

② Report British Assoc., 1899, 653-654. The misprint in the second factor has been corrected to agree with the true value $2^{13}k\times 7\times 17+1$.

③ Cunningham and Western, Proc. Lond. Math. Soc., (2) 1, 1903,175;Educ. Times,1903,270.

④ Periodico di Mat.,18,1903,331.

⑤ L'intermédiaire des math.,11,1904,215.

⑥ Math. Quest. Educ. Times,(2)1,1902,108;5,1904,71-72;7,1905,72.

15,18,21,30 是大于 5 的每一素数的二次余数. 他分解了 $F_4^4+8+(F_0F_1F_2F_3)^4$.

Thorold Gosset[①] 给出了两个 F_n 分解的因子中复合的素因子 $a\pm bi$, $n=5,6,9,11,12,18,23,36,38$.

莫瑞汉德[②]通过佩平提出的 $k=3$ 时由 Klein 叙述的 F 可分解的结果给予了证明.

A. E. Western[③] 以同样的方法证明了 F_7 是可分解的,他独立地完成了这项研究且发现与莫瑞汉德的一致.

莫瑞汉德[④]发现 F_{73} 有素因子 $2^{75}\times5+1$.

坎宁安[⑤]更加强调了数 $E_{0,n}=2^n$, $E_{1,n}=2^{E_{0,n}}$, $\cdots$, $E_{r+1,n}=2^{E_{r,n}}$.

对于一个奇数 m, $E_{r,0}$, $E_{r,1}\cdots$ 模 m 的余数没有部分周期而是一个循环周期.

坎宁安给出了一个表格,展示了 $E_{1,n}$, $E_{2,n}$, $E_{r,0}$ 的余数, 3^{3n} 和 5^{5n} 每个模小于 100 的素数的第一周期和给定的更大的素数.

但用 2 来取代底数 q,他讨论了二次方的、四次方的和高次方的一素数模 F_n 余数的特征以及 F_n 模 F_{n+x} 余数的特征.

坎宁安和 H. J. Woodall[⑥] 给出了 F_n 的所有可能

① Mess. Math. ,34,1905,153-154.

② Bull. Amer. Math. ,Soc. ,11,1905,543.

③ Proc. Lond. Math. Soc. ,(2)3,1905,xxi.

④ Bull. Amer. Math. Soc. ,12,1906,449; Annals of Math. ,(2) 10,1908-1909,99. French transl. in Sphinx-Oedipe,Nancy,1911,49.

⑤ Proc. London Math. Soc. ,(2)5,1907,237-274.

⑥ Messenger of Math. ,37,1907-1908,65-83.

因子的推论.

坎宁安[1]指出,对于每一个大于5的 F_n 用代数方法知

$$2F_n=t^2-(F_n-2)u^2$$

且分别用两种方法表述了 F_5 和 F_6 有 a^2+b^2 及 $c^2\pm 2d^2$ 的形式.他[2]指出 $F_n^3+E_n^3$ 是形如 $n+2$ 因子的代数乘积,其中 $E_n=2^{2^n}$,且指出如果 $n-m\geqslant 2$,$F_m^4+F_n^2$ 可分解,那么 $M_n=\frac{F_n^3+E_n^3}{F_n+E_n}$ 可被 M_{n-r} 整除.

坎宁安[3]也考虑了以2为底的 $\frac{1}{N}$ 的周期,其中 N 是费马数 $F_mF_{m-1}\cdots F_{m-r}$ 的乘积.

莫瑞汉德和威斯坦[4]通过对 F_8 是可分解的进行了很长时间的计算从而得证,运用了佩平对 k 取3时的结论证明了费马定理的逆定理.

P. Bachmann[5] 通过佩平和鲁卡斯的方法证得了新的结论.

坎宁安[6]指出每一个大于5的 F_n 能够由决定因子 $\pm G_n$,$\pm 2G_n$ 的4的二次方形式表示,这里 $G_n=F_0F_1\cdots F_{n-1}$.

Bisman 分析了16个例子,找到了 F_5 的因

---

① Math. Quest. Educat. Times,(2),12,1907,21-22,28-31.

② Ibid.,(2)14,1908,28;(2)8,1905,35-36.

③ Math. Gazette,4,1908,263.

④ Bull. Amer. Math. Soc.,16,1909,1-6. French transl.,Sphinx-Oedipe,1911,50-55.

⑤ Niedere Zahlentheorie,Ⅱ,1910,93-95.

⑥ Math. Quest. Educat. Times,(2)20,1911,75,97-98.

子 641.

A. Gérardin[①] 指出 $F_n=(240x+97)(240y+161)$,且在特别情况下,特别精确地取 x 和 y 的值.

C. Henry[②] 给出了我们所熟知结论的参考与引述.

卡迈克尔[③]给出了 F_n 的根的研究与佩平的说法是等价的且是赫维茨的说明的一个深入归纳和总结.

R. C. Archibald[④] 引用了许多在我们所熟知的 F_n 的因子的基础上收集的结论. 除莫瑞汉德给出的结论之外的一些文献的目录.

注记 一对相连的序列蕴涵着素数是无限的. [⑤] 有很多"素数个数无限"的证明,其中涉及乘积(欧几里得(Euclid)),算术级数(狄利克雷),或者解析数论中的技巧(欧拉). 另一种论证得到大于 1 的整数序列(例如,费马数序列$\{2^{2^n}+1\}$)元素中素数的无限性,这个序列的元素是两两互素的(哥德巴赫—赫维茨). 这里我们给出在后一个框架中的新证明.

最近 Michoel Somos 在用递推关系定义的整数序列的研究中构造了一对序列

$$a_i:0,1,2,3,5,13,49,529,21\ 121,\cdots$$

$$b_i:1,1,1,2,3,10,39,490,20\ 631,\cdots$$

---

① Sphinx-Oedipe,7,1912,13.

② Oeuvres de Ferman,4,1912,202-204.

③ Annals of Math.,(2)15,1913-1914,67.

④ Amer. Math. Monthly,21,1914,247-251.

⑤ 原题:A Linked Pair of Sequences Implies the Primes Are Infinite. 作者:Michael Somos, Robert Haas. 译自:The Amer. Math. Monthly,Vol. 110(2003),No. 6,p. 539-540.

它们服从初始条件 $a_0=0$ 和 $b_0=a_1=b_1=1$，并且对于 $i\geqslant 1$ 满足相连的递推关系 $b_{i+1}=a_ib_{i-1}$ 和 $a_{i+1}=b_{i+1}+b_i$. 这里我们用两种不同的方法来证明诸 a_i，$i\geqslant 1$ 是两两互素的."素数无限"的这个证明在下述方面似乎有些特别：诸 a_i 并非如在欧几里得证明中那样明显地用素数来定义. 并且，序列比狄利克雷的算术级数增长得快得多，但是比费马数增长得慢一些.

从关系式 $b_{i+1}=a_ib_{i-1}$ 我们推断序列 $\{b_i\}$ 具有形式

b_i：$1,1,a_1,a_2,a_1a_3,a_2a_4,a_1a_3a_5,a_2a_4a_6,a_1a_3a_5a_7,\cdots$

然后 $a_{i+1}=b_{i+1}+b_i$ 就产生了方程组

$$a_{2n}=a_2a_4\cdots a_{2n-2}+a_1a_3\cdots a_{2n-1}$$

$$a_{2n+1}=a_1a_3\cdots a_{2n-1}+a_2a_4\cdots a_{2n}$$

归纳地，我们假设 $a_1,a_2,\cdots,a_{2n-1}$ 是互素的，则上述第 1 个方程保证了 a_{2n} 无论与诸项 $a_2,a_4,\cdots,a_{2n-2}$ 中任一项，还是与诸项 $a_1,a_3,\cdots,a_{2n-1}$ 中任一项，都没有公共的素因子；类似地，第 2 个方程促使 a_{2n+1} 与 $a_1,a_2,\cdots,a_{2n}$ 互素，即得诸 a_i 是互素的.

另一种证明利用模算术. 假设 a_u 和 a_v，$1<u<v$ 共有一素因子 p，并把诸 a_i 和诸 b_i 在 mod p 下约化. 这样 $a_u\equiv a_v\equiv 0$，并且递推关系式 $b_{i+1}=a_ib_{i-1}$ 蕴涵着 $0\equiv b_{u+1}\equiv b_{u+3}\equiv\cdots$，因而或者 $b_{v-1}\equiv 0$，或者 $b_v\equiv 0$. 但是关系式 $a_{i+1}=b_{i+1}-b_i$ 迫使 $b_v+b_{v-1}=a_v\equiv 0$，因而在任一情形都有 $b_{v-1}\equiv b_v\equiv 0$. 现在，递推关系式即蕴涵着 $a_{v-1}\equiv b_{v-2}$ 和 $a_{v-1}b_{v-2}\equiv 0$. 因而，由于 $\mathbf{Z}_p$ 是一个域，即有 $a_{v-1}\equiv b_{v-2}\equiv 0$. 归纳地进行下去，只要 $i\leqslant v$，即得 $a_{i-1}\equiv b_{i-2}\equiv 0$. 另外，$b_2=1$，这是一个矛盾.

注意，正如上面证明中所显示的那样，对于模任一固定数 n，递推关系式给出了关于 a_i 和 b_i 的重要信息.若对于某个 $i>0$ 有 $a_i\equiv 0$ 或 $b_{i+1}\equiv 0$,则对所有 $k\geqslant 0$ 有 $b_{i+1+2k}\equiv 0$ 和 $a_{i+1+2k}\equiv b_{i+2k}$,并且对所有 $k>0$ 有 $a_{i+1+2k}\equiv a_{i+2k}$.

若对于某个 $i>1$ 有 $a_i\equiv 1$,则对所有 $j>i$ 有 $a_j\equiv 1$.对许多小的 n 值,包括 2,3,4,5,6,8,10,11,12,15,16,17,19,20,22,24 和 30,后一情形出现.

"诸 a_i 互素"的两个证明都可容易地推广到用下述方式所得到的序列上去:用任何两个互素的整数作为 a_1 和 b_1,以及对任何非负整数 r 和 s 成立的一对递推关系式 $b_{i+1}=a_ib_{i-1}$,$a_{i+1}=b_{i+1}a_i^r+b_ia_{i-1}^s$(当 $s>0$ 时 $a_1=\pm 1$).

与费马数相关的问题

第7章

§1 探求大卡迈克尔数的一种方法①

设 m 为奇合数,如果对于每一个与 m 互素的整数 a,同余式

$$a^{m-1}\equiv 1 \pmod{m} \qquad (7.1)$$

均成立,那么 m 称为卡迈克尔数.

熟知,整数 m 为卡迈克尔数的充要条件是:

(1)$m=p_1p_2\cdots p_i$,其中 p_i 为不同的奇数; (7.2)

(2)$m\equiv 1 \pmod{L}$,其中 L 为 $p_i-1,1\leqslant i\leqslant s$ 的最小公倍数. (7.3)

① 选自《四川大学学报(自然科学版)》,1992年第29卷第4期.

迄今为止，还不知道是否存在无穷多个卡迈克尔数，尽管不少数学家相信的确存在，人们也找到了若干大的卡迈克尔数[1~4,7~11].

四川大学数学系的张明志教授在 1992 年给出了一种探求具有很多素因子的大卡迈克尔数的方法，并给出一些大于 $10^{8\,300}$ 的卡迈克尔数.

算法：(ⅰ)取一个适当的整数 $L=p_1^{\alpha_1}p_2^{\alpha_2}\cdots p_i^{\alpha_i}$，其中 p_i 是第 i 个素数，使得 $L/2$ 具有尽可能多的因子，而不增加 L 的大小. 像 $L/2$ 这样的数拉马努金(S. Ramanujan)称之为高度合数；

(ⅱ)对 $L/2$ 的每一个因子 d，检验形如 $q=2d+1$ 的素数. 若 q 为素数且 $q\nmid L$，则将 q 归入集 S；

(ⅲ)将 S 中的元素排序得 $S=\{q_1,q_2,\cdots,q_n\}$，其中 $q_i<q_{i+1}$. 将 S 分拆为二子集

$$S_1=\{q_1,q_2,\cdots,q_t\},S_2=\{q_{t+1},q_{t+2},\cdots,q_n\}$$

其中下标 t 的值在一个适当的区间里选取. 例如 $n/3\leqslant t\leqslant n/2$；

(ⅳ)对 S_2 的每一个子集 T，设其有 $n-t-h$ 个元素，按下面的同余式计算 f 和 g

$$f\equiv\prod_{q_i\in T}q_i\pmod L \tag{7.4}$$

$$fg\equiv 1\pmod L,0<f,g<L \tag{7.5}$$

利用中国剩余定理，模 L 的算术可以归结为模 $p_i^{\alpha_i}$，$i=1,2,\cdots,s$ 的算术；

(ⅴ)用试除法检验，是否对于某个整数 j，$j=0,1,\cdots$有分解式

$$g+Lj=r_1r_2\cdots r_k \tag{7.6}$$

其中 $r_1<r_2<\cdots<r_k$，且 $r_i\in S_1$，$1\leqslant i\leqslant k$. 如果式(7.6)

成立，则

$$m=r_1r_2\cdots r_k\prod_{q_i\in T}q_i \qquad (7.7)$$

为卡迈克尔数.

以上算法的正确性可以由式(7.2)，(7.3)直接得到.

我们用一个数值实例对算法的有效性加以说明. 例如，取 $L=2^7\times3^3\times5^3\times7^2\times11\times17\times19$，可得

$$S=\{g_1=23,g_2=29,\cdots,g_{1\,524}=88\ 884\ 432\ 001\}$$

取 $t=222$（这时 S_1 中素数 $<10\ 000$，S_2 中素数 $>10\ 000$），S_2 这时有 $2^{1\,302}-1$ 个非空子集，因而由式(7.4)，(7.5)可得 g 的 $2^{1\,302}-1$ 个值，而 $2^{1\,302}-1>10^{390}$，$L<10^{12}$，因此，很多 g 彼此相等，同时，很自然地我们可以指望 g 可以取得 $\bmod L$ 的许多不同的剩余，因而也可以指望某些 g 具有素分解式 $g=r_1r_2\cdots r_k$，$r_i\in S_1$，$r_1<r_2<\cdots<r_k$，即式(7.6)对 $j=0$ 成立. 不难想象，随着 L 的增大，我们很可能得到越来越大的卡迈克尔数. 实际上，在上面的例子中，当 $T=S_2\backslash\{q_{401}\}$，$j=0$ 时，有

$$f=849\ 946\ 811\ 689$$

$$g=34\ 230\ 365\ 209=29\times211\times761\times7\ 351$$

而 $29,211,761,7\ 351\in S_1$. 于是我们得到具有 1 305 个素因子的卡迈克尔数 m，且 $m>10^{8\,300}$.

对 $t=222$，$T=S_2\backslash\{q_{779}\}$，$j=0$，我们同样得到大于 $10^{8\,300}$ 的卡迈克尔数.

张明志教授还对 L 的许多其他值进行了计算，都无一例外地得到了与 $h=1,j=0$ 相对应的卡迈克尔数.

上面的结果是在微机上得到的.

附　表

$L=2^7\times3^3\times5^3\times7^2\times11\times13\times17\times19$，$t=222$，$T=S_2\backslash\{q_{401}\}$，$j=0$ 的卡迈克尔数

29	211	761	7 351	10 099
10 193	10 337	10 501	10 711	10 781
11 173	11 287	11 467	11 551	11 701
11 969	11 971	12 097	12 161	12 241
12 251	12 377	12 541	12 601	12 853
13 001	13 339	13 441	13 567	13 681
13 729	14 251	14 281	14 401	14 561
14 821	14 851	14 897	15 121	15 233
15 289	15 401	15 601	15 809	15 913
16 001	16 381	16 417	16 633	16 661
16 759	16 831	17 137	17 291	17 443
17 551	17 681	17 851	18 089	18 481
18 701	19 001	19 009	19 381	19 501
19 801	19 891	19 993	20 021	20 161
20 483	20 521	20 593	20 749	21 001
21 121	21 169	21 319	21 601	21 737
21 841	22 051	22 441	22 573	22 751
23 563	23 761	23 801	23 869	24 001
24 481	24 571	25 537	25 741	25 841

25 873	26 209	26 951	27 361	27 457
27 847	28 001	28 051	28 081	28 289
28 729	29 173	29 251	29 401	29 569
29 641	29 921	29 989	30 097	30 241
30 577	30 941	31 123	32 341	32 833
33 151	33 601	34 273	34 651	35 201
35 281	35 531	35 569	35 911	36 037
36 653	36 721	37 441	38 039	38 501
38 611	39 313	39 521	39 901	40 129
40 699	40 801	41 651	41 801	42 043
42 337	42 433	42 751	42 841	42 901
43 201	43 759	43 891	44 101	44 201
44 983	45 697	46 411	46 751	46 817
47 041	47 251	47 521	47 737	47 881
48 049	48 413	48 907	50 051	51 001
51 481	51 871	52 361	53 201	53 353
53 551	53 857	54 001	54 401	54 601
54 721	54 979	56 101	56 431	57 331
57 457	57 751	58 787	59 281	59 671
61 153	61 751	62 017	62 401	62 701
63 361	63 649	63 841	64 601	65 521
66 301	66 529	67 033	68 993	70 201
70 687	71 809	71 821	72 073	72 353
72 931	74 101	74 257	75 583	76 001

76 441	77 351	77 521	77 617	78 401
78 541	79 201	79 561	79 801	81 901
81 929	83 777	83 791	84 673	85 121
87 211	87 517	87 751	88 001	90 289
91 631	91 801	92 401	92 821	93 601
94 849	96 097	97 021	97 241	97 813
98 801	99 961	100 549	100 801	100 981
101 921	102 001	102 103	103 951	105 337
105 601	106 591	107 101	107 251	107 713
108 109	108 529	109 201	109 441	110 251
110 501	110 881	111 721	113 051	114 001
114 661	114 913	116 689	117 041	117 811
118 801	119 701	119 953	120 121	122 401
123 553	124 489	124 951	126 001	126 127
127 297	127 681	128 521	129 361	131 041
131 671	132 001	134 369	135 661	135 851
136 501	137 089	137 593	139 537	140 401
140 449	141 121	145 531	145 601	145 861
146 609	146 719	148 201	148 501	148 513
148 961	150 151	151 201	153 001	154 001
157 081	159 937	160 651	161 569	163 021
166 601	167 077	174 721	176 401	177 841
178 501	178 753	180 181	185 641	186 049
186 733	192 193	193 051	193 649	196 561

198 017	198 901	199 501	199 921	200 201
201 961	204 751	204 821	205 201	205 633
207 481	208 001	209 441	211 681	212 161
212 801	213 181	216 217	217 057	217 361
218 401	219 451	223 441	224 401	224 911
225 721	227 393	229 321	231 001	232 051
232 751	235 621	238 001	238 681	240 769
242 551	243 101	247 001	251 941	252 001
252 253	254 593	255 361	257 401	258 721
264 601	269 281	270 271	273 001	273 601
279 073	280 897	282 241	286 001	286 651
287 281	290 473	290 701	291 721	292 601
294 001	299 881	300 301	300 961	302 329
305 761	310 081	314 161	314 497	316 801
319 201	321 301	321 751	323 137	324 871
327 251	331 501	332 641	333 451	335 161
339 151	342 343	346 501	346 529	350 351
351 121	359 041	359 101	366 521	367 201
371 281	372 401	377 911	378 379	379 849
383 041	388 081	388 961	391 249	393 121
395 201	396 001	404 251	406 981	410 401
411 503	411 841	415 801	416 501	417 691
420 421	428 401	432 001	432 251	432 433
434 113	435 709	436 801	445 537	446 881

448 801	449 821	450 451	451 441	452 201
456 457	459 649	461 891	468 001	470 251
471 241	474 241	474 811	476 477	477 361
478 801	485 101	489 061	494 803	495 041
499 801	500 501	501 601	504 001	504 901
511 633	513 001	514 081	519 793	526 681
528 001	530 401	532 001	532 951	538 561
540 541	546 001	550 369	554 269	560 561
564 301	565 489	568 481	569 773	571 201
576 577	584 767	586 433	598 501	600 601
604 801	608 609	612 613	617 761	620 161
620 929	637 001	646 273	651 169	652 081
653 563	656 371	658 351	663 001	663 937
666 901	670 321	673 201	680 681	687 961
697 681	698 251	700 129	719 713	726 181
726 751	729 301	731 501	733 591	734 401
737 353	739 201	741 001	749 701	759 697
773 501	774 593	778 051	782 497	786 241
790 021	795 601	798 799	800 801	803 251
813 961	816 817	819 001	824 671	839 801
840 841	846 721	858 001	879 649	895 357
896 897	897 601	897 751	917 281	940 501
949 621	950 401	952 001	955 501	957 601
959 617	960 961	970 201	982 801	994 501

1 003 201	1 005 481	1 008 001	1 027 027	1 029 601
1 033 601	1 037 401	1 044 583	1 051 051	1 053 361
1 058 149	1 065 901	1 078 001	1 093 951	1 106 029
1 108 537	1 108 801	1 116 289	1 122 001	1 124 551
1 128 601	1 130 501	1 133 731	1 144 001	1 153 153
1 160 251	1 178 101	1 185 601	1 188 001	1 191 191
1 199 521	1 201 201	1 203 841	1 222 651	1 228 501
1 259 701	1 261 261	1 264 033	1 272 961	1 279 081
1 323 001	1 326 001	1 343 681	1 369 369	1 375 921
1 401 401	1 422 721	1 424 431	1 433 251	1 455 301
1 456 001	1 458 601	1 468 801	1 492 261	1 501 501
1 504 801	1 550 401	1 564 993	1 580 041	1 584 001
1 597 597	1 599 361	1 608 769	1 624 351	1 633 633
1 649 341	1 667 251	1 670 761	1 675 801	1 695 751
1 709 317	1 713 601	1 719 901	1 729 001	1 740 971
1 764 001	1 768 001	1 787 521	1 790 713	1 795 201
1 805 761	1 808 801	1 813 969	1 837 837	1 867 321
1 872 001	1 889 551	1 909 441	1 915 201	1 921 921
1 939 939	1 940 401	1 979 209	2 002 001	2 037 751
2 074 801	2 079 169	2 088 451	2 094 751	2 116 801
2 121 601	2 128 001	2 142 001	2 144 143	2 173 601
2 178 541	2 180 251	2 184 001	2 187 901	2 194 501
2 199 121	2 217 073	2 238 391	2 252 251	2 282 281
2 290 751	2 323 777	2 351 441	2 374 051	2 399 041

2 402 401	2 434 433	2 445 301	2 457 001	2 489 761
2 508 001	2 513 281	2 570 401	2 625 481	2 645 371
2 646 001	2 662 661	2 665 601	2 667 601	2 673 217
2 690 689	2 692 801	2 702 701	2 771 341	2 790 721
2 800 513	2 821 501	2 856 001	2 878 849	2 923 831
2 934 361	2 949 409	2 956 097	2 984 521	3 052 351
3 072 301	3 088 801	3 104 641	3 141 601	3 217 537
3 233 231	3 248 701	3 277 121	3 291 751	3 298 681
3 410 881	3 418 633	3 432 001	3 439 801	3 465 281
3 511 201	3 528 001	3 553 001	3 556 801	3 611 521
3 627 937	3 630 901	3 638 251	3 696 001	3 712 801
3 724 001	3 730 651	3 762 001	3 779 101	3 798 481
3 830 401	3 837 241	3 880 801	3 907 009	3 912 481
3 950 101	3 979 361	3 993 991	4 036 033	4 069 801
4 084 081	4 115 021	4 149 601	4 157 011	4 158 001
4 158 337	4 178 329	4 200 769	4 232 593	4 233 601
4 254 251	4 260 257	4 299 751	4 324 321	4 398 241
4 408 951	4 424 113	4 455 361	4 476 781	4 641 001
4 651 201	4 752 001	4 775 233	4 792 789	4 798 081
4 873 051	4 950 401	4 998 001	5 038 801	5 105 101
5 135 131	5 174 401	5 250 961	5 255 251	5 304 001
5 329 501	5 372 137	5 434 001	5 446 351	5 530 141
5 544 001	5 654 881	5 733 001	5 814 001	5 834 401
5 847 661	5 864 321	5 868 721	5 898 817	6 019 201

6 046 561	6 104 701	6 172 531	6 224 401	6 283 201
6 284 251	6 348 889	6 426 001	6 432 427	6 468 001
6 552 001	6 584 033	6 651 217	6 652 801	6 715 171
6 806 801	6 846 841	6 872 251	6 916 001	7 068 601
7 162 849	7 182 001	7 235 201	7 261 801	7 303 297
7 373 521	7 425 601	7 644 001	7 674 481	7 796 881
7 824 961	7 916 833	8 168 161	8 208 001	8 316 001
8 353 801	8 401 537	8 408 401	8 558 551	8 576 569
8 714 161	8 796 481	8 835 751	8 892 001	8 976 001
8 996 401	9 028 801	9 189 181	9 313 921	9 356 257
9 405 761	9 447 751	9 459 451	9 585 577	9 609 601
9 767 521	9 781 201	9 801 793	9 828 001	9 831 361
9 896 041	9 959 041	9 996 001	10 174 501	10 192 001
10 232 641	10 287 551	10 296 001	10 395 841	10 445 821
10 501 921	10 510 501	10 584 001	10 608 001	10 650 641
10 720 711	10 890 881	10 892 701	10 995 601	11 172 001
11 191 951	11 411 401	11 547 251	11 618 881	11 737 441
11 781 001	11 797 633	11 856 001	11 981 971	11 995 201
12 370 051	12 471 031	12 475 009	12 697 777	12 762 751
12 852 001	12 864 853	13 071 241	13 167 001	13 579 567
13 759 201	13 825 351	13 953 601	14 044 801	14 264 251
14 414 401	14 523 601	14 553 001	14 586 001	14 814 073
14 896 001	14 922 601	15 135 121	15 444 001	15 708 001
15 917 441	15 988 501	16 087 681	16 279 201	16 713 313

16 816 801	17 093 161	17 117 101	17 136 001	17 442 001
17 503 201	17 556 001	17 592 961	17 635 801	17 696 449
17 736 577	17 907 121	17 992 801	18 258 241	18 712 513
18 849 601	18 992 401	19 171 153	19 186 201	19 404 001
19 562 401	19 750 501	19 992 001	20 109 601	20 180 161
20 465 281	21 021 001	21 067 201	21 340 801	21 441 421
21 658 001	22 221 109	22 383 901	22 822 801	22 870 849
22 972 951	23 237 761	23 390 641	23 514 401	23 562 001
23 876 161	23 963 941	23 990 401	24 024 001	24 216 193
24 740 101	24 897 601	24 942 061	25 225 201	25 581 601
25 675 651	26 083 201	26 114 551	26 336 129	26 626 601
26 732 161	27 231 751	27 349 057	27 387 361	28 343 251
28 528 501	28 651 393	28 728 001	28 756 729	28 828 801
29 494 081	29 779 751	29 877 121	30 523 501	30 723 001
31 187 521	31 337 461	31 600 801	31 744 441	31 951 921
33 264 001	34 306 273	34 641 751	35 271 601	35 343 001
35 814 241	36 036 001	36 309 001	36 679 501	37 306 501
37 346 401	37 699 201	38 038 001	38 288 251	38 372 401
39 070 081	39 504 193	40 310 401	40 698 001	41 081 041
41 150 201	41 496 001	41 769 001	41 783 281	42 134 401
42 636 001	42 732 901	42 792 751	42 882 841	42 977 089
43 243 201	44 089 501	44 553 601	44 688 001	45 349 201
46 558 513	46 683 001	47 481 001	47 752 321	47 927 881
48 730 501	50 139 937	51 051 001	51 123 073	51 408 001

51 979 201	52 509 601	52 668 001	52 778 881	53 721 361
55 552 771	55 692 001	56 056 001	56 434 561	56 686 501
57 177 121	57 513 457	58 212 001	58 344 001	59 690 401
59 909 851	60 540 481	61 850 251	62 375 041	62 832 001
63 903 841	64 974 001	65 356 201	66 134 251	66 566 501
67 151 701	68 372 641	69 768 001	70 012 801	71 628 481
71 971 201	73 359 001	73 902 401	74 070 361	74 256 001
74 692 801	77 616 001	77 968 801	78 343 651	79 168 321
79 879 801	80 784 001	80 830 751	82 467 001	82 992 001
83 140 201	84 084 001	85 765 681	85 954 177	87 141 601
87 516 001	88 179 001	89 964 001	90 288 001	91 291 201
92 587 951	93 366 001	93 562 561	94 248 001	94 594 501
94 962 001	95 931 001	98 760 481	99 849 751	100 900 801
102 875 501	102 918 817	103 925 251	103 958 401	106 506 401
107 442 721	108 636 529	109 956 001	110 602 801	114 864 751
118 512 577	119 819 701	121 080 961	125 349 841	126 403 201
129 329 201	130 416 001	130 572 751	134 064 001	134 303 401
137 592 001	141 086 401	142 942 801	146 191 501	149 385 601
150 419 809	153 153 001	153 369 217	153 489 601	155 937 601
158 336 641	163 390 501	164 324 161	164 600 801	174 594 421
176 358 001	176 964 481	181 396 801	183 783 601	184 338 001
185 175 901	186 234 049	186 732 001	193 993 801	198 402 751
203 693 491	206 926 721	208 916 401	210 038 401	221 205 601
222 211 081	229 729 501	232 792 561	232 848 001	246 901 201

249 420 601	256 756 501	278 555 201	282 172 801	282 744 001
285 885 601	287 567 281	299 549 251	302 328 001	302 702 401
306 306 001	308 626 501	316 008 001	328 648 321	334 266 241
336 336 001	342 342 001	358 142 401	359 856 001	362 121 761
367 567 201	368 676 001	389 844 001	399 399 001	411 502 001
415 701 001	426 025 601	434 546 113	436 486 051	470 061 901
476 476 001	488 376 001	491 568 001	494 802 001	504 504 001
511 632 001	522 849 601	543 182 641	575 134 561	584 766 001
601 679 233	605 404 801	632 016 001	634 888 801	665 121 601
714 714 001	727 476 751	739 024 001	756 756 001	779 688 001
783 436 501	791 683 201	854 658 001	895 356 001	905 304 401
912 912 001	976 752 001	977 728 753	989 604 001	1 058 148 001
1 086 365 281	1 117 404 289	1 139 544 001	1 163 962 801	1 222 160 941
1 286 485 201	1 319 472 001	1 357 956 601	1 369 368 001	1 429 428 001
1 470 268 801	1 474 704 001	1 504 198 081	1 551 950 401	1 587 222 001
1 671 331 201	1 745 944 201	1 797 295 501	1 813 968 001	1 862 340 481
1 979 208 001	2 054 052 001	2 058 376 321	2 116 296 001	2 148 854 401
2 182 430 251	2 217 072 001	2 350 309 501	2 450 448 001	2 607 276 673
2 715 913 201	2 909 907 001	3 008 396 161	3 055 402 351	3 195 192 001
3 418 632 001	3 594 591 001	3 760 495 201	3 958 416 001	4 108 104 001
4 178 328 001	4 345 461 121	4 655 851 201	4 678 128 001	4 938 024 001
6 432 426 001	6 837 264 001	7 189 182 001	7 520 990 401	9 585 576 001
9 777 287 521	9 976 824 001	10 744 272 001	10 863 652 801	11 110 554 001
13 036 383 361	13 579 566 001	13 967 553 601	15 519 504 001	17 459 442 001

19 171 152 001	19 554 575 041	21 727 305 601	23 279 256 001	24 443 218 801
32 590 958 401	34 918 884 001	36 212 176 001	54 318 264 001	88 884 432 001

§2　$a^n \pm b^n$ 的因子

费马指出，如果 p 为一个奇素数，那么 $\frac{2^p+1}{3}$ 没有因子.

欧拉[1]注意到，a^4+4b^4 有因子数 $a^2\pm 2ab+2b^2$.

欧拉[2]讨论了使得 a^2+1 可被一素数

$$4n+1=r^2+s^2$$

整除的数 a. 设 $\frac{p}{q}$ 为在连分数中对 $\frac{r}{s}$ 收敛的 $\frac{r}{s}$，那么 $ps-qr=\pm 1$. 因此，每个 a 都具有 $(4n+1)m\pm k$ 的形式，其中 $k=pr+qs$.

欧拉[3]得出了161个使 a^2+1 为一个素数且小于1 500的整数 a，并且当 $a=1,2,4,6,16,20,24,34$ 时，a^4+1为一个素数.

欧拉[4]证明出：如果 m 为一素数且 a,b 互素，那么

---

① Corresp. Math. Phys. (ed., Fuss), Ⅰ, 1843, p. 145; letter to Goldbach, 1742.

② Ibid., 242-243; letter to Goldbach, July 9, 1743.

③ Ibid., 588-589, Oct. 28, 1752. Published, Euler.

④ Novi Comm. Petrop., 1, 1747-1748, 20; Comm. Arith. Coll., 1, 57-61, and posthumous paper, *ibid.*, 2, 530-535; Opera postuma, Ⅰ, 1862, 33-35. Cf. Euler of Ch. Ⅶ and the topic Quadratic Residues in Vol. Ⅲ.

a^m-b^m 的一个因子且不为 $a-b$ 的因数具有 $kn+1$ 的形式. 如果 $p=kn+1$ 为一素数且 $a=f^n\pm p\alpha$,那么 a^k-1可被 p 整除. 如果 af^n-bg^n 可被一个素数$p=mn+1$ 整除,同时 f 和 g 都不被 p 整除,那么 a^m-b^m 可被 p 整除;如果 m 和 n 互素,那么逆命题成立.

欧拉[①]证明了相关的定理:当 q 为一个奇素数时,a^q-1 的任何素因数且不是 $a-1$ 的因数,都具有 $2nq+1$的形式. 如果 a^m-1 被素数 $p=mn+1$ 整除,那么我们可找到不被 p 整除的整数 x,y,使得 $A=ax^n-y^n$ 可被 p 整除(因为若 x,y 选取恰当,则 $a^mx^{mn}-y^{mn}$ 被 A 除所得的商不被 p 整除).

欧拉[②]讨论了寻找使得 a^2+1 可被一给定素数 $4n+1=p^2+q^2$ 整除的所有整数 a 这一问题. 如果 a^2+b^2可被 p^2+q^2 整除,那么存在整数 r,s,使得

$$a=pr+qs,b=ps-qr$$

我们希望 $b=\pm1$,因此,我们在连分数中取$\frac{r}{s}$收敛于上述$\frac{p}{q}$. 从而,有

$$ps-qr=\pm1$$

于是,我们的答案为 $a=\pm(pr+qs)$. 欧拉用 p^2+q^2 的表示形式列出了所有的素数 $P=4n+1<2\ 000$. 同时也列出了所有使 a^2+1 可被 P 整除的 a 值. 他得到了

① Novi Comm. Petrop. ,7,1758-1759(1755),49;Comm. Arith. ,1,269.

② Novi Comm. Petrop. ,9,1762-1763,99;Comm. Arith. ,1,358-369. French transl. ,Sphinx Oedipe,8,1913,1-12,21-26,64.

他的表，并将小于 1 500 且使$\frac{a^2+1}{k}$，$k=2,5,10$ 为一素数的 a 的取值制成了表. 并且，欧拉也将 a^2+1 的所有因数制成了表，其中 $a\leqslant 1\ 500$.

贝格林[①]指出：只有当 $n=10,24,32$ 时，2^n+1 才有一个三重因数 $1+2^p+2^q$.

欧拉[②]对于不同的合数 n，得出了 $2^n\pm 1$ 的一个因子.

欧拉[③]讨论了 fa^4+gb^4 形式的数的因数.

Anton Felkel[④] 给出了一个

$$a^n-1, n=1,\cdots,11; a=2,3,\cdots,12$$

的因子的列表，但该表中一些表值不完全.

勒让德(A. M. Legendre)[⑤]证明出：a^n+1 的每个素因数要么具有 $2nx+1$ 形式，要么整除 $a^\omega+1$，其中 ω 为 n 被一奇因子除所得的商；而 a^n-1 的每个素因数要么具有 $nx+1$ 的形式，要么整除 $a^\omega-1$，其中 ω 为 n 的一个因子. 当 n 为一个奇数时，该因数必须存在于 $a(a^n\pm 1)=y^2\pm a$ 中，因而利用他的 $t^2\pm au^2$ 的因数的线性形式表Ⅲ-Ⅺ，可进一步限定该因数.

高斯[⑥]利用二次互反律获得了 x^2-A 的因数的线

---

① Mém. Ac. Berlin, année 1777, 1779, 255. Cf. Ch. ⅩⅤ and Henry.

② Posthumous paper, Comm. Arith., 2, 551; Opera postuma, Ⅰ, 1862, 51.

③ Opera postuma, Ⅰ, 1862, 161-167(about 1773).

④ Abhandl. d. Böhmischen Gesell. Wiss., Prag, 1, 1785, 165-170.

⑤ Théorie des nombres, 1798, p. 207-213, 313-315; ed. 2, 1808, p. 191-197, 286-288. German transl. by Maser, p. 222.

⑥ Disq. Arith., 1801, Arts. 147-150.

性形式.

高斯①给出了具有 $a^2+1, a^2+4, \cdots, a^2+81$ 形式的数和它们的奇素数因子 p 的一个表格,共计 2 452 个数.其中,a 为某些满足 p 的值都小于 200 的 a 值.

热尔曼(Sophie Germain)②指出:p^4+4q^4 有因子 $p^2\pm 2pq+2q^2$.取 $p=1, q=2^i$,则我们可看出,$2^{4i+2}+1$ 有两个因子,即 $2^{2i+1}\pm 2^{i+1}+1$.

E. Minding③ 对于素数情况应用互反律,详细地讨论了 x^2-c 的因数的线性形式.他重现了勒让德的讨论过程.

切比雪夫(P. L. Tchebychef)④注意到:如果 p 为一个奇素数,那么 a^p-1 的每个奇数的素因子要么为 $2pz+1$ 形式,要么为 $a-1$ 的一个因子,而且还为 x^2-ay^2 的一个因数.从而,当 $a=2$ 时,它具有 $2pz+1$ 的形式,同时也为 $8m\pm 1$ 形式中的一个.$a^{2n+1}+1$ 的每个奇数的素因子要么具有 $2(2n+1)z+1$ 的形式,要么为$a+1$的一个因数.

勒贝格(Lebesgue)⑤指出:z^2-D 的因数的线性

---

① Werke, 2, 1863, 477-495. Schering, p. 499-502, described the table and its formation by the composition of binary forms, e. g., $(a^2+1)\{(a+1)^2+1\}=\{a(a+1)+1\}^2+1$.

② Manuscript 9118 fonds français Bibl. Nat. Paris, p. 84. Cf. C. Henry, Assoc. franç. avanc. sc., 1880, 205; Oeuvres de Fermat, 4, 1912, 208.

③ Anfangsgründe der Höheren Arith., 1832, 59-70.

④ Theorie der Congruenzen, in Russian, 1849; in German, 1889; § 49.

⑤ Jour. de Math., 15, 1850, 222-227.

形式的讨论利用勒让德符号的雅可比推广$\left(\frac{a}{b}\right)$变得很简单,其中,D为合数.

C. G. Reuschle[①]用$F_a(b)$表示$\frac{(x^{ab}-1)}{(x^a-1)}$.令

$$a=\alpha b+b_1,b=\alpha_1 b_1+b_2,b_1=\alpha_2 b_2+b_3,\cdots$$

如果a与b互素,那么可得

$$\frac{1-x^{ab}}{(x^a-1)(x^b-1)}=$$

$$\sum_{A=0}^{b-2} x^{A\alpha}F_b\{\alpha(b-1-A)\}+$$

$$x^{\beta}\sum_{A=0}^{b_1-2} x^{Ab}F_{b_1}\{\alpha_1(b_1-1-A)\}+\cdots+$$

$$x^{\beta+\beta_1+\cdots+\beta_{n-2}}\sum_{A=0}^{b_{n-1}-2} x^{Ab_{n-2}}F_{b_{n-1}}\{\alpha_{n-1}(b_{n-1}-1-A)\}+$$

$$x^{\beta+\cdots+\beta_{n-1}}$$

Reuschle[②]的表格A对$a\leqslant 100$给出了$a^3\pm 1$,$a^4\pm 1$,$a^5\pm 1$,$a^{12}-1$的许多因子数,还有当$n\leqslant 42$且$a=2,3,5,6,7,10$时,a^n-1的许多因子.

勒贝格[③]证明出:除了素数p和$kp+1$形式的数

$$x^{p-1}+\cdots+x+1$$

没有任何素因数.

Jean Plana[④]得出

---

① Math. Abhandlung, Stuttgart, 1853, Ⅱ, p. 6-13.

② Math. Abhandlung... Tabellen, Stuttgart, 1856. Full title in Ch. Ⅰ.

③ Comptes Rendus Paris, 51, 1860, 11.

④ Mem. Accad. Sc. Torino, (2), 20, 1863, 139-141.

$$3^{29}+1=4\times 6\ 091q,\quad 3^{29}-1=2\times 59r$$

并陈述道：q 为一个素数，而 r 没有小于 52 259 的因子. 但鲁卡斯注意到

$$q=523\times 5\ 385\ 997, r=28\ 537\times 20\ 381\ 027$$

库默尔(E. Kummer)[①]证明出：对于分圆函数

$$x^{e}+x^{e-1}-(e-1)x^{e-2}-(e-2)x^{e-3}+\frac{1}{2}(e-2)(e-3)x^{e-4}+\cdots$$

除 t 和数 $2mt\pm 1$ 外，不存在其他的素因子. 并且，当令 $a+a^{-1}=x$，t 为一个素数 $2e+1$ 时，可从 $\frac{a^{t}-1}{a-1}$ 中获得该分圆函数.

卡塔兰[②]指出：如果 $n=a\mp 1$ 为奇数，那么 $a^{n}\mp 1$ 可被 n^{2} 整除，但不被 n^{3} 整除，该证明来自 Soos, Mathesis,(3),2,1902,109.

H. LeLasseur 和 A. Aurifeuille[③] 注意到：$2^{4n+2}+1$ 有因子 $2^{2n+1}\pm 2^{n+1}+1$.

鲁卡斯[④]证明了：$\frac{2^{40}+1}{2^{8}+1}$ 为一素数，并给出了 $30^{15}\pm 1$ 和 $2^{41}+1$ 的因子.

鲁卡斯给出了关于 $a^{n}\pm b^{n}$ 的因子的定理，这些定理在 1876 年～1878 年间在不同的文章中给出.

---

① Cf. Bachmann, Kreistheilung, Leipzig, 1872.

② Revue de l'Instruct. publique en Belgique, 17, 1870, 137; Mélanges Math., ed. 1, p. 40.

③ Atti R. Ac. Sc. Torino, 8, 1871; 13, 1877-1878, 279. Nouv. Corresp. Math., 4, 1878, 86, 98. Cf. Lucas, p. 238; Lucas, 784.

④ Nouv. Ann. Math., (2), 14, 1875, 523-525.

鲁卡斯[①]对于

$$m=7,10,11,12,14,15$$

因子分解了$(2m)^m\pm1$,并修正了 Plana 的结论.

鲁卡斯给出了函数

$$\frac{x^n\pm y^n}{x\pm y}(n\text{ 为奇数})\text{和}\frac{x^{2m}+y^{2m}}{x^2+y^2}$$

的表格,这些函数被表示成 $Y^2\pm pxyZ^2$ 的形式,且当 $xy=pv^2$ 时,这些函数是可因式分解的.对于不同的 x 和 y,得出了 $x^{10}+y^{10}$ 的因子.除 $n=61,67,71,77,79,83,85,89,93,97$ 以外,对于小于 100 的 n 的所有奇数值,鲁卡斯给出了2^n-1的正确因数的 LeLasseur 表格;当 n 为奇数且小于 71(除 $n=61,67$ 外)以及 $n=73,75,81,83,89,135$ 时,给出了 2^n+1 的正确因数的 LeLasseur 表格;对 $2k\leqslant74$(除 64,68 以外)以及 $2k=78,82,84,86,90,94,102,126$ 等,给出了$2k+1$的正确因数的 LeLasseur 表格.鲁卡斯证明出:$2^{4n}+1$ 的正确因数具有 $16nq+1$ 的形式,而 $a^{2abn}+b^{2abn}$ 的正确因数具有 $8abnq+1$ 的形式;当 n 为奇数时,如果 $ab=4h+1$,那么 $a^{abn}+b^{abn}$ 的那些因数具有 $4abnq+1$ 的形式,而如果 $ab=4h+3$,那么 $a^{abn}-b^{abn}$ 的那些因数具有 $4abnq+1$ 形式.

鲁卡斯[②]对 $m=4n\leqslant60$ 以及 $m=72$ 和 84 给出了 2^m+1 的因子数;同时也对 $m=4n+2\leqslant102$ 以及 $m=110,114,126,130,138,150,210$ 给出其因子数.

---

① Bull. Bibl. Storia Sc. Mat. e Fis., 11, 1878, 783-798.

② Sur la série récurrente de Fermat, Rome, 1879, 9-10. Report by Cunningham.

卡塔兰[①]注意到:当 $x^2=(2r)^{2k+1}$ 时

$$x^4+2(q-r)x^2+q^2$$

有有理数因子

$$(2r)^{2k+1}\pm(2r)^{k+1}+q$$

对于 $r=q=1$ 的情况给出了 LeLasseur 公式. 另一方面,$3^{6k+3}+1$ 有因子$3^{2k+1}+1$和 $3^{2k+1}\pm3^{k+1}+1$.

S. Réalis[②] 推导了 LeLasseur 公式和

$$2^{4n}+2^{2n}+1=\prod(2^{2n}\pm2^n+1)$$

西尔维斯特(J. J. Sylvester)[③]研究了分圆函数 $\psi_t(x)$,该分圆函数是由

$$F_t(a)=\frac{(a^t-1)\prod(a^{\frac{t}{p_1p_2}}-1)\cdots}{\prod(a^{\frac{t}{p_1}}-1)}\quad(t=p_1^{e_1}\cdots p_n^{e_n})\tag{7.8}$$

的 $a^{\frac{\varphi(t)}{2}}$ 在商中令 $a+a^{-1}=x$ 而获得的. 其中 $p_1,\cdots,p_n$ 为互不相同的素数. 西尔维斯特指出:$\psi_t(x)$的每个因数都具有 $kt\pm1$ 的形式,但有一例外,如果 $t=\frac{p^j(p\mp1)}{m}$,那么 p 为一因数(但不是 p^2). 相反地,具有 $kt\pm1$形式的素数的幂的每个乘积都为 $\psi_t(x)$的一因数. 鲁卡斯补充道:$p=2^{4h+3}-1$ 与 $p=2^{12h+5}-1$互素当且仅当它们对于 $x=\sqrt{-1}$和 $x=3\sqrt{-1}$,分别整除 $\psi_{p+1}(x)$.

---

① Assoc. franç. avanc. sc., 9, 1880, 228.

② Nouv. Ann. Math., (2), 18, 1879, 500-509.

③ Comptes Rendus Paris, 90, 1880, 287, 345; Coll. Math. Papers, 3, 428. Incomplete in Math. Quest. Educ. Times, 40, 1884, 21.

A. Lefébure[①] 定义了除具有 $HT+1$(H 为一已知数)形式的素因子以外,没有其他任何素因子的多项式. 首先,设 $T=n^t$,其中 n 为一个素数. 当 A,B 都为素数且为整数且 A 和 B 恰为整数的第 n^{t-1} 次幂时

$$F_n(A,B)=\frac{A^n-B^n}{A-B}$$

除了具有 Hn^t+1 形式的素因子外,不含任何素因子. 其次,令 $T=n^tm^h$,其中 m 与 n 为不同的素数. 于是,$F_n(u^m,v^m)$被 $F_n(u,v)$除所得的整商只有 Hn^tm^h+1 形式的素因子,如果 u 和 v 是指数为 $m^{h-1}n^{t-1}$ 的素整数的幂. 类似地,如果 T 为若干素数的幂的一个乘积.

Lefébure[②] 讨论了分解成 U^R-V^R 的素数形式,其中 U 和 V 为幂数,且该幂数的指数包含了 R 的因子数.

鲁卡斯[③]叙述道:如果 n 和 $2n+1$ 为素数,那么 $2n+1$就为 2^n-1 或2^n+1的一个因子,根据 $n\equiv3$ 或 $n\equiv1(\bmod 4)$. 如果 n 和 $4n+1$ 都为素数,那么$4n+1$ 为 $2^{2n}+1$ 的一个因子. 如果 n 和 $8n+1=A^2+16B^2$ 为素数,那么可知:若 B 为奇数,则 $8n+1$ 为 $2^{2n}+1$ 的一因子;若 B 为偶数,则 $8n+1$ 为 $2^{2n}\pm1$ 的一因子. 当 $6n+1=4L^2+3M^2$ 时,也有 10 个定理指出,对于某些 k 值,$12n+1=L^2+12M^2$ 或 $24n+1=L^2+48M^2$ 都是 $2^{kn}\pm1$的素因子.

---

① Ann. sc. école norm. sup., (3) 1, 1884, 389-404; Comptes Rendus Paris, 98, 1884, 293, 413, 567, 613.

② Ann. sc. école norm. sup., (3), 2, 1885, 113.

③ Assoc. franç. avanc. sc., 15, 1886, Ⅱ, 101-102.

A. S. Bang[①] 讨论了式(7.8)中定义的 $F_t(a)$. 若 p 为一个素数,则可知,若 $d=a^{p^{k-1}}-1$ 与 p 互素时,$F_{p^k}(a)$只有素因子 αp^k+1,但若 d 可被 p 整除时,只有因子 p(但没有 p^2).

Bang[②] 证明出:如果 $a>1$, $t>2$,那么除对于 $F_6(2)$之外,$F_t(a)$有一素因子 $\alpha t+1$.

L. Gianni[③] 指出:如果 p 为一个奇素数,并整除 $a-1$, p^v 整除 a^p-1,那么 p^{v-1} 整除 $a-1$.

克罗内克(L. Kronecker)[④]注意到:若 $F_n(z)$为一个函数,且该函数的根为单位元的 n 次原根 $\phi(n)$,则

$$(x-y)^{\varphi(n)}F_n\left(\frac{x+y}{x-y}\right)=G_n(x,y^2)$$

为一个整函数,且只包含 y 的偶次幂数. 克罗内克对于已知的 s,研究了 $G_n(x,s)$的素因子 q. 如果 q 与 n 和 s 互素,那么 q 模 n 与雅可比符号 $\left(\frac{s}{q}\right)$ 同余. 鲍尔(Bauer)[⑤]也论述了同样的结果.

西尔维斯特[⑥]称 θ^m-1 为 θ 的 m 次费马伪素数函数.

西尔维斯特[⑦]指出,当 θ 为不等于 1 或 -1 的一个整数时

---

① Tidsskrift for Mat.,(5)4,1886,70-80.

② Ibid.,130-137.

③ Periodico di Mat.,2,1887,114.

④ Berlin Berichte,1888,417;Werke,3,Ⅰ,281-292.

⑤ Jour. für Math.,131,1906,265-267.

⑥ Nature,37,1888,152.

⑦ Ibid.,p. 418;Coll. Papers,4,1912,628.

$$\theta_m \equiv \frac{\theta^m - 1}{\theta - 1}$$

至少包含与 m 所含大于1的因数一样多的互不相同的素因数.但除了 $\theta=-2$，m 为偶数，和 $\theta=2$，m 为6的倍数之外，因为在这两种情况中，素因数的个数可能为1，小于一般的情况.

西尔维斯特①称上面的 θ_m 为一个指数为 m 的约化的费马伪素数.如果 $m=np^{\alpha}$，且 n 不被该奇素数 p 整除，那么 θ_m 可被 p^{α} 整除，但如果 $\theta-1$ 可被 p 整除，那么 θ_m 不被 $p^{\alpha+1}$ 整除.如果 m 为奇数且 $\theta-1$ 可被 m 的每个素因子整除，那么 θ_m 可被 m 整除且所得的商与 m 互素.

西尔维斯特②陈述道：如果 $P=1+p+\cdots+p^{r-1}$ 被 q 整除，且 p，r 为素数，那么要么 r 整除 $q-1$，要么 $r=q$ 整除 $p-1$.如果 $P=q^j$ 且 p，r，j 都为素数，那么 j 为 $q-r$ 的一个因数.R. W. Genese 很容易就证明了第一个论断，而 W. S. Foster 证明了第二个.

佩平③因子分解了各种 a^n-1，包括

$$a=79,67,43,n=5;a=7;n=11$$

$$a=3,n=23;a=5\text{ 或 }7;n=13$$

(某些值并不在 Bickmore 的表中).

H. Scheffler④ 通过以2为基数写出可数的因数，就如贝格林那样，进而讨论了 2^r+1.他指出：如果

① Comptes Rendus Paris,106,1888,446;Coll. Papers,4,607.

② Math. Quest. Educ. Times,49,1888,54,69.

③ Atti Accad. Pont. Nuovi Lincei, 49, 1890, 163. Cf. Escott, Messenger Math. ,33,1903 1904,49.

④ Beiträge zur Zahlentheorie,1891,147-178.

$m=2^{n-1}$，那么可得

$$1+2^{(2m+1)n}=(1+2^n)^2\{1-2m+(2m-1)2^n-(2m-2)2^{2n}+\cdots-2\cdot 2^{(2m-2)n}+2^{(2m-1)n}\}$$

他的公式在 2^{n-1} 为对 2^{2n-1} 的一个印刷错误时，与 LeLasseur 的公式等价.

鲁卡斯[①]给出了

$$x^6+27y^6, x^{10}-5^5y^{10}, x^{12}+6^6y^{12}$$

的代数因子.

K. Zsigmondy[②] 证明了整除 $a^\nu-b^\nu$ 的素数的存在性，但并不存在带有下指数的相似的二项式，例外除外.

J. W. L. Glaisher[③] 对每个小于 100 的素数 p，给出了 $p^6-(-1)^{\frac{p-1}{2}}$ 的素因子.

佩平[④]证明了

$$\frac{31^7-1}{30}, \frac{83^5-1}{82}, \frac{2^{41}+1}{3\times 83}$$

都为素数.

A. A. Markoff[⑤] 研究了 n^2+1 的最大素因子.

W. P. Workman[⑥] 特别提到了 $3^{6k+3}+1$ 和 $2^{54}+1$ 的因子，并指出；鲁卡斯给出的 $2^{58}+1$ 的因子是错

① Théorie des nombres, 1891, 132, exs. 2-4.

② Monatshefte Math. Phys., 3, 1892, 283. Details in Ch. Ⅶ, Zsigmondy.

③ Quar. Jour. Math., 26, 1893, 47.

④ Memorie Accad. Pont. Nuovi Lincei, 9, Ⅰ, 1893, 47-76.

⑤ Comptes Rendus Paris, 120, 1895, 1032.

⑥ Messenger Math., 24, 1895, 67.

误的.

C. E. Bickmore[①] 给出了 a^n-1 的因子,其中 $n\leqslant 50$,且 $a=2,3,5,6,7,10,11,12$.

Several[②] 证明出:如果 $4n+1$ 为素数,那么 n^n-1 可被 $4n+1$ 整除.

坎宁安[③]给出了43个素数,这些素数超过九百万且为$\frac{x^5\pm1}{x\pm1}$的因子,同时也给出了

$$3^{30}+1,3^{33}-1,3^{63}+1,3^{105}+1,5^{13}-1$$
$$5^{14}+1,5^{17}-1,5^{20}+1,5^{35}-1$$

的因子.

最后,坎宁安[④]考虑了 Aurifeuillians 的因子分解,例如

$$(n_1x^2)^{2n}+(2n_2y)^{2n}$$
$$(n_1x^2)^n+(-1)^{\frac{n+1}{2}}(n_2y^2)^n \quad (n_1n_2=n)$$

的代数不可数因子,其中 n_1 和 x 分别与 n_2 和 y 互素,同时 n 没有平方因子,且在第二种情况下为奇数. Aurifeuille 已经找到了这些因子,并用 P^2-Q^2 形式将其代数地表示了出来. 当 n 为偶数且不大于102时,可得到 2^n+1 的因子. 同时,当 $n=110,114,126,130,138,150,210$ 时,也可得出 2^n+1 的因子.

---

① Ibid.,25,1896,1-44;26,1897,1-38;French transl.,Sphinx-Oedipe,7,1912,129-144,155-159.

② Math. Quest. Educ. Times,65,1896,78;(2),ε,1905,97.

③ Proc. London Math. Soc.,28,1897,377,379.

④ Ibid.,29,1898,381-438.

坎宁安[①]对数 $a^n\pm1$ 进行了因子分解，主要利用了对 $p=101$ 完整的表格，并给出素数 p 及其对不同基底 q 的小于 10 000 的幂数的周期长度 l，从而使得 $q^l\equiv1(\bmod\ p$ 或 $p^k)$.

坎宁安和 H. J. Woodall[②] 对于 $x\leqslant30,\alpha\leqslant10$，给出了 $N=2^x10^\alpha\pm1$ 的因子，并对于更远的集合也给出了其因子；同时，对于每个不大于 3 001 的素数 p，当 p 为 N 的一个因数时，给出了最小的 α 和对应的最小的 x. Bickmore 给出了 N 的因子的线性形式和二次型.

当 $a=37,41,79$ 时，佩平[③]对 a^7-1 进行了因子分解；并且也对 151^5-1 进行了分解[④].

坎宁安[⑤]因子分解了 5^n-1，其中 $n=75,105$.

克罗内克[⑥]证明出：式(7.8)的每个与 t 互素的因数模 t 都为 1.

H. S. Vandiver[⑦] 注意到：如果 a 与 b 互素，那么该证明可应用于式(7.8)的齐次形式 $F_t(a,b)$.

D. Biddle[⑧] 给出了一个有缺陷的证明，即 $3\cdot2^{41}+1$为一个素数.

---

① Messenger Math., 29, 1899-1900, 145-179. The line of $N^t=53^2$ (p. 17) is incorrect.

② Math. Quest. Educat. Times, 73, 1900, 83-94. [Some errors.]

③ Mem. Pont. Ac. Nuovi Lincei, 17, 1900, 321-344; errata, 18, 1901. Cf. Sphinx-Oedipe, 5, 1910, numéro spécial, 1-9. Cf. Jahrbuch Fortschritte Math., on $a=37$.

④ Atti Accad. Pont. Nuovi Lincei, 44, 1900-1901, 89.

⑤ Proc. London Math. Soc., 34, 1901, 49.

⑥ Vorlesungen über Zahlentheorie, 1, 1901, 440-441.

⑦ Amer. Math. Monthly, 10, 1903, 171.

⑧ Messenger Math., 31, 1901-1902, 116 (error); 33, 1903-1904. 126.

The Math. Quest. Educational Times 包含了下面的因子分解：

Vol. 66(1897), p. 97, $2^{155}-1$ factor 31^2. Vol. 68(1898), p. 27, p. 112, $2^{720}-1$; p. 114, $10^{12}+4$.

Vol. 69(1898), p. 61, 382^4+1; p. 73, x^5-1, $x=500, 2\ 000$; p. 117, x^6+y^6; p. 118, $10^{18}+3^3$, $3^3 \cdot 10^{18}+1$.

Vol. 70(1899), p. 32, p. 69, $242^{10}+1$; p. 47, $320^{15}-1$; p. 64, $2^{22}+1$, $8^{14}+1$, $200^{18}+1$; p. 72, $20^{14}-1$; p. 107, $972^{15}+1$.

Vol. 71(1899), p. 63, $x^{4n+2}-1$; p. 72, x^4+y^4.

Vol. 72(1900), p. 61, $(3n)^{4n}-1$ factor $24n+1$ if prime; p. 86, $722^{10}+1$; p. 117, $1\ 440^{10}+1$.

Vol. 73(1900), p. 51, $35^{20}+1$; p. 96, $7^{11}-1$; p. 104, p. 114, x^4+y^4.

Vol. 74(1901), p. 27, a prime $2^q q+1$ divides q^k-1 if $k=2^{q-1}$; p. 86, $x^{10}-5^5y^{10}$.

Vol. 75(1901), p. 37, x^4+y^4; p. 90, 1792^7+1; p. 111, $7^{35}+1$. (Educ. Times, (2), 54, 1901, 223, 260).

Ser. 2, Vol. 1(1902), p. 46, $10\ 082^6+1$; p. 84, $x^4+\mu y^4$. Vol. 2(1902), p. 33, p. 53, N^4+1; p. 118, $11^{33}+1$.

Vol. 3(1903), p. 49, a^4+b^4 (cf. 74, 1901, 44); p. 114, a^6+1, $a=60\ 000$.

Vol. 6(1904), p. 62, $96^{18}+1$.

Vol. 7(1905), p. 62, $208^{13}-1$; p. 106-7, $2^{126}+1$.

Vol. 8(1905), p. 50, $96^{18}+1$; p. 64, $2^{126}+1$.

Vol. 10(1906), p. 36, $54^{18}+1$, $6^{54}+1$.

Vol. 12(1907), p. 54, $6^{42}+1$, $24^{30}+1$.

Vol. 13(1908), p. 63, 106-7, $3^{54}+2^{54}$.

Vol. 14 (1908), p. 17, $150^{18}+1$; p. 71, sextics; p. 96, $7^{35}+1$.

Vol. 15 (1909), p. 57, $3^{54}+2^{54}$; p. 33, $3^{111}+1$, $12^{45}+1$; p. 103, $28^{21}+1$, $44^{11}+1$, $6^{30}+1$.

Vol. 16(1909), p. 21, $19^{24}+1$.

Vol. 18(1910), p. 53-55, 102-103, x^4+4y^4; p. 69-71, x^6+27y^6; p. 93, $y^{16}-1$.

Vol. 19(1911), p. 103, $x^3+y^3=z^3+w^3$. Vol. 23 (1913), p. 92, $(x^2-Nx+N)^4+N(x^2-N)^4$.

Vol. 24(1913), p. 61-62, $x^{2y}\pm y^y$, $y=5,7,11,13$; p. 71-72, $x^{12}+2^6$, $x^{18}+3^9$, $x^{30}+3^{15}$.

Vol. 26(1914), p. 23, $x^{2k}+1$ for $k=6n+3\neq 3y$; p. 39, $x^{12}-6^6$; p. 42, $x^{10}-5^5$, $x^{14}+7^7$, $x^{22}+11^{11}$, $x^{26}-13^{13}$.

Vol. 27(1915), p. 65-66, $45^{15}-1$, $20^{25}-1$, $k^{30}+1$ for $k=6,8,10$; p. 83, x^4+4y^4(when four factors).

Vol. 28(1915), p. 72, $50^{30}+1$.

Vol. 29(1916), p. 95, $96^{18}+1$.

New series, vol. 1(1916), p. 86, $x^{20}+10^{10}$, $x^{28}+14^{14}$; p. 94-5, $x^{30}-5^{15}$, $x^{30}+15^{15}$.

Vol. 2(1916), p. 19, $x^{30}-5^{15}$.

Vol. 3(1917), p. 16, $x^{15}-y^{15}$; p. 52, $x^{11}-1$.

E. B. Escott① 给出了许多事例,当 $1+x^2$ 为素数的二次幂的一个乘积,或为这样一个乘积的两倍时.

① L'intermédiaire des math., 7, 1900, 170.

P. F. Teilhet[①] 给出了 $1+x^2$ 的事例的因子分解公式,即

$$(b^2+b+1)^2+1=((b+1)^2+1)(b^2+1)$$

$$4(c+1)^4+1=((c+2)^2+(c+1)^2)((c+1)^2+c^2)$$

其中最后一个公式对于两个平方数的两个和的积来说,为该著名公式的一种情况.

Escott[②] 重述了欧拉关于整数 x 的评论,当 $1+x^2$ 可被一个给定的素数整除时,他和 Teilhet 都注意到:b 和 $a\pm1$ 的任何公因数都整除 $\frac{(a^b\pm1)}{a\pm1}$.

G. Wertheim[③] 收集了关于 $a^m\pm1$ 的因数的定理.

G. D. Birkhoff 和 H. S. Vandiver[④] 使用了互素的两个整数 $a,b(a>b)$. 对于 n 的所有因数,定义:$V_n=a^n-b^n$ 的一个本原因数为与 V_m 互素的数. 他们证明了:如果 $n\neq2$,那么除 $n=6,a=2,b=1$ 外,V_n 都有一个不为1的本原因数.

迪克森[⑤]注意到:如果 p 为素数,那么

$$(p^4-1)(p^2-1)$$

没有模 p^3 等于1的因子.

坎宁安[⑥]给出了高次的素数

$$y^2+1,\frac{y^2+1}{2},y^2+y+1$$

① L'intermédiaire des math.,9,1902,316-318.

② Ibid.,12,1905,38;cf. 11,1904,195-196.

③ Anfangsgründe der Zahlenlehre,1902,297-303,314.

④ Annals of Math.,5,1903-1904,173.

⑤ Amer. Math. Monthly,11,1904,197,238;15,1908,90-91.

⑥ Quar. Jour. Math.,35,1904,10-21.

H. J. Woodall[1] 给出了 y^2+1 的因子.

J. W. L. Glaisher[2] 对 $2^{2r}\pm 2^r+1(r\leqslant 11)$ 进行了因子分解,并与 n 次垂足三角形与一给定三角形的相似性问题有关.

迪克森[3]给出了式(7.8)的一个新的导子,并找出了何时 $F_t(a)$ 可被 p_1 或 p_1^2 整除,其中 p_1 为 t 的一个素因子. 同时,他还证明出:如果 a 为一个大于 1 的整数,那么除了在

$$t=2,a=2^{k-1} \text{和} t=6,a=2$$

情况外,$F_t(a)$ 都有一个素因子且不整除 $a^m-1(m<t)$. 因而除了那些情况外,a^t-1 都有一个素因子,且它不整除 $a^m-1(m<t)$.

迪克森[4]将最后一个定理应用到了有限代数的理论中,并给出了 p^n-1 的因子上的实质的东西.

最后,坎宁安[5]检验了当 $n=2,4,8,16$ 时,y^n+1 的因子分解,并用对应的模 p 同余式的解的扩张表对 $n=1,2,4,8$ 的 $\frac{y^{3n+1}}{y^n+1}$ 进行了因子分解. 坎宁安也讨论了 x^n+y^n 的分解,其中 $n=4,6,8,12$.

---

① Ibid. ,p. 95.

② Ibid. ,36,1905,156.

③ Amer. Math. Monthly,12,1905,86-89.

④ Göttingen Nachrichten,1905,17-23.

⑤ Messenger Math. ,35,1905-1906,166-185;36,1907,145-174;38,1908-1909,81-104,145-175;39,1909,33-63,97-128;40,1910-1911,1-36. Educat. Times,60,1907,544;Math. Quest. Educat. Times,(2),13,1908,95-98;(2),14,1908,37-38,52-53,73-74;(2),15,1909,33-34,103-104;(2),17,1910,88,99. Proc. London Math. Soc. ,27,1896,98-111;(2),9,1910,1-14.

坎宁安[①]用 $P^2-kxyQ^2,k=5,6$ 的形式表示分式,因而将

$$\frac{\lambda(x^5-y^5)}{(x-y)}+\frac{\mu(x^6+y^6)}{(x^2+y^2)}$$

进行了分解.

迪克森和 E. B. Escott[②] 利用 $d(p^{\frac{n}{d}}-1)$,讨论了 $p^{\frac{n}{\delta}}-1$ 的整除性,其中,d 为 n 的一个因数,且 δ 为 d 的一个因数.

卡迈克尔[③]证明出:如果 $P^{\delta\alpha}-R^{\delta\alpha}$ 可被 $\delta\alpha$ 整除,并令

$$Q=\frac{P^{\alpha}-R^{\alpha}}{\alpha(P-R)}$$

那么$\frac{Q}{\delta}$为一个整数,当且仅当 α 可被下述情况中的最小整数 e 整除:P^e-R^e 可被 α 的每个素因子整除(且 α 不整除 $P-R$),并且 δ 为 Q 的一个因数. E. B. Escott[④] 给出了 $R=1$ 情况的证明.

坎宁安[⑤]制成了 $y^{105}\pm1,y=2,3,5,7,12$ 的因子表.

K. J. Sanjana[⑥] 考虑了$\frac{x^{(2n+1)k}\pm1}{x^k\pm1}$的因子.

---

① Math. Quest. Educ. Times,10,1906,58-59.

② L'intermédiaire des math. ,1906,87;1908,135;18,1911,200. Cf. Dickson.

③ Amer. Math. ,Monthly,14,1907,8-9.

④ Ibid. ,13,1906,155-156.

⑤ Report British Assoc. ,78,1908,615-616.

⑥ Proc. Edinburgh Math. Soc. ,26,1908,67-86;corrections,28,1909-10,viii.

Sanjana[①] 用其方法证明了 M. Kannan 的命题,即

$$20^{45}-1=11\times19\times31\times61\times251\times421\times3\ 001\times 261\ 451\times64\ 008\ 001\times 3\ 994\ 611\ 390\ 415\ 801\times 4\ 199\ 436\ 993\ 616\ 201$$

当 n 取不同的值时,迪克森[②]对 n^n-1 进行了因式分解.

卡迈克尔[③]使用迪克森的方法得到了一些推广.设 $Q_n(\alpha,\beta)$ 为 $F_n(a)$ 的齐次形式,令

$$n=\prod p_i^{a_i}$$

其中,p_i 为不同的素数,并且,设 c 为 n 的一个因数且为 $p_1^{a_1}$ 的一个倍数.如果 α 与 β 互素,那么 $\delta=\alpha^{\frac{n}{p_1}}-\beta^{\frac{n}{p_1}}$ 和 $Q_c(\alpha,\beta)$ 的最大公因数为 1 或 p_1,并且当 δ 包含 p_1^2 时,至少有一个 $Q_c(\alpha,\beta)$ 包含因子 p_1;如果 $p_1>2$ 整除 δ,那么至少有一个 $Q_c(\alpha,\beta)$ 包含 p_1,且 $Q_c(\alpha,\beta)$ 中没有一个包含 p_1^2.如果 α 与 β 互素,$c=mp_1^{a_1}$,其中 $m>1$ 且 m 与 p_1 互素,那么 $Q_c(\alpha,\beta)$ 被 p_1 整除当且仅当 $\alpha^x\equiv\beta^x \pmod{p_1}$ 对于 $x=m$ 时成立,但当 $0<x<m$ 时,不成立;其他情况 $Q\equiv1\pmod m$.如果 α 与 β 互素,那么 $Q_c(\alpha,\beta)$ 有一素因子,且该素因子不整除 $\alpha^s-\beta^s(s<c)$,所以也不整除 $\alpha^c-\beta^c$,但以下情况除外:

(ⅰ)$c=2,\beta=1,\alpha=2^k-1$;

(ⅱ)$Q_c(\alpha,\beta)=p=c$ 的最大素因子,且有 $\alpha^{\frac{n}{p}}=\beta^{\frac{n}{p}} \pmod p$;

① Jour. Indian Math. Club,1,1909,212.

② Messenger Math.,38,1908,14-32,and Dickson of Ch. XV.

③ Amer. Math. Monthly,16,1909,153-159.

(ⅲ) $Q_c(\alpha,\beta)=1$.

E. Miot[①] 指出:LeLasseur 的公式为

$$\left(\frac{2^{2k+1}n^2}{m}\right)^2+m^2=\prod\left(m+\frac{2^{2k+1}n^2}{m}\pm 2^{k+1}n\right)$$

在 $m=n=1$ 的情况. Welsch 陈述到:由两平方数的两个和的乘积的著名定理而得来的公式,要比 $k=0$ 的情况更一般化.

坎宁安[②]特别提到了下面的素数分解

$$2^{77}+1=3\times 43\times 617\times 683\times 78\ 233\times 35\ 532\ 364\ 099$$

坎宁安[③]讨论了拟梅森数 $N_q=x^q-y^q$,其中,$x-y=1$,q 为一素数,并给出了 $q<50$ 的小于 1 000 的素因子列表. 如果 $q>5$,那么 $x<20$;如果 $q=5$,那么 $x<50$. 同时,坎宁安还检验了 Aurifeuillians,即

$$\frac{X^q\pm Y^q}{X\pm Y},X=\xi^2,Y=q\eta^2$$

H. C. Pocklington[④] 证明出:如果 n 为素数,那么可知,除非 $x-y$ 被 n 整除,否则 $\frac{x^n-y^n}{x-y}$ 只被形如 $mn+1$形式的数整除. 从而知,$\frac{x^n-y^n}{x-y}$ 只能被 n 和形如 $mn+1$,$n(mn+1)$形式的数整除.

---

① L'intermédiaire des math. ,17,1910,102.

② Report British Assoc. for 1910,529;Proc. London Math. Soc. ,(2),8,1910,xiii.

③ Messenger Math. ,41,1911-12,119-145.

④ Proc. Cambr. Phil. Soc. ,16,1911,8.

G. Fontené[①] 指出:如果 p 为一个素数,且 x 与 y 互素,那么 $\frac{x^p-y^p}{x-y}$ 的每个素因子都具有 $kp+1$ 的形式,但以下情况除外:存在一素因子 p,使得 $x\equiv y(\mathrm{mod}\ p)$. 于是,如果 $p>2$,那么只有一次幂.

对于式(7.8),当令 $a=\frac{x}{y}$ 时,可得到齐次形式 $f_t(x,y)$. G. Fontené[②] 对 $f_t(x,y)$ 进行了研究. 如果 p^α 为素数 p 整除 n 的最高幂,那么有

$$f_n\equiv(f_{\frac{n}{p^\alpha}})^{\varphi(p^\alpha)},x^n-y^n\equiv(x_{\frac{n}{p^\alpha}}-y_{\frac{n}{p^\alpha}})^{p^\alpha}\quad(\mathrm{mod}\ p)$$

这个主要定理的证明如下所述:如果 x 与 y 互素,那么 $f_n(x,y)$ 的每个素因子都具有 $kn+1$ 的形式,除非它可被 n 的最大素因子(例如 p)整除. 如果 $p-1$ 可被 $\frac{n}{p^\alpha}$ 整除,那么它有因子 p. 并且,若 x,y 满足 $f_{\frac{n}{p^\alpha}}\equiv 0(\mathrm{mod}\ p)$,则对于每个与 p 互素的 y 来说,后者都有一个根 x 与同余式的次数相同. 特别地,如果 n 为一素数 p 的一个幂,那么 f_n 的每个素因子都具有 $kn+1$ 的形式. 但有一例外,即:存在一个因数 p,使得 $x\equiv y(\mathrm{mod}\ p)$. 从而当 $n\neq 2$ 时,只有一次幂.

J. G. van der Corput[③] 认为从 a^t+b^t 中获得的表示的因子所具的性质是:从 a^t-1 中可得到式(7.8).

A. Gérardin[④] 给出了 4 种 a^8+b^8 的因子分解情

① Nouv. Ann. Math., (4), 9, 1909, 384; proof, (4), 10, 1910, 475; 13, 1913, 384-383.

② Ibid., (4), 12, 1912, 241-260.

③ Nieuw Archief voor Wiskunde, (2), 10, 1913, 357-361.

④ Wiskundig Tijdschrift, 10, 1913, 59.

况，并得出

$$(\alpha^2+3\beta^2)^4+(4\alpha\beta)^4=\prod\{(3\alpha^2\pm 2\alpha\beta+3\beta^2)^2-2(2\alpha^2\pm 2\alpha\beta)^2\}$$

坎宁安[1]制成了 $y^4\pm 2,2y^4\pm 1$ 的因子列表.

卡迈克尔[2]最后对 $\alpha^n\pm\beta^n$ 的数值因子及式(7.8)的齐次形式进行了讨论，当 $\alpha+\beta$ 和 $\alpha\beta$ 为素整数，有时候 α,β 也可能是无理数.

A. Gérardin[3] 对 x^4+1 进行了因式分解，当 $x=373,404,447,508,804,929$ 时；还研究了下列各数

$$x^4-2(x\leqslant 50),y^4-8(y\leqslant 75)$$

$$8v^4-1(v\leqslant 25),2w^4-1(w\leqslant 37)$$

并给出了对 λa^4-1 因式分解的 10 种方法.

L. Valroff[4] 因式分解了 $2x^4-1(101\leqslant x\leqslant 180)$ 以及 $8x^4-1(x<128)$.

A. Gérardin[5] 用两种方式将 622 833 161($20^{10}+1$ 的一个因子)表示成了两平方数的和的形式，并找到其素因子 2 801 和 222 361.

坎宁安[6]制成了 $y^y\pm 1,x^{xy}\pm y^{xy}$ 的因子表，并对 $y^m\pm 1\equiv 0(\bmod p^k)$ 的解的印刷版和手抄版的表给出了描述.

---

① Messenger Math. ,43,1913-1914,34-57.

② Annals of Math. ,(2),15,1913-4,30-70.

③ Sphinx-Oedipe, 1912, 188-189; 1913, 34-44; 1914, 20, 23-28, 34-37,48.

④ Ibid. ,1914,5-6,18-19,28-30,33,37,73.

⑤ Ibid. , 39. Stated by E. Fauquembergue, l'intermédiaire des math. ,21,1914,45.

⑥ Messenger Math. ,45,1915,49-75.

坎宁安对 $x\leqslant 16$ 时，$x^y\pm y^x$ 的因子列出了表，且当 $x=2$ 或 4 时，某些 y 和 31 一样高，其中 x 与 y 互素，且 $x>1,y>1$.

坎宁安[①]注意到：当 $1<x<233$ 且 $x\neq 141$ 时，$x\cdot 2^x+1$为合数.

坎宁安和 H. J. Woodall[②] 制成了 $2^q\pm q$ 和 $q\cdot 2^q\pm 1(q\leqslant 66)$的因子表. 同时，当这四个函数中的一个可被一给定素数 p 或 p 的幂整除时，也给出了 q 的取值表. 他们证实了：当 $1<x<233$ 时，可能除 $x=141$ 之外，$x\cdot 2^x+1$ 都为合数. 附带地，当 $k\leqslant 17$ 时，$2^k\pm k-1$的因子已被给出.

三项式的因子　7 与 p 互素，从而使得$(p^2-1)^2$有 4 个更多的因子 $px+1,x<p$[③].

可因式分解的代数三项式 $x^5+xy^4+y^5$，…的目录可参看 *Math. Quest. Educ. Times*，(2)，16，1909，39-41.

$14^8+14^5+1,7^8+2\times 7^5+1$，…约因子可看见 *Ibid.*，65-6.

对于使得 $x^8+Px^4+c^8$ 为 4 个二次有理因子的一个乘积的条件可参看 *Ibid.*，(2)，18，1910，64-5；(2)，22，1912，20-1.

---

① Proc. London Math. Soc.，(2)，4，1907，xviii；(2)，15，1916-1917，xxix.

② Messenger Math.，47，1917，1-35. Math. Quest. Educ. Times，(2)，10，1906，44.

③ Math. Quest. Educat. Times，(2)，15，1909，82-83. Amer. Math. Monthly，15，1908，67，138. L'intermédiaire des math.，15，1908，121.

$x^8+(4m^4+8m^2+2)x^4y^4+y^8$ 的两因子可参看 *Sphinx-Oedipe*,6,1911,8-9.

各种三项式的表示的因子可参看 *Math. Quest. Educ. Times*,72,1900,26-8;74,1901,130-1;(2),6,1904,97;19,1911,85;20,1911,25-6,76-8;22,1912,54-61. *Math. Quest. and Solutions*,3,1917,66;4,1917,13,39;5,1918,38,50-1.

第8章 费马数与几何作图

§1 费马数与圆内接正多边形①

连云港师范高等专科学校初等教育系的王建华教授在2010年探讨了费马数与内接正多边形的关系，给出了能尺规作图的图内接正多边形的边数及推导过程.

1. 费马与费马数

费马是法国数学家，物理学家.他具有丰富的法律知识，是图卢兹著名的社会活动家和图卢兹议会的议员，担任法律顾问30余年.

费马在数学的许多分支，如数论、解析几何、概率论等方面都有重大贡献，被

① 选自《科技信息》2010年第3期.

誉为业余数学之王. 他与笛卡儿各自奠定了解析几何的基础. 他和帕斯卡一起奠定了概率论的基础. 在数论方面，费马显示出敏锐的洞察力，他提出“提出问题往往比解决问题更重要”的观点，他的几个著名预言若干年后一一被人证明. 如费马于 1640 年提出的费马小定理“若 p 为质数，$p|a$，则 $ap-1\equiv 1(\bmod p)$”. 被欧拉于 1736 年证明，并于 1760 年证明了更一般的欧拉定理“如果 $(a,m)=1$，那么 $a\varphi(m)\equiv 1(\bmod m)$”. 1637 年，费马提出的著名的费马大定理“$x^n+y^n=z^n$ $(n\geqslant 3)$ 没有正整数解”. 这一定理困扰了人们三个世纪之久，1995 年 5 月《数学年刊》上刊出怀尔斯的《模椭圆曲线与费马大定理》和 R. 泰勒与怀尔斯共同撰写的《某些代数的环论性质》的论文宣告这一定理的证明完毕. ①

费马曾提出 $F_n=2^{2^n}+1(n\geqslant 0)$ 是素数，后人称之为费马数. 但是 1732 年欧拉证明了 $F_5=2^{2^5}$ 是合数. 迄今为止对 n 大于 4 的每一个费马数 F_n，验证下来都是合数. 人们不相信费马这位天才的数学家能轻松地将诸如 100 895 598 163 这些大数分解因子，却漏掉 F_5 有 641 这个很小的因子.

费马数 $F_n=2^{2^n}+1$ 虽然并不能表示所有素数，即当 $0\leqslant n\leqslant 4$ 时，F_n 为素数，当 $n\geqslant 5$ 时，F_n 为合数，但费马数仍然很有价值，这一价值被睿智的高斯发掘. 1796 年高斯发现了尺规作正十七边形的可能性.

2. 费马数与圆内接正多边形

---

① 闵嗣鹤，严士健. 初等数论. 高等教育出版社，2000.

(1)古希腊时期已作出的圆内接正多边形. 利用二等分法等分一圆弧,可将一圆弧分为 $2,4,8,\cdots,2^n$ 等份. 由圆内接正方形出发,可以得到正八边形,……,正 2^n 边形. 由圆内接正三角形出发,可以得到正六边形,正十二边形,……,正 $3\cdot 2^n$ 边形. 正五边形的尺规作图作法如下:在单位圆(见图 8.1)中,AC 与 BD 是相互垂直的直径,E 为 AO 中点,而 $EF=EB$. 以 B 为圆心,BF 为半径作弧,截圆周于点 G,则 BG 即为正五边形之一边. $BO=1$(单位圆的半径),$EO=1/2$,$BG^2=(5-\sqrt{5})/2$. 由圆内接正五边形出发,可以得到正 $5\cdot 2^n$ 边形. 由于可作出圆内接正三角形及正五边形,而 3 与 5 又是互素数,因而圆内接正 15 边形以及任何正 $2^n\cdot 15$ 边形也都可作.

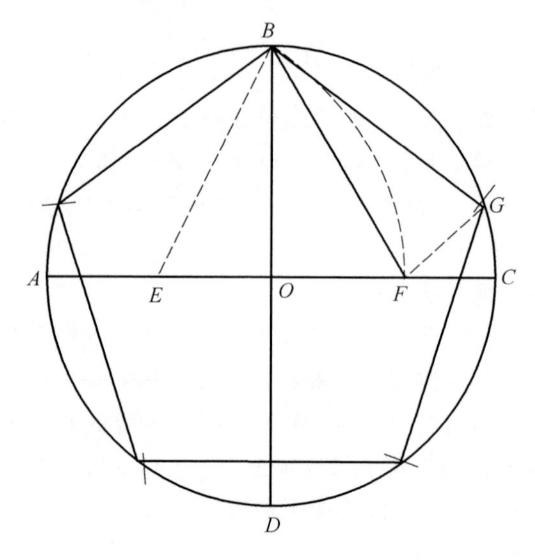

图 8.1

对任意两个给定的互素数 p,q 一定可以找到另

外两数 a，b，以使得 $pa-qb=1$，从而有 $\frac{a}{q}-\frac{b}{q}=\frac{1}{qp}$. 若5与3是给定的正整数，则 $a=2$，$b=3$，且有 $\frac{2}{3}-\frac{3}{5}=\frac{1}{15}$，于是，只要圆内接正五边形、内接正三角形已经作好，则由正三角形一边所对弧的二倍减去正五边形所对弧的三倍，其差即等于圆周长的 $\frac{1}{15}$. [①]

(2)尺规作图作出能通过有限次二次根式来表达的数量.

①尺规作图作出形如 db/c 的数量.

若令代数式 $db/c=x$，则有 $c/d=b/x$，如图8.2.

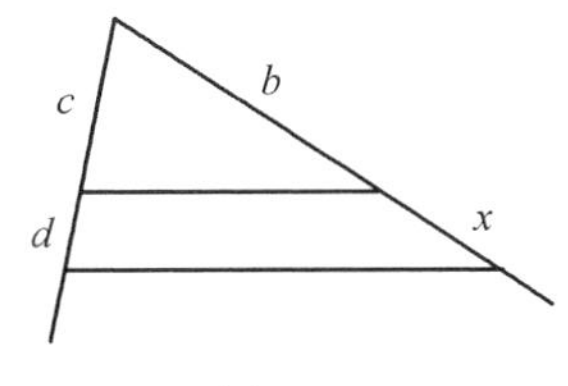

图8.2

那样作两条相交直线，并从交点开始，在一条直线上分别截取线段 c 与 d，在另一直线上截取线段 b，联结 c 与 d 之端点作一直线，并通过 d 之端点作一直线与之平行，这样，所要求的线段 x 即可得出.

②尺规作图作出形如 $\sqrt{pq}$ 的数量. 由于 $x^2=pq$，所以 x 是 p 与 q 的比例中项，这时可以先截取线段，使其长分别等于 p 与 q(见图8.3).

---

① [美]阿尔伯特·H·贝勒. 数论妙趣. 上海教育出版社.

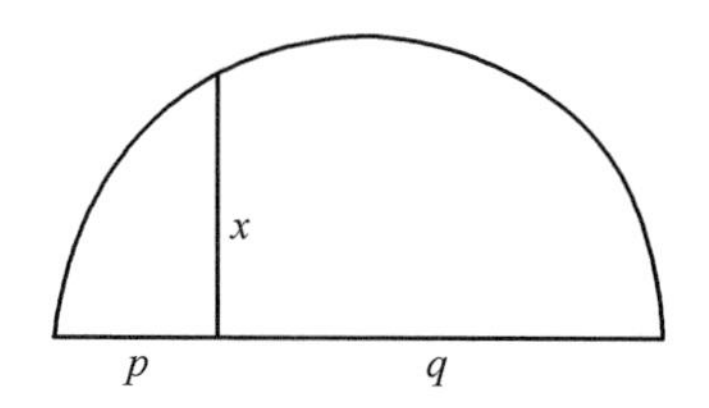

图 8.3

然后以它们的和为直径作一个半圆，并在 p，q 之连接点处作一垂线，并与半圆交于一点. 垂线的这一段即为所要求的 x，如果只要作出$\sqrt{p}$，我们可把它解释为$\sqrt{p\cdot 1}$即，$x^2=p\cdot 1$，在取好单位长与线段 p 之后，x 求出.

③尺规作图作出能通过有限次二次根式来表达的数量. 更为复杂的表达式，例如$\sqrt{p+\sqrt{pq}}+r-\sqrt{S}$也可类似地用直尺、圆规作出，例如，在单位圆中，内接正五边形的一边之长等于$\sqrt{\frac{5-\sqrt{5}}{2}}$. 图 8.4 的作法表明，线段 BG 之长便是这一代数式的几何等价物. ①

(3)能尺规作图的圆内接正多边形. 圆内接正多边形的尺规作图，仅在以下几种情况才有可能：

①正多边形之边数为 $2^{2^n}+1$ 形式的素数；

②此类素数(全是不同的)的乘积；

③2 的乘幂与一个或多个上述形式的素数之乘积.

(4)能尺规作图的圆内接正多边形的推导过程.

---

① Ball, W. W. R. Mathenatical Recreations and Essays. New York: Macmillan Co., 1939

导致高斯作出结论的，有以下一些步骤：

①若一个数量能通过有限次的二次根式来表达，则它可以由尺规作出.

②存在着以这样一些数量为其解（根）的方程，对于给定的不等根来说，只有唯一的次数为最低的方程能为这些根所满足.这一个次数最低的方程称为既约方程，因为它已不再能分解为两个或两个以上未知数的幂数为整数的因子.

③由含有有限多个二次根式所表示的量满足的既约方程的次数永远是 2 的乘幂，若一个既约方程不是 2^n 次的，则其解不可能是仅含有限多个二次根式的代数式.

④二次方程 $x^n-1=0$ 的根，在两条互相正交的轴所构成的平面坐标系（其中之一为实轴；上面的点表示实数，另一为虚轴，上面的点表示虚数）中作图时，这些根所表示的点必须等距地分布在一个单位圆的圆周上，此圆的圆心是两轴之交点，而半径为 1 个单位.

⑤对某个合数 $n=pq$，方程 $x^n-1=0$ 的根可用尺规作出，如果 $x^p-1=0$ 与 $x^q-1=0$ 的根也能用尺规作图的话，因为 $n=pq$，n 是两个互素数的乘积，所以一定可以找出两个整数 a，b，以使得 $ap-bq=1$，从而圆周可以等分成 pq 份，由此可知，在考虑圆周长能否分作 n 等份时，只要考虑 n 是素数或素数的乘幂就已足够.

⑥用尺规等分一段圆弧，这种作图法反复进行，把圆周分成 2，4，8，…，2^n 个等份，当圆周被分成 n 等

份(n 是奇数,素数或合数)从而能被分成 $2^a \cdot n$ 个等份.

⑦如果我们把方程 $x^p-1=0$(此处 p 是素数)用相当于唯一实根 $x=1$ 的因子 $x-1$ 去除,即可得出

$$(x^p-1)/(x-1)=x^{p-1}+x^{p-2}+x^{p-3}+\cdots+1=0$$

它的根便是原方程的复数根,此方程名为分圆方程,是既约方程,它的根都在单位圆的圆周上.

⑧由于分圆方程是既约方程,仅当它的次数为 2^h,才能通过二次根式求解,亦即 $p-1=2^h$,或 $p=2^h+1$.

⑨要使 $p=2h+1$ 是一素数,h 必须是 2 的 2^m 方幂.否则 h 至少有一个奇数因子 e,使 $h=ef$,而 $p=2h+1=(2^f)^e+1$,它恒有一个 2^f+1 的因子,却不是素数.

⑩当且仅当 n 取下列形式时,$2^{a_0}(2^{a_1}+1)(2^{a_2}+1)\cdots(2^{a_n}+1)$时,圆周用尺规分成 n 等份.这里,每个括号都是素数的一次方幂,而 $a_1,a_2,\cdots,a_n$ 都是不同的正整数.[①]

(5)能尺规作图的圆内接正多边形的边数.形如 $2^{2^n}+1$ 的素数仅有 3,5,17,257 与 65 537,因而,从理论上说,可以用尺规作图法作出的圆内接正多边形的边数只能是以上五个整数取法的排列组合,即 $2^5-1=31$种.这些正多边形的边数如表 8.1 所示.

---

① *Young, J. W. A. Monographs on Topics of Modern Mathematics. New York: Dover Publications, Inc.* 1955.

表 8.1

编号	多边形的边数
1	3=3
2	5=5
3	15=3×5
4	17=17
5	51=3×17
6	85=5×17
7	255=3×5×7
8	257=257
9	771=3×257
10	1 285=5×257
11	3 855=3×5×257
12	4 369=17×257
13	13 107=3×17×257
14	21 845=5×17×257
15	65 535=3×5×17×257
16	65 537=65 537
17	196 611=3×65 537
18	327 685=5×65 537
19	983 055=3×5×65 537
20	1 114 129=17×65 537
21	3 342 387=3×17×65 537
22	5 570 645=5×17×65 537

续表8.1

编号	多边形的边数
23	16 711 935＝3×5×17×65 537
24	16 843 009＝257×65 537
25	50 529 027＝3×257×65 537
26	84 215 045＝5×257×65 537
27	252 645 135＝3×5×257×65 537
28	2 866 331 152＝17×257×65 537
29	858 993 459＝3×17×257×65 537
30	1 431 655 765＝5×17×257×65 537
31	4 294 967 295＝3×5×17×257×65 537

(6)圆内接正十七边形的尺规作图法. 从理论上说,表 8.1 给出的正多边形均可以用尺规作出,但实际上做起来绝非易事. 对正十七边形的尺规作图法已经相当复杂,对正 257 边形的作图需要用去大量笔墨纸张,林根的赫密士教授为了作出正 65 537 边形,足足消耗了他一生中的十年时光.

正十七边形的一边可由以下方法给出,如图 8.4:

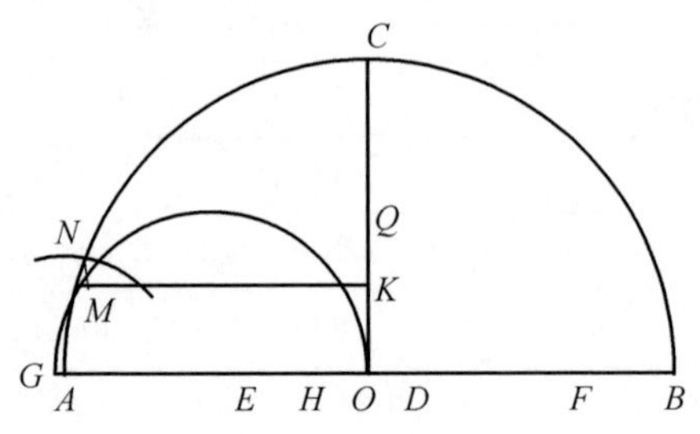

图 8.4

在半圆的半径 OC 上求出中点 Q,并在垂直于该

半径的直径上，自圆心 O 截取线段 OD，使它等于半径的 1/8. 作 DF 与 DE，使它们都等于 DQ. 又作 EG 与 FH，使之等于 EQ，FQ. 再作 OK，使它等于 OH 与 OQ 的比例中项. 过点 K 作 KM 平行于 AB，而与罩住 OG 的半圆周相交于点 M，作 MN 平行于 OC，与圆 O 相交于点 N. 则弧 AN 就是圆周长的 1/17.

§2　牛棚中的探索——欧阳维诚的作图法

关于费马数 17 的几何作图问题，高斯等人都用了复数，尽管问题已经解决，并且也算简明，但人们仍会有这样的疑问，能不能仅用实数理论给出作法呢？令人惊奇的是，这个肯定的回答竟是出自“牛棚”.

1980 年 5 月 20 日《湖南日报》发表了一篇题为《为四化选贤举能——记国防科技大学副校长孙本旺教授》的文章. 在文中有这样一段：

> “为了推荐人才，孙教授还不计个人得失，敢于冒‘风险’. 去年，他接到黔阳地区欧阳维诚寄给他的一篇数学论文，觉得颇有水平. 可是，欧阳维诚曾在一九五七年被划成‘右派’，‘文化大革命’中被开除出教师队伍，直到写这篇论文时还没有‘摘帽’，没有正式工作. 然而，‘玉裹石璞和氏苦，骥缚盐车伯乐怜’，孙教授还是毅然把欧阳维诚请到家里面谈，并让他参加省数学学会的学术讨论会. 这引起了当地有关部门的重视. 后来，当地党组织对欧阳维诚被错划‘右派’的

问题进行了改正，并把他安排到地区教学辅导站工作，使他的数学才能得到了较好的发挥.”

文中提到的欧阳维诚曾是湖南省教育出版社编审，湖南省政协常委，而文中提到的那篇文章正是关于正 17 边形作图问题的，承欧阳先生允诺，本书全文摘登如下，也算是对那个特殊年代中国人对费马有关问题研究的一点历史记载和考证吧！

使用圆规与直尺分圆为 p 等份的作图是一个古典的，但却长时期使人们极感兴趣的问题. 1801 年高斯证明了 p 等分圆可以作图的充分必要条件. 但是实际作图的方法问题以及如何判断形如 $2^{2^n}+1$ 的费马数是否为素数的问题均未完全解决. 前者涉及高深的理论和特殊的技巧，后者则是数论中悬而未决的著名难题. 本章用初等方法建立了一个等分圆的统一多项式 $f_n(x)$，从 $f_n(x)$ 的性质出发给出了高斯定理一个较简单的新证明；同时在证明的过程中给出了一个具有普遍性的实际作图方法，文中以 17 和 257 等分圆为例作出说明.

§3　$f_n(x)$ 的定义及其与等分圆的关系

定义 8.1　在区间 $[-2,2]$ 上令 $x=2\cos\varphi$，递推定义

$$\begin{cases} f_0(x)=1, f_1(x)=x \\ f_n(x)=xf_{n-1}(x)-f_{n-2}(x), n=2,3,\cdots \end{cases} \tag{8.1}$$

从式(8.1)出发可以顺次写出各个 $f_n(x)$，如

$$f_2(x)=xf_1(x)-f_0(x)=x^2-1$$
$$f_3(x)=xf_2(x)-f_1(x)=x(x^2-1)-x=x^3-2x$$
$$\vdots$$

但易于证明 $f_n(x)$ 的一般表达式是

$$f_n(x)=x^n-C_{n-1}^1x^{n-2}+C_{n-2}^2x^{n-4}+\cdots+(-1)^{[\frac{n}{2}]}C_{n-[\frac{n}{2}]}^{[\frac{n}{2}]}x^{n-2[\frac{n}{2}]}=\sum_{k=0}^{[\frac{n}{2}]}(-1)^kC_{n-k}^kx^{n-2k} \tag{8.2}$$

此处 $[\frac{n}{2}]$ 表示不超过 $\frac{n}{2}$ 的最大整数.

证明　当 $n=2$ 时

$$f_2(x)=x^2-1=x^2-C_{2-1}^1x^{2-2}$$

当 $n=3$ 时

$$f_3(x)=x^3-2x=x^3-C_{3-1}^1x^{3-2}$$

式(8.2)均成立.设对于一切小于 n 的自然数式(8.2)都成立,即 $f_{n-1}(x)$ 的第 $k+1$ 项为

$$(-1)^kC_{(n-1)-k}^kx^{(n-1)-2k}=(-1)^kC_{n-k-1}^kx^{n-2k-1}$$

而 $f_{n-2}(x)$ 中的第 k 项为

$$(-1)^{k-1}C_{(n-2)-(k-1)}^{k-1}x^{(n-2)-2(k-1)}=(-1)^{k-1}C_{n-k-1}^kx^{n-2k}$$

根据 $f_n(n)=xf_{n-1}(x)-f_{n-2}(x)$ 知 $f_n(x)$ 的第 $k+1$ 项为

$$x(-1)^kC_{n-k-1}^kx^{n-2k-1}-(-1)^{k-1}C_{n-k-1}^{k-1}x^{n-2k}=$$
$$(-1)^k(C_{n-k-1}^k+C_{n-k-1}^{k-1})x^{n-2k}=(-1)^kC_{n-k}^kx^{n-2k}$$

而且 $f_n(x)$ 的项数为 $f_{n-2}(x)$ 的项数加 1(退后一位),即 $[\frac{n-2}{2}]+1+1=[\frac{n}{2}]+1$,故公式(8.2)对一切自然数 n 成立.

利用公式(8.2)可以直接写出第 n 个 $f_n(x)$,如

$$f_8(x)=x^8-C_7^1x^6+C_6^2x^4-C_5^3x^2+C_4^4=$$
$$x^8-7x^6+15x^4-10x^2+1$$

$f_n(x)$有许多有趣的性质和应用,本章只介绍其与等分圆有关的一些性质.

定理 8.1 对一切自然数 n,$f_n(x)$有 n 个实根,它们是

$$x_k=2\cos\frac{k\pi}{n+1},k=1,2,\cdots,n \tag{8.3}$$

证明 先证明一个恒等式

$$\sin\varphi f_n(x)=\sin(n+1)\varphi \tag{8.4}$$

当 $n=0$ 时,$\sin\varphi f_0(x)=\sin\varphi\cdot 1=\sin\varphi$.

当 $n=1$ 时,$\sin\varphi f_1(x)=\sin\varphi\cdot x=\sin\varphi\cdot 2\cos\varphi=\sin 2\varphi$ 均成立,若式(8.4)对一切小于 k 的自然数成立,则当 $n=k$ 时

$$\sin\varphi f_k(x)=\sin\varphi(xf_{k-1}(x)-f_{k-2}(x))=$$
$$x\sin\varphi f_{k-1}(x)-\sin\varphi f_{k-2}(x)=$$
$$2\cos\varphi\sin k\varphi-\sin(k-1)\varphi=\sin(k+1)\varphi \tag{8.5}$$

式(8.4)也成立.故式(8.5)对一切自然数 n 成立.

今在式(8.3)中任取 $x_k=2\cos\frac{k\pi}{n+1}$,代入式(8.4)便有

$$\sin\frac{k\pi}{n+1}f_n(x_k)=\sin(n+1)\frac{k\pi}{n+1}=\sin k\pi=0$$

但当 $k=1,2,\cdots,n,0<\frac{k\pi}{n+1}<\pi,\sin\frac{k\pi}{n+1}\neq 0$,故必有 $f_n(x_k)=0$. 即 x_k 是 $f_n(x)$的根.另外,在$(0,\pi)$内,$\cos\varphi$ 单调下降,当 $k_1\neq k_2,x_{k_1}\neq x_{k_2}$,故式(8.3)中的 n 个数互不相同,n 次多项式 $f_n(x)$不再有另外的根.

证毕.

现在我们建立 $f_n(x)$ 与等分圆的关系，设 O 为单位圆，BA_0 为直径，$A_0,A_1,\cdots,A_k,\cdots,A_j,\cdots,A_n$ 分别为圆的 $n+1$ 个等分点. 若 n 为偶数，则 B 不是分点；当 n 为奇数，$n=2m+1$，则 B 是第 $m+1$ 个分点.

任取一分点 A_k，联结 BA_k，则 $\angle A_0BA_k$ 可以看作是以 BA_0 为始线绕点 B 旋转所生成的角，显然

$$\angle A_0BA_k=\varphi_k=\frac{k\pi}{n+1},k=1,2,\cdots,n$$

今规定线为 BA_k 在 BA_0 之上方(即 $k<\frac{n+1}{2}$ 或 $\varphi_k<\frac{\pi}{2}$)时为正；在 BA_0 之下方(即 $k>\frac{n+1}{2}$ 或 $\varphi_k>\frac{\pi}{2}$)时为负(特例：当 $n=2m+1$，B 为第 $m+1$ 个分点，$m+1=\frac{n+1}{2}$，$\varphi_{m+1}=\frac{\pi}{2}$，$BA_{m+1}=0$)，因为 $BA_0=2$，所以

$$BA_k=2\cos\frac{k\pi}{n+1}=x_k,k=1,2,\cdots,n \tag{8.6}$$

诸线为 BA_k 恰好是 $f_n(x)=0$ 的 n 个根. 故有定理 8.2.

定理 8.2　若 $p=n+1$，p 等分圆可以作图的充分必要条件是方程 $f_n(x)=0$ 的 n 个根都可以作图.

例 8.1　求作圆内接正五边形.

解　$f_4(x)=x^4-C_3^1x^2+C_2^2=x^4-3x^2+1=(x^2-x-1)(x^2+x-1)$，解方程 $f_4(x)=0$，求得其四个根为

$$x_1=\frac{1+\sqrt{5}}{2},x_2=\frac{-1+\sqrt{5}}{2}$$

$$x_3=\frac{1-\sqrt{5}}{2},x_4=\frac{-1-\sqrt{5}}{2}$$

作圆的直径 BA_0，以 B 为圆心，x_1 为半径画弧交圆于 A_1，则 A_0A_1 为圆内接正五边形的一边. 与我们通常用的黄金分割法一致.

下面继续介绍 $f_n(x)$ 的几个简单性质，然后利用这些性质证明高斯定理.

§4 $f_n(x)$的几个简单性质

由上节的式(8.2)及定理 8.1 知，$f_n(x)$ 必可写成下面的形式，即

$$f_n(x)=\begin{cases} f_{2m}(x)=(x-x_1)(x-x_2)\cdot\cdots\cdot \\ \qquad (x-x_m)(x-x_{m+1})\cdots(x-x_{2m}) \\ f_{2m+1}(x)=x(x-x_1)(x-x_2)\cdot\cdots\cdot \\ \qquad (x-x_m)(x-x_{m+1})\cdot\cdots\cdot \\ \qquad (x-x_{2m+1}) \end{cases}$$

当 $n=2m$ 时，我们有

$$x_1=2\cos\frac{\pi}{2m+1}=-2\cos\frac{2m\pi}{2m+1}=-x_{2m}$$

$$x_2=2\cos\frac{2\pi}{2m+1}=-2\cos\frac{(2m-1)\pi}{2m+1}=-x_{2m-1}$$

$$\vdots$$

$$x_m=2\cos\frac{m\pi}{2m+1}=-2\cos\frac{(m+1)\pi}{2m+1}=-x_{m+1}$$

同样地，当 $n=2m+1$ 时，有

$$x_1=-x_{2m+1},x_2=-x_{2m},\cdots,x_m=-x_{2m+2},x_{m+1}=0$$

故上式的 $f_n(x)$ 又可写成

$$f_n(x)=\begin{cases} f_{2m}(x)=(x^2-x_1^2)(x^2-x_2^2)\cdots(x^2-x_m^2) \\ f_{2m+1}(x)=x(x^2-x_1^2)(x^2-x_2^2)\cdots(x^2-x_m^2) \end{cases}$$

现在令 $$f_{2m+1}(x)=x\cdot f'_{2m+1}(x)$$

则 $$f'_{2m+1}(x)=(x^2-x_1^2)(x^2-x_2^2)\cdots(x^2-x_m^2)$$

如果在 $f_{2m}(x)$ 和 $f'_{2m+1}(x)$ 中用 $x^2=4-y^2$ 代入，并且用 $y-2$ 代替 $f_{2m+1}(x)$ 中第一个因式 x，便得到一个关于 y 的 n 次多项式，记作 $g_n(y)$，注意到

$$4-x_k^2=4-(2\cos\frac{k\pi}{n+1})^2=4\sin^2\frac{k\pi}{n+1}=y_k^2$$

此处置 $y_k=2\sin\frac{k\pi}{n+1}$. 于是，$g_n(y)$ 可写作

$$g_n(y)=\begin{cases}g_{2m}(y)=(y_1^2-y^2)(y_2^2-y^2)\cdot\cdots\cdot\\ \qquad(y_m^2-y^2)=(-1)^m=\\ \qquad(y^2-y_1^2)(y^2-y_2^2)\cdot\cdots\cdot\\ \qquad(y^2-y_m^2)\\ g_{2m+1}(y)=(y-2)(y_1^2-y^2)(y_2^2-y^2)\cdot\cdots\cdot\\ \qquad(y_m^2-y^2)=(-1)^m=\\ \qquad(y-2)(y^2-y_1^2)(y^2-y_2^2)\cdot\cdots\cdot\\ \qquad(y^2-y_m^2)=\\ \qquad(y-2)=2m+1(y)\end{cases}$$

显然 $g_n(y)$ 的 n 个根是 $y_k=\pm2\sin\frac{k\pi}{n+1}(k=1,2,\cdots,m)$ 和 $y_{m+1}=2$(当 $n=2m+1$). 现在来确定 $g_n(y)$ 的系数.

首先，当 $n=2m+1$ 时，将 $x^2=4-y^2$ 代入 $f'_{2m+1}(x)$ 中，得

$$g'_{2m+1}(y)=(-1)^m(y^2-y_1^2)(y^2-y_2^2)\cdots(y^2-y_m^2)$$

但若直接将 $x^2=y^2$ 代入 $f'_{2m+1}(x)$ 中，则得

$$f'_{2m+1}(y)=(y^2-x_1^2)(y^2-x_2^2)\cdots(y^2-x_m^2)$$

因为

$$x_1^2=2\cos^2\frac{\pi}{2m+2}=2\sin^2(\frac{\pi}{2}-\frac{\pi}{2m+2})$$

$$=2\sin\frac{m\pi}{2m+2}=y_m^2$$

$$x_2^2=2\cos^2\frac{2\pi}{2m+2}=2\sin^2(\frac{\pi}{2}-\frac{2\pi}{2m+2})$$

$$=2\sin\frac{(m-1)\pi}{2m+2}=y_{m-1}^2$$

$$\vdots$$

$$x_m^2=2\cos^2\frac{m\pi}{2m+2}=2\sin^2(\frac{\pi}{2}-\frac{m\pi}{2m+2})$$

$$=2\sin\frac{\pi}{2m+2}=y_1^2$$

所以 $f'_{2m+1}(y)=(y^2-y_1^2)(y^2-y_2^2)\cdots(y^2-y_m^2)$

因此 $g'_{2m+1}(y)$ 与 $f'_{2m+1}(y)$ 只相差一个符号 $(-1)^m$. 故若用 $a_{m,k}$ 表 $g'_{2m+1}(y)$ 中第 $k+1$ 项的系数，则 $a_{m,k}$ 就是 $f'_{2m+1}(x)$ 的第 $k+1$ 项的系数 $(-1)^k C_{(2m+1)-k}^k$ 再乘以符号 $(-1)^m$. 即 $a_{m,k}=(-1)^{m+k}C_{2m+1-k}^k$.

再看 $g_{2m}(y)$ 的系数是怎样的？因为

$$f_{2m+1}(x)=xf'_{2m+1}(x)=xf_{2m}(x)-f_{2m-1}(x)=$$
$$xf_{2m}(x)-xf'_{2(m-1)+1}(x)$$

所以 $$f_{2m}(x)=f'_{2m+1}(x)+f'_{2(m-1)+1}(x)$$

所以 $$g_{2m}(y)=g'_{2m+1}(y)+g'_{2(m-1)+1}(y)$$

故若令 $g_{2m}(y)$ 的第 $k+1$ 项系数为 $b_{m,k}$，则

$$b_{m,k}=a_{m,k}-a_{(m-1),(k-1)}=$$
$$(-1)^{m+k}C_{(m+1)-k}^k-$$
$$(-1)^{m+k-1}C_{2(m-1)+1-(k-1)}^{k-1}=$$
$$(-1)^{m+k}(C_{2m+1-k}^k+C_{2m-k}^{k-1})=$$
$$(-1)^{m+k}(\frac{2m+1-k}{k}C_{2m-k}^{k-1}+C_{2m-k}^{k-1})=$$

$$(-1)^{m+k}\frac{2m+1}{k}C_{2m-k}^{k-1}$$

去掉公因数$(-1)^m$后，上述结果可以归结为定理 8.3.

定理 8.3　令

$$\begin{cases}a_{m,0}=1,a_{m,k}=(-1)^k C_{(2m+1)-k}^{k}\\ b_{m,0}=1,b_{m,k}=(-1)^k\dfrac{2m+1}{k}C_{2m-k}^{k-1}\end{cases}$$

则由下式决定 n 次多项式 $g_n(y)$，即

$$g_n(y)=\begin{cases}g_{2m}(y)=\sum\limits_{k=0}^{m}b_{m,k}y^{2m-2k}\\ g_{2m+1}(y)=(y-2)g'_{2m+1}(y)=\\ \qquad (y-2)\sum\limits_{k=0}^{m}a_{m,k}y^{2m-2k}\end{cases}\tag{8.7}$$

有 n 个实根，它们是

$$y_k=\begin{cases}\pm 2\sin\dfrac{k\pi}{n+1}\\ n=2m,k=1,2,\cdots,m\\ \pm 2\sin\dfrac{k\pi}{n+1}\text{和 } y_{m+1}=2\\ n=2m+1,k=1,2,\cdots,m\end{cases}$$

易知 $A_0A_k=2\sin\dfrac{k\pi}{n+1}=y_k$，故有下述推论.

推论 8.1　若 $p=n+1$，则 p 等分圆可以作图的充分必要条件是多项式 $g_n(y)$ 的 n 个根都可作图.

定理 8.4　若 $m+1$ 是 $n+1$ 的因数，则 $f_m(x)$ 整除 $f_n(x)$，$g_m(y)$ 整除 $g_n(y)$.

证明　设 $n+1=q(m+1)$，$f_m(x)$ 的 m 个根是

$$x_k=2\cos\frac{k\pi}{m+1}=2\cos\frac{qk\pi}{q(m+1)}=2\cos\frac{qk\pi}{n+1}$$

此处 $1\leqslant k\leqslant m$，所以 $1<qk<n$，故 x_k 也是 $f_n(x)$ 的根.

既然 $f_m(x)$ 的所有根均为 $f_n(x)$ 的根，必有 $f_m(x)\mid f_n(x)$. 又由 $g_m(y)$ 与 $g_n(y)$ 的定义即知同时 $g_m(y)\mid g_n(y)$. 证毕.

定理 8.5 若 $2m+1$ 为一素数，则 $g_{2m}(y)$ 为一不可约多项式.

证明 因 $g_{2m}(y)$ 中除最高次项系数为 1 外，其余各项的系数 $b_{m,k}=(-1)^k\dfrac{2m+1}{k}\mathrm{C}_{2m-k}^{k-1}$ 都是整数，$2m+1$ 为素数，k 与 $2m+1$ 没有公因数，必 $k\mid \mathrm{C}_{2m-k}^{k-1}$，从而知 $(2m+1)\mid b_{m,k}$. 而常数项 $b_{m,m}=(-1)^m\dfrac{2m+1}{m}\mathrm{C}_m^{m-1}=(-1)^m(2m+1)$ 不能被 $(2m+1)^2$ 整除，故由艾森斯坦判别法，$g_{2m}(y)$ 不可约.

定理 8.6 令 $p_1=2m_1+1$ 为一素数，$p=p_1^2=2m+1$，那么 $g_{2m}(y)=g_{2m_1}(y)G(y)$，其中 $G(y)$ 是一个 $p_1(p_1-1)$ 次不可约多项式.

证明 因 $(2m_1+1)\mid(2m+1)$，故有 $g_{2m}(y)=g_{2m_1}(y)G(y)$（定理 8.4），$G(y)$ 的次数显然为 $2m-2m_1=p_1(p_1-1)$. 令

$$g_{2m}(y)=b_{m,m}+b_{m,m-1}y^2+b_{m,m-2}y^4+\cdots+b_{m,m-p_1}y^{2p_1}+\cdots+y^{2m}$$

$$g_{2m_1}(y)=b_{m_1,m_1}+b_{m_1,m_1-1}y^2+b_{m_1,m_1-2}y^4+\cdots+y^{2m_1}$$

$$G(y)=a_0+a_1y^2+a_2y^4+\cdots+a_iy^{2i}+\cdots+a_{m-m_1-1}y^{2m-2m_1-2}+y^{2m-2m_1}$$

此处 $i=p_1-m_1$. $g_{2m_1}(y)$ 中除 y^{2m_1} 一项外，其余各项的系数 $b_{m_1,k}$ 均有 $p_1=b_{m_1,k}$，但 $p_1^2\nmid b_{m_1,m_1}$ 在 $g_{2m}(y)$ 中除 y^{2m} 一项外，其系数 $b_{m,k}=\dfrac{p_1^2}{k}\mathrm{C}_{2m-k}^{k-1}$，因 p_1 为素数，在 1,

$2,\cdots,2m$ 中，若 $k\neq1$，当且仅当 $k=p_1$ 时，$k\mid p_1^2$，故在其余各项均有 $k\mid C_{m-k}^{k-1}$，从而 $p_1^2\mid b_{m,k}$，当 $k=p_1$，$p_1\mid b_{m,m-p_1}$.

比较 $g_{2m}(y)=g_{2m_1}(y)G(y)$ 两边的系数

$$b_{m,m}=a_0b_{m_1,m_1}$$

$$b_{m,m-1}=a_1b_{m_1,m_1}+a_0b_{m_1,m_1-1}$$

$$\vdots$$

$$b_{m,m-p_1}=a_i1+a_{i+1}b_{m_1,1}+a_{i+2}b_{m_1,2}+\cdots$$

$$\vdots$$

因为 $b_{m,m}=(-1)^m p_1^2$，$b_{m_1,m_1}=(-1)^{m_1}p_1$，故 $p_1\mid a_0$，$p_1^2\nmid a_0$.

$p_1^2\mid b_{m,m-1}$，$p_1\mid b_{m_1,m_1}$，$p_1\mid b_{m_1,m_1-1}$，$p_1\mid a_0$，但 $p_1^2\mid b_{m_1,m_1}$，故必 $p_1\mid a_1$.

如此继续可得 $p_1\mid a_2,\cdots,p_1\mid a_{i-1}$，而对 a_i 有

$$b_{m,m-p_1}=a_i1+a_{i+1}b_{m_1,1}+a_{i+2}b_{m_1,2}+\cdots$$

因 $p_1\mid b_{m,m-p_1}$，$p_1\mid b_{m_1,1}$，$p_1\mid b_{m_1,2}$，$\cdots$，故亦有 $p_1\mid a_i$.

同法可推出，$p_1\mid a_{i+1}$，$p_1\mid a_{i+2}$，$\cdots$.

最后即得 $p_1\mid a_0$，$p_1\mid a_1$，$\cdots$，$p_1\mid a_{m-m_1-1}$，但 $p_1^2\nmid a_0$，故 $G(y)$ 为一 $p_1(p_1-1)$ 次不可约多项式.

定理 8.7　设 n 为偶数，$n=2m$，则方程

$$F_m(x)=f_m(x)+f_{m-1}(x)=0 \tag{8.8}$$

的根是

$$z_k=(-1)^k2\cos\frac{k\pi}{n+1},k=1,2,\cdots,m \tag{8.9}$$

并且

$$z_1+z_2+\cdots+z_m=\sum_{k=1}^{m}z_k\equiv-1 \tag{8.10}$$

证明 先证明 $F_m(x)$ 的 m 个根是

$$x_k=2\cos\frac{k\pi}{n+1},k=2,4,\cdots,2m \qquad (8.11)$$

因为

$$(m+1)\frac{k\pi}{n+1}+m\cdot\frac{k\pi}{n+1}=(2m+1)\frac{k\pi}{n+1}=k\pi$$

当 k 为偶数时

$$\sin(m+1)\frac{k\pi}{n+1}+\sin m\frac{k\pi}{n+1}=0$$

令 $\varphi=\frac{k\pi}{n+1}$，$x_k=2\cos\varphi=2\cos\frac{k\pi}{n+1}$，由上节中恒等式(8.4)有

$$\sin\frac{k\pi}{n+1}f_m(x_k)+\sin\frac{k\pi}{n+1}f_{m-1}(x_k)=$$

$$\sin\frac{k\pi}{n+1}F_m(x_k)=0$$

因为 $\sin\frac{k\pi}{n+1}\neq 0$，故 $F_m(x)=0$. 式(8.11)中 m 个不同实数为 $F_m(x)$ 的 m 个根. 对于式(8.11)中的 $k=2i\leqslant m$时

$$x_k=2\cos\frac{k\pi}{n+1}=(-1)^k2\cos\frac{k\pi}{n+1}=z_k$$

$k=2j>m$ 时，令 $k'=(2m+1)-2j$，则 $k'\leqslant m$ 且为奇数，即

$$x_k=2\cos\frac{k\pi}{n+1}=-2\cos\frac{k'\pi}{n+1}=$$

$$(-1)^{k'}2\cos\frac{k'\pi}{n+1}=z_{k'}$$

故式(8.11)中 m 个 x_k 可写成式(8.9).

又 $F_m(x)$ 中第二项即 $f_{m-1}(x)$ 的首项，系数恒为

1,故式(8.10)成立,即 $\sum_{k=1}^{m} z_k \equiv -1$. 证毕.

$F_m(x)$及其根的表达式(8.9)比 $f_n(x)$的应用更为方便.

推论 8.2　若 $p=2m+1$,则 p 等分圆可以作图的充分必要条件是 $F_m(x)$的 m 个根可以作图.

例如在上节的例中,求作圆内接正五边形,不用 $f_4(x)=0$ 而用 $F_2(x)=f_2(x)+f_1(x)=x^2+x-1=0$ 将更为方便.

定义 8.2　若 $p=2m+1$,i 为 j 对模 p 的余数,若

$$j=rp+i \text{ 或 } j=rp-i \text{ 且 } i\leqslant m \tag{8.12}$$

已作 $i=\bar{j}(p)$,对指定的模 p,简写作 $i=j$.如此定义的 j 难以确定,实际上用 p 除 j,余数 i 和 $p-i=i'$都唯一确定,于是

$$j=rp+i \text{ 或 } j=(r+1)p-i'=r'p-i'$$

若 $i\leqslant m$,$\bar{j}=i$;若 $i>m$,则 $i'\leqslant m$,$\bar{j}=i'$.

根据式(8.12)不难验证,下列运算规则成立,即

$$\overline{i\cdot j}=\overline{\bar{i}\cdot\bar{j}},\ \overline{a^{i+j}}=\overline{\overline{a^i}\cdot\overline{a^j}},\ \overline{(a^i)^j}=\overline{\overline{(a^i)}^j}$$

定理 8.8　令 $z_k=(-1)^k 2\cos\dfrac{k\pi}{2m+1}$,$i$,$j$ 为任意的自然数,则对模 $p=2m+1$,有恒等式

$$\begin{cases} z_i=z_{-i}=z_{\bar{i}} \\ z_i\cdot z_j=z_{i-j}+z_{i+j}=z_{\overline{i-j}}+z_{\overline{i+j}} \end{cases} \tag{8.13}$$

证明　由定义得

$$i=rp\pm i$$

$$z_i=(-1)^i 2\cos\frac{(rp\pm\bar{i})\pi}{p}=$$

$$\begin{cases}(-1)^{i-rp}2\cos\dfrac{\bar{i}\pi}{p}=(-1)^{\bar{i}}2\cos\dfrac{\bar{i}\pi}{p}=z_{\bar{i}},r\text{ 为偶数}\\ -(-1)^{i-rp}(-2\cos\dfrac{\bar{i}\pi}{p})=\\ (-1)^{\bar{i}}2\cos\dfrac{\bar{i}\pi}{p}=z_{\bar{i}},r\text{ 为奇数}\end{cases}$$

$$z_i\cdot z_j=(-1)^i 2\cos\frac{i\pi}{p}\cdot(-1)^i 2\cos\frac{j\pi}{p}=(-1)^{i+j}\cdot$$

$$2(\cos\frac{(i-j)\pi}{p}+\cos\frac{(i+j)\pi}{p})=$$

$$(-1)^{i-j}2\cos\frac{(i-j)\pi}{p}+$$

$$(-1)^{i+j}2\cos\frac{(i+j)\pi}{p}=z_{i-j}+z_{i+j}=$$

$$z_{\overline{i-j}}+z_{\overline{i+j}}$$

定理 8.9 若 $2m+1$ 为素数,必有正整数 a 存在,使由式(8.9)表示的 $F_m(x)$ 的 m 个根

$$z_1,z_2,\cdots,z_k,\cdots,z_m$$

经过适当排列后(对模 $p=2m+1$)可写成

$$z_{\overline{a^0}},z_{\overline{a^1}},\cdots,z_{\overline{a^k}},\cdots,z_{\overline{a^{m-1}}} \tag{8.14}$$

证明 由数论知识知道 p 为素数必有一原根 $a^{[k]}$,即有 a 存在,使满足 $a^k=rp+1$ 的最小正数 k 是 $2m$.

现在我们证明,对 p 的一个原根 a,$\overline{a^0}$,$\overline{a^1}$,$\cdots$,$\overline{a^{m-1}}$恰好是 $1,2,\cdots,m$ 这 m 个数.

因为$(a,p)=1$,故$\overline{a^k}\neq 0$,且由定义$\overline{a^k}\leqslant m$,故只要证明$\overline{a^0}$,$\overline{a^1}$,$\cdots$,$\overline{a^{m-1}}$这 m 个数中没有两个相同就可以

了. 设有 $k_2>k_1$,且$\overline{a^{k_1}}=\overline{a^{k_2}}=b$,则令 $k=k_2-k_1$,显然 $0<k<m$,依定义有

$$a^{k_1}=r_1p\pm b, b^{k_2}=r_2p\pm b$$

即得
$$a^{k_2}\pm a^{k_1}=(r_2\pm r_1)p$$

或
$$a^{k_1}(a^k\pm 1)=r_3p$$

因为$(a^{k_1},p)=1$,故 $a^{k_1}\mid r_3$,便可得 $a^k=r_4p\pm 1$,即得 $a^{2k}=(r_4p\pm 1)^2=rp+1$. 因为 $k\neq 0$,必 $2k\geqslant 2m$,矛盾. 故$\overline{a^{k_1}}\neq\overline{a^{k_2}}$,定理得证.

有了上述准备就可以证明高斯定理了.

§5　高斯定理的证明

定理 8.10　p 等分圆可以作图的充分必要条件是 p 可写成

$$p=2^k p_1 p_2\cdots p_i, k, i\in\mathbf{N} \tag{8.15}$$

的形式,p_i 为 $q^{2^t}+1$ 型的素数且没有两个相等.

证明　因 2^k 等分一个圆或弧总是可作图的,故可不计,只对 $p=p_1p_2\cdots p_i$ 型的数加以证明即可. 以后用"p 可作"代替"p 等分圆可以作图".

(1)先证明条件的必要性.

①任取 $p_i=2m_i+1$,若 p_i 可作,则由推论 8.1 知,$g_{2m_i}(y)$的所有根可以作图. 因 p_i 为素数,由上节定理 8.5 知 $g_{2m_i}(y)$既约,故 $g_{2m_i}(y)$必为 2^k 次,即 $2m_i=2^k$,$p_i=2^k+1$. 若 $k\neq 2^t$,则有大于 1 的奇数 q,使 $k=q2^s$,令 $2^{2^s}=a$,便有

$$p_i=2^k+1=2^{q2^s}+1=(a)^q+1=$$

$$(a+1)(a^{q-1}-a^{q-2}+\cdots)$$

故必 $k=2^t$，即 $p_i=2^{2^t}+1$，与 p_i 为素数矛盾.

今若 p 可作，必每一 p_i 可作，因此 $p_1,p_2,\cdots,p_i$ 都必须是 $2^{2^t}+1$ 型的素数.

②若 $p_1,p_2,\cdots,p_i$ 中有两个相等，如 $p_1=p_2$，令 $p_1=2m_1+1,p'=p_1p_2=p_1^2=(2m_1+1)^2=2m+1$. 由定理 8.6 知，$g_{2m}(y)$ 有一个既约因式 $G(y)$，其次数为 $p_1(p_1-1)$. 但因 $p_1=2^{2^t}+1=2^k+1$，所以 $p_1(p_1-1)=p_1\cdot 2^k\neq 2^s$，故 $g_{2m}(y)$ 的根不可作图，从而由推论 8.1，$p'=p_1p_2$ 不可作，p' 既已不可作，则 p 必不可作，故 p_1 不能等于 p_2.

(2)证明条件的充分性.

①首先，若 $p_1,p_2,\cdots,p_i$ 均可作，因 p_i 为素数且互不相同，故 $(p_1,p_2)=1$，必有 a,b 存在，使

$$ap_1+bp_2=1$$

或

$$\frac{a}{p_2}+\frac{b}{p_1}=\frac{1}{p_1p_2}$$

令 p_1 和 p_2 可作，故 p_1p_2 可作. 又因仍有 $(p_1p_2,p_3)=1$，故 $p_1p_2p_3$ 可作，……，最后 $p=p_1p_2\cdots p_i$ 可作.

②因此只要证对素数 $p=\alpha^{\alpha^t}+1$，p 可作则充分性得证. 令 $p=2m+1$，取 p 的原根 a，将 $F_m(x)$ 的 m 个根依定理 8.9 排列成

$$z_1,z_{a^1},z_{a^2},\cdots,z_{a^k},\cdots,z_{a^{m-1}}\ (z_{a^k}=z_{\overline{a^k}})\quad (8.16)$$

因为 $a^{2m}=rp+1$，$(a^m-1)(a^m+1)=rp$ 有 $a^m=r_1p-1$，知 $\overline{a^m}=1$. 引进记号

$$\begin{cases}r_1=\overline{a^1},r_k=\overline{r_{k-1}^2}=\overline{a^{2^{k-1}}}\\ q_1=m,q_k=\dfrac{1}{2}q_{k-1}=\dfrac{m}{2^{k-1}}\end{cases}\quad (\overline{(r_k)^{q_k}}=\overline{a^m}=1)$$

$$(8.17)$$

现将式(8.16)中的 m 个数按下法进行分组.

i. m 个数一组,共分一组,称为"一级分组",记作

$$\eta_i^{(1)} = z_1 + z_{a^1} + z_{a^2} + z_{a^3} + \cdots + z_{a^{m-1}} = z_1 + z_{r_1^1} + z_{r_1^2} + \cdots + z_{r_1^{q-1}}$$

ii. 取 $\eta_i^{(1)}$ 中相隔一项的数相加,分 $\eta_i^{(1)}$ 为二组,每组有 $q_2 = \dfrac{m}{2}$ 个数,称为"二级分组",记作

$$\begin{cases} \eta_i^{(2)} = z_1 + z_{r_1^2} + z_{r_1^4} + \cdots + z_{r_1^{2(q_1-1)}} = \\ \qquad z_1 + z_{r_2} + z_{r_2^2} + \cdots + z_{r_2^{q_2-1}} \\ \eta_{ik}^{(2)} = z_{r_1} + z_{r_1^3} + z_{r_1^5} + \cdots + z_{r_1^{2(q_1-1)}} = \\ \qquad z_{r_1} + z_{r_1 r_2} + z_{r_1 r_2^2} + \cdots + z_{r_1 r_2^{q_2-1}} \end{cases}$$

如此继续分下去,因 $m = 2^{2^t} - 1$,这样的分组一直可进行到 2^t 次. 一般地,对一个"$k-1$ 级分组",记作

$$\eta_i^{(k-1)} = z_i + z_{ir_{k-1}} + z_{ir_{k-1}^2} + \cdots + z_{ir_{k-1}^{q_{k-1}-1}}$$

又相隔一项的数相加分为二组

$$\begin{cases} \eta_i^{(k)} = z_i + z_{ir_{k-1}^2} + \cdots + z_{ir_{k-1}^{2(q_{k-1})-1}} = \\ \qquad z_i + z_{ir_k} + z_{ir_k^2} + \cdots + z_{ir_k^{q_k-1}} \\ \eta_{ir_{k-1}}^{(k)} = z_{ir_{k-1}} + z_{ir_{k-1}^3} + z_{ir_{k-1}^5} + \cdots + z_{ir_{k-1}^{2q_{k-1}-1}} = \\ \qquad z_{ir_{k-1}} + z_{ir_{k-1} r_k} + z_{ir_{k-1} r_k^2} + \cdots + z_{ir_{k-1} r_k^{q_k-1}} \end{cases} \tag{8.18}$$

式(8.18)特别地称为"k 级共轭分级". $\eta_i^{(k)}$ 与 $\eta_{ir_{k-1}}^{(k)}$ 的上标和下标分别表明:一共有 2^{k-1} 个"k 级分级",其中各两两共轭;每一个"k 级分组"中共有 $q_k = \dfrac{m}{2^{k-1}}$ 个数,特别地最后的"2^t 级分组"只有一个数即 $z_1, z_2, \cdots, z_m$. $\eta_i^{(k)}$ 中的 i 表示 $\eta_i^{(k)}$ 中有一个数为 z_i,因为每一个 z_i 必属于且仅属于一个一定的"k 级分组",并且若有

$z_j \in \eta_i^{(k)}$，则必 $j = ir_k^s = jr_k^{q_k}$ $(\overline{r_k^{q_k}} = \overline{a^m} = 1)$，$i = jr_k^{q_k - s} = jr_k^{s'}$. 因此对 $\eta_i^{(k)}$ 中的每一项 $z_{ir_k^u} = z_{jr_k^s r_k^u} = z_{jr_k^{s'+u}} = z_{jr_k^v}$，因此

$$\eta_i^{(k)} = \eta_j^{(k)} = z_j + z_{jr_k} + z_{jr_k^2} + \cdots + z_{jr_k^{q_k - 1}}$$

即 $\eta_i^{(k)}$ 与其"代表"z_i 的选择没有关系.

iii. 任何一对"k 级共轭分组"必满足恒等式

$$\begin{cases} \eta_i^{(k)} + \eta_{ir_{k-1}}^{(k)} = \eta_i^{(k-1)} = A \\ \eta_i^{(k)} \cdot \eta_{ir_{k-1}}^{(k)} = \sum\limits_{j=\text{奇数}}^{q_k} (\eta_{i(r_{k-1}^j - 1)}^{(k-1)}) + \eta_{i(r_{k-1}^j + 1)}^{(k-1)} = B \end{cases} \tag{8.19}$$

第一个等式是"共轭分组"的定义本身所规定的无须证明，只证第二个.

等式左边 $\eta_i^{(k)}$ 与 $\eta_{ir_{k-1}}^{(k)}$ 中各有 q_k 个数，故共有形如 $Z_i \cdot Z_j$ 的积 q_k^2 项，因 $Z_i \cdot Z_j = Z_{i-j} + Z_{i+j}$，故左边共有 $2q_k^2$ 个数相加. 等式右边 j 取 1 至 q_k 间的奇数，有 $\frac{1}{2} q_k$ 个，对应于每一个 j 有两个 $\eta_{i(r_{k-1}^j - 1)}^{(k-1)}$ 和 $\eta_{i(r_{k-1}^j + 1)}^{(k-1)}$，故共有 q_k 个 $\eta^{(k-1)}$，每一个 $\eta^{(k-1)}$ 中有 q_{k-1} 即 $2q_k$ 个数，故右边也共有 $2q_k^2$ 个 Z_i 相加.

左边每一个 Z_i 都是由 $\eta_i^{(k)}$ 中的某数 $Z_{ir_k^{s_1}}$ 与 $\eta_{ir_{k-1}}^{(k)}$ 中的某一 $Z_{ir_{k-1} r_k^{s_2}}$ 相乘而得到的，但因

$$ir_{k-1} r_k^{s_2} \pm ir_k^{s_1} = ir_{k-1}^{2s_2 + 1} \pm ir_{k-1}^{2s_1} = i(r_{k-1}^j \pm 1) r_{k-1}^s$$

此处令 $s = 2s_1$，$j = 2s_2 + 1 - 2s_1$，当 $s_2 < s_1$，可将 s_2 换作 $s_2 + q_k$. 那么便有

$$Z_{ir_k^{s_1}} \cdot Z_{ir_{k-1} r_k^{s_2}} = Z_{i(r_{k-1}^j - 1) r_{k-1}^s} + Z_{i(r_{k-1}^j + 1) r_{k-1}^s}$$

两个数都是右边 $\eta_{i(r_{k-1}^j - 1)}^{(k-1)}$ 和 $\eta_{i(r_{k-1}^j + 1)}^{(k-1)}$ 中的数.

反过来，等式右边任一数必形如 $Z_{i(r_{k-1}^j \pm 1) r_{k-1}^s}$，在

$\eta_i^{(k)}$ 和 $\eta_{ir_{k-1}}^{(k)}$ 中分别取 $Z_{ir_k^{s_1}}$ 和 $Z_{ir_{k-1}r_k^{s_2}}$ 相乘,使其合乎:

若 s 为偶数,取 $2s_1=s,(2s_2+1)-2s_1=j$;

若 s 为奇数,取$(2s_2+1)=s,2s_1-(2s_2+1)=j$,即得到 $Z_{i(r_{k-1}^j\pm1)r_{k-1}^s}$. 故恒等式(8.19)成立.

③由式(8.19)知每一对"k 级共轭分组"为二次方程

$$\eta^2-A\eta+B=0 \tag{8.20}$$

的二根. 此中 $A=\eta_i^{(k-1)}$ 和 $B=\sum\limits_{j=奇数}^{q_k}\eta_{i(r_{k-1}^j\pm1)}^{(k-1)}$ 分别为一个"$k-1$ 级分组"与 q_k 个"$k-1$ 级分组"之和,故若一切"$k-1$ 级分组"可以作图,则必 A 和 B 可以作图,从而所有的"k 级分组"也必可以作图.

今已知"一级分组"$\eta_i^{(1)}\equiv(-1)$(定理 8.7),故"一级分组"$\eta_i^{(1)}$ 必可作图,$\eta_i^{(1)}$ 即可作图,则"二级分组"必可以作图."三级分组","四级分组",…,"2^t 级分组",即每一个 $Z_1,Z_2,\cdots$ 均必可作图,Z_1 即可作图则 p 可作,高斯定理至此证毕.

§6　p 等分圆的作图——17 与 257 等分圆

很明显在上节的证明中,我们已得出了一个 p 等分圆的普遍作图法. 其步骤如下.

(1)取 p 的最小正原根 3,计算诸 $\overline{3^k}$,写出式(8.14),并写出各 r_k.

若 $p=2^{2^t}+1=2m+1$ 确为素数,则 3 必为其一个原根. 因为当 $t\geqslant1$,用归约法易证明 $2^{2^t}=3r+1$,根据勒让得符号,3 是 p 的一个平方非剩余,又因 $p-1=2^t$ 只有素因数 2,故其每一平方非剩余均为其原根.

(2)顺次作各级分组,利用恒等式(8.19)算出 A 与 B,根据方程(8.20),作出各级分组.

特别地,"二级分组"只有一对,恒满足方程

$$\eta^2+\eta-\frac{m}{2}=0 \qquad (*)$$

因为 $A=\eta_i^{(1)}\equiv-1, B=\sum_{j=\text{奇数}}^{q_2}\eta_{i(r_1^j\pm1)}^{(1)}=\frac{m}{2}\eta_i^{(1)}=-\frac{m}{2}$.

(3)最后必可作出 Z_1. 作圆的直径 BA_0,以 B 为圆心,以 $|Z_1|$ 为半径画弧交圆于 A_1,则 $\widehat{A_0A_1}$ 为圆的 $\frac{1}{p}$.

下面我们介绍 17 和 257 等分圆的作法.

例 8.2 求作圆内接正五边形.

解 $5=2^{2^1}+1, 2^t=2, m=2$.

故只要求"二级分组",可直接利用方程(*),即

$$\eta^2+\eta-1=0$$

与例 8.1 及定理 8.7 完全一致.

例 8.3 求作圆内接正 17 边形.

解 $17=2^{2^2}+1, 2^t=4, m=8$,需求四级分组. 取 17 的原根 3,计算出

$3^0=1$

$3^1=3(r_1)$

$\overline{3^2}=\overline{9}=\overline{17-8}=8(r_2)$

$\overline{3^3}=\overline{3\times8}=\overline{17+7}=7$

$\overline{3^4}=\overline{3\times7}=\overline{17+4}=4(r_3)$

$\overline{3^5}=\overline{3\times4}=\overline{17-5}=5$

$\overline{3^6}=\overline{3\times5}=\overline{17-2}=2$

$\overline{3^7}=3\times2=6$

所以

$$\eta_1^{(1)}=Z_1+Z_3+Z_8+Z_7+Z_4+Z_5+Z_2+Z_6=-1$$

作二级分组

$$\begin{cases}\eta_1^{(2)}=Z_1+Z_8+Z_4+Z_2(>0)\\ \eta_3^{(2)}=Z_3+Z_7+Z_5+Z_6(<0)\end{cases},r_2=8$$

利用方程(*)解 $\eta^2+\eta-\frac{8}{2}=0$,即得

$$\eta_1^{(2)}=\frac{-1+\sqrt{17}}{2},\eta_3^{(2)}=\frac{-1-\sqrt{17}}{2}$$

作出 $\eta_1^{(2)}$ 和 $\eta_3^{(2)}$.再看“三级分组”($r_3=4$)

$$\begin{cases}\eta_1^{(3)}=Z_1+Z_4(<0)\\ \eta_8^{(3)}=Z_8+Z_2(>0)\end{cases},\quad\begin{cases}\eta_3^{(3)}=Z_3+Z_5(<0)\\ \eta_7^{(3)}=Z_7+Z_6(>0)\end{cases}$$

利用式(8.19)计算出($r_2=8$),即

$$\begin{aligned}\eta_1^{(3)}\eta_8^{(3)}&=\eta_{8-1}^{(2)}+\eta_{8+1}^{(2)}=\\&\eta_7^{(2)}+\eta_9^{(2)}=\eta_7^{(2)}+\eta_8^{(2)}=\\&\eta_3^{(2)}+\eta_1^{(2)}=\eta_1^{(1)}=-1\end{aligned}$$

$$\begin{aligned}\eta_3^{(3)}\eta_7^{(3)}&=\eta_{3(8-1)}^{(2)}+\eta_{3(8+1)}^{(2)}=\\&\eta_{21}^{(2)}+\eta_{27}^{(2)}=\eta_4^{(2)}+\eta_7^{(2)}=\\&\eta_1^{(2)}+\eta_3^{(2)}=\eta_1^{(1)}=-1\end{aligned}$$

解方程 $\eta^2-\frac{-1+\sqrt{17}}{2}\eta-1=0$ 和 $\eta^2-\frac{-1-\sqrt{17}}{2}\eta-1=0$,得

$$\eta_1^{(3)}=\frac{-1+\sqrt{17}-\sqrt{2(17-\sqrt{17})}}{4}$$

$$\eta_8^{(3)}=\frac{-1+\sqrt{17}+\sqrt{2(17-\sqrt{17})}}{4}$$

$$\eta_3^{(3)}=\frac{-1-\sqrt{17}-\sqrt{2(17+\sqrt{17})}}{4}$$

$$\eta_7^{(3)}=\frac{-1-\sqrt{17}+\sqrt{2(17+\sqrt{17})}}{4}$$

作出各 $\eta^{(3)}$. 最后看“四级分组”

$$\begin{cases} Z_1+Z_4=\eta_1^{(3)}=\dfrac{-1+\sqrt{17}-\sqrt{2(17-\sqrt{17})}}{4} \\ Z_1\cdot Z_4=Z_3+Z_5=\eta_3^{(3)}= \\ \qquad \dfrac{-1-\sqrt{17}-\sqrt{2(17+\sqrt{17})}}{4} \end{cases}$$

解方程

$$Z^2-\frac{-1+\sqrt{17}-\sqrt{2(17-\sqrt{17})}}{4}Z+$$

$$\frac{-1-\sqrt{17}-\sqrt{2(17+\sqrt{17})}}{4}=0$$

得

$$Z_1=\frac{1}{4}((1-\sqrt{17}+\sqrt{2(17-\sqrt{17})})-$$

$$\sqrt{68+16\sqrt{17}+16\sqrt{2(17+\sqrt{17})}+2\sqrt{2(17-\sqrt{17})}-2\sqrt{2\sqrt{17}(17-\sqrt{17})}})$$

作圆的直径 BA_0，以 B 为圆心，以 $|Z_1|$ 为半径画弧交圆于 A_1，则 A_0A_1 为圆内接正 17 边形的一边. 在实际作图中，不必先算出各级 $\eta^{(k)}$ 的数学表达式而只需作出其所代表的线即可.

例 8.4 257 等分圆.

解 $p=257=2^{2^3}+1, m=128, 2^t=8$，要作出“八级分组”. 算出 $\overline{3^k}$ 和 r_k 得

$$r_1=3, r_2=9, r_3=81, r_4=121, r_5=8$$
$$r_6=64, r_7=16, r_8=1$$

$\eta_1^{(1)}=Z_1+Z_3+Z_9+Z_{27}+Z_{81}+Z_{14}+Z_{42}+Z_{126}+$

$$Z_{121}+Z_{106}+Z_{61}+Z_{74}+Z_{35}+Z_{105}+Z_{58}+$$
$$Z_{83}+Z_{8}+Z_{24}+Z_{72}+Z_{41}+Z_{123}+Z_{112}+$$
$$Z_{79}+Z_{20}+Z_{60}+Z_{77}+Z_{26}+Z_{78}+Z_{23}+Z_{69}+$$
$$Z_{50}+Z_{107}+Z_{64}+Z_{65}+Z_{62}+Z_{71}+Z_{44}+$$
$$Z_{125}+Z_{118}+Z_{97}+Z_{34}+Z_{102}+Z_{49}+Z_{110}+$$
$$Z_{113}+Z_{38}+Z_{114}+Z_{85}+Z_{2}+Z_{6}+Z_{18}+Z_{54}+$$
$$Z_{95}+Z_{28}+Z_{84}+Z_{5}+Z_{15}+Z_{45}+Z_{122}+Z_{109}+$$
$$Z_{70}+Z_{47}+Z_{116}+Z_{91}+Z_{16}+Z_{48}+Z_{113}+Z_{82}+$$
$$Z_{11}+Z_{33}+Z_{99}+Z_{40}+Z_{120}+Z_{103}+Z_{52}+$$
$$Z_{101}+Z_{46}+Z_{119}+Z_{100}+Z_{43}+Z_{128}+Z_{127}+$$
$$Z_{124}+Z_{115}+Z_{88}+Z_{7}+Z_{21}+Z_{63}+Z_{68}+Z_{53}+$$
$$Z_{98}+Z_{37}+Z_{111}+Z_{76}+Z_{29}+Z_{87}+Z_{4}+Z_{12}+$$
$$Z_{36}+Z_{108}+Z_{67}+Z_{56}+Z_{89}+Z_{10}+Z_{30}+Z_{90}+$$
$$Z_{13}+Z_{39}+Z_{119}+Z_{94}+Z_{25}+Z_{75}+Z_{52}+Z_{96}+$$
$$Z_{31}+Z_{93}+Z_{22}+Z_{66}+Z_{59}+Z_{80}+Z_{17}+Z_{51}+$$
$$Z_{104}+Z_{55}+Z_{92}+Z_{19}+Z_{57}+Z_{86}=-1$$

利用式(8.19)将各级分组的计算结果列表于下，见表8.2，用熟知的作二次方程 $\eta^2-A\eta+B=0$（A，B 为可作出的二根线）的方法，可顺次作出各级分组 $\eta_i^{(k)}$，最后作出 $\eta_1^{(8)}$ 即 Z_1.

表 8.2

级别	共轭分组下标		按恒等式(8.19)计算出的		本身符号		解方程时判别式前取号	
	i	ir_{k-1}	A	B	i	ir_{k-1}	i	ir_{k-1}
$\eta^{(2)}$ $r_1=3$	1	3	−1	−64	+	−	+	−
$\eta^{(3)}$ $r_2=9$	1	9	$\eta_1^{(2)}$	−16	+	−	+	−
	3	27	$\eta_3^{(2)}$	−16	+	−	+	−

续表8.2

级别	共轭分组下标		按恒等式(8.19)计算出的		本身符号		解方程时判别式前取号	
	i	ir_{k-1}	A	B	i	ir_{k-1}	i	ir_{k-1}
$\eta^{(4)}$ $r_3=81$	1	81	$\eta_1^{(3)}$	$2\eta_1^{(3)}+4\eta_9^{(3)}+5\eta_3^{(3)}+5\eta_{27}^{(3)}$	+	−	+	−
	9	42	$\eta_9^{(3)}$	$4\eta_2^{(3)}+\alpha\eta_9^{(3)}+5\eta_3^{(3)}+5\eta_{27}^{(3)}$	+	−	+	−
	3	14	$\eta_3^{(3)}$	$5\eta_1^{(3)}+5\eta_9^{(3)}+2\eta_3^{(3)}+4\eta_{27}^{(3)}$	+	−	+	−
	27	126	$\eta_{27}^{(3)}$	$2\eta_1^{(4)}+\eta_{81}^{(4)}+2\eta_9^{(4)}+\eta_{42}^{(4)}+2\eta_{14}^{(4)}$	−	−	−	+
$\eta^{(5)}$ $r_4=121$	1	121	$\eta_1^{(4)}$	$2\eta_1^{(4)}+\eta_{81}^{(4)}+2\eta_9^{(4)}+\eta_{42}^{(4)}+2\eta_{14}^{(4)}$	+	+	+	−
	81	35	$\eta_{81}^{(4)}$	$\eta_1^{(4)}+2\eta_{81}^{(4)}+\eta_9^{(4)}+2\eta_{42}^{(4)}+2\eta_3^{(4)}$	−	−	+	−
	9	61	$\eta_9^{(4)}$	$\eta_1^{(4)}+2\eta_{81}^{(4)}+\alpha\eta_9^{(4)}+\eta_{42}^{(4)}+2\eta_{126}^{(4)}$	+	+	+	−
	42	58	$\eta_{42}^{(4)}$	$2\eta_1^{(4)}+\eta_{81}^{(4)}+\eta_9^{(4)}+2\eta_{42}^{(4)}+2\eta_{127}^{(4)}$	−	−	−	+
	3	106	$\eta_3^{(4)}$	$2\eta_3^{(4)}+\eta_{14}^{(4)}+2\eta_{27}^{(4)}+\eta_{126}^{(4)}+2\eta_{81}^{(4)}$	+	−	+	−
	14	105	$\eta_{14}^{(4)}$	$\eta_3^{(4)}+2\eta_{14}^{(4)}+\eta_{27}^{(4)}+2\eta_{126}^{(4)}+2\eta_9^{(4)}$	+	−	+	−
	27	74	$\eta_{27}^{(4)}$	$\eta_3^{(4)}+2\eta_{14}^{(4)}+2\eta_{27}^{(4)}+\eta_{126}^{(4)}+2\eta_1^{(4)}$	−	−	+	−
	126	83	$\eta_{126}^{(4)}$	$2\eta_3^{(4)}+\eta_{14}^{(4)}+\eta_{27}^{(4)}+2\eta_{126}^{(4)}+2\eta_{42}^{(4)}$	+	−	+	−
$\eta^{(6)}$ $r_5=8$	1	8	$\eta_1^{(5)}$	$\eta_1^{(5)}+\eta_3^{(5)}+\eta_{14}^{(5)}+\eta_9^{(5)}$	+	+	−	+
	121	60	$\eta_{121}^{(5)}$	$\eta_{121}^{(5)}+\eta_{106}^{(5)}+\eta_{105}^{(5)}+\eta_{61}^{(5)}$	+	+	−	+
	3	24	$\eta_3^{(5)}$	$\eta_3^{(5)}+\eta_9^{(5)}+\eta_{42}^{(5)}+\eta_{27}^{(5)}$	+	+	−	+
	126	20	$\eta_{126}^{(5)}$	$\eta_{126}^{(5)}+\eta_{121}^{(5)}+\eta_{35}^{(5)}+\eta_{106}^{(5)}$	+	−	+	−
	83	107	$\eta_{83}^{(5)}$	$\eta_{83}^{(5)}+\eta_{81}^{(5)}+\eta_1^{(5)}+\eta_3^{(5)}$	−	−	−	+
	106	77	$\eta_{106}^{(5)}$	$\eta_{106}^{(5)}+\eta_3^{(5)}+\eta_{61}^{(5)}+\eta_{74}^{(5)}$	+	−	+	−
$\eta^{(7)}$ $r_6=64$	1	64	$\eta_1^{(6)}$	$\eta_3^{(6)}+\eta_{20}^{(6)}$	−	+	−	+
	60	15	$\eta_{60}^{(6)}$	$\eta_{106}^{(6)}+\eta_{83}^{(6)}$	+	−	+	−

续表8.2

级别	共轭分组下标		按恒等式(8.19)计算出的		本身符号		解方程时判别式前取号	
	i	ir_{k-1}	A	B	i	ir_{k-1}	i	ir_{k-1}
$\eta^{(8)}$ $r_7=16$	Z_1	Z_{16}	$\eta_1^{(1)}$	$\eta_{15}^{(7)}$	−	+	−	+

完全类似地可以作圆内接正65 537边形.

最后,必须指出本章建立的作图方法是普遍适用的,不足之处是未给出预先判断 $p=2^{2^t}+1$ 是否为素数的方法(在计算 $\overline{3^k}$ 时,若发现 $k<m$,而 $\overline{3^k}=1$,则 p 非素数,作图将不能进行),这是数论中的难题,此处不多加讨论.

故事到这里并没有完结,欧阳维诚先生于1989年创办了我国第一本《数学竞赛》杂志,并在第二期发表了一篇以高斯等分圆周为背景的文章.在该文中给出了第29届IMO中一个极为困难的问题但与几位专家迥然不同的解答,在此之前我国数论专家潘承彪教授、香港中文大学的萧文强教授、中国科学技术大学的常庚哲教授、陕西师范大学的罗增儒教授都给出了十分独特的解答.据南京师范大学的单墫教授介绍说此题曾在一次纪念华罗庚教授的数论讨论会上供各位专家解答,但仅有少数几位有所建树.无独有偶,此题开始提供给第29届IMO的举办国澳大利亚时,该国曾邀请了3位顶尖数论高手解答,以判定问题的难度.但令人惊奇的是3位高手忙了几个小时竟然连边都没摸到,而在该次竞赛中却有11位中学生选手成功地解答了这个题目.更为可喜的是一位保加利亚选手提供了一个极为简单的解法,仅用到了最小数原理和韦达定理并因此获得了当年的“特别奖”(此奖到目前为止只授予了4位选手). 与之相比,欧阳先生的解答虽并不简单,但欧阳维诚的方法系统有效,而且还可以捎带解决一系列竞赛试题,奇文供欣赏,我们也将其列于文后.

第29届IMO的第6道试题是:“正整数 a 与 b,使得 $ab+1$ 整除 a^2+b^2,求证:$\frac{a^2+b^2}{ab+1}$ 是某个正整数的平方.”

下面给出了这个问题的一个构造性证明,并给出了使 $\frac{a^2+b^2}{ab+1}$ 为整数的 a,b 所满足的充要条件.①

(1)问题的证明与结论的充要条件.

为方便计,我们记

$$f(a,b)=\frac{a^2+b^2}{ab+1} \tag{8.21}$$

不妨设 $a>b>0$,并令

$$a=nb-r,n\geqslant 1,0\leqslant r<b \tag{8.22}$$

将式(8.22)代入式(8.21),我们有

$$f(a,b)=\frac{(nb-r)^2+b^2}{(nb-r)b+1}=\frac{n^2b^2-2nbr+r^2+b^2}{nb^2-br+1} \tag{8.23}$$

若 $f(a,b)\leqslant n-1$,则有

$$nb(b-r)+r^2+b^2\leqslant br+n-1$$

因为 $n\geqslant 1,b>r\geqslant 0$,所以 $nb(b-r)\geqslant n,r^2+b^2\geqslant 2br\geqslant br$,与上式矛盾,故 $f(a,b)\geqslant n$.

若 $f(a,b)\geqslant n+1$,则有

① 摘自《数学竞赛》,湖南教育出版社,1989年6月.

$$r^2+b^2\geqslant nb^2+(n-1)br+(n+1)$$

当 $r=0$，因 $n\geqslant1$，上式显然不成立；若 $r>0$，则 $n\geqslant2$，仍与上式矛盾，故 $f(a,b)\leqslant n$，从而

$$f(a,b)=n \tag{8.24}$$

现在分两种情况进行讨论.

①若 $r=0$，则 $a=nb$，由式(8.23)与式(8.24)得

$$f(a,b)=\frac{n^2b^2+b^2}{nb^2+1}=n$$

即得

$$n=b^2 \tag{8.25}$$

这时有

$$f(a,b)=f(b^3,b)=b^2 \tag{8.26}$$

②若 $r>0$，则由式(8.23)与式(8.24)得

$$\frac{n^2b^2-2nbr+r^2+b^2}{nb^2-br+1}=n$$

$$n^2b^2-2nbr+r^2+b^2=n^2b^2-nbr+n$$

解出 n，得

$$n=\frac{b^2+r^2}{br+1}=f(b,r) \tag{8.27}$$

欲证 n 为完全平方数，要对 $f(b,r)$ 继续上述讨论. 由于 a,b 是有限的正整数，必存在自然数 $m(m\geqslant2)$，使

$$\left.\begin{aligned}a&=nb-r\\b&=nr-s\\&\vdots\\u&=nv-y\\v&=ny\end{aligned}\right\}\text{共 } m \text{ 个等式} \tag{8.28}$$

这时，我们有

$$n=f(a,b)=f(b,r)=f(r,s)=\cdots=$$

$$f(u,v)=f(v,y) \tag{8.29}$$

因为在式(8.29)中,已有 $v=ny$,从而

$$f(a,b)=f(v,y)=f(ny,y)=f(y^3,y)=y^2$$

IMO 试题的要求至此证明.

这个证明不仅是简单的、优美的,而且是构造性的,就是说,对使 $f(a,b)$ 成为正整数的 a,b,可以指明 $f(a,b)$ 是怎样一个自然数的平方.

现在我们给出 $f(a,b)$ 为正整数,从而必是一个完全平方数时,正整数对 a,b 所应满足的充要条件,为此,我们先引进一个多项式序列.

定义 8.3 令 $g_0(x)=1, g_1(x)=x$,则

$$g_m(x)=xg_{m-1}(x)-xg_{m-2}(x), m\geqslant 2 \tag{8.30}$$

不难顺次写出各个 $g_m(x)$,例如

$$g_0(x)=1$$

$$g_1(x)=x$$

$$g_2(x)=xg_1(x)-g_0(x)=x^2-1$$

$$\begin{aligned} g_3(x)&=xg_2(x)-g_1(x)\\ &=x(x^2-1)-x=x^3-2x \end{aligned}$$

$$\begin{aligned} g_4(x)&=xg_3(x)-g_2(x)\\ &=x(x^3-2x)-(x^2-1)=x^4-3x^2+1 \end{aligned}$$

$$\vdots$$

$g_m(x)$是关于 x 的 m 次多项式.这个多项式有着深刻的数学背景,它联系到历史上著名的高斯关于等分圆周的定理的初等证明.

现在,我们来建立 $f(a,b)$ 与 $g_m(x)$之间的联系.

引理 8.1 对所有的自然数 m,有

$$g_m^2(x)+g_{m-1}^2(x)=xg_m(x)g_{m-1}(x)+1 \tag{8.31}$$

证明 用数学归纳法证明.

当 $m=1$ 时，$g_1(x)=x, g_0(x)=1$，于是

$$g_1^2(x)+g_0^2(x)=x^2+1=x\cdot x\cdot 1+1=$$
$$xg_1(x)g_0(x)+1$$

即式(8.31)当 $m=1$ 时成立.

假定式(8.30)对 $m-1(m\geqslant 2)$ 成立，即

$$g_{m-1}^2(x)+g_{m-2}^2(x)=xg_{m-1}(x)g_{m-2}(x)+1$$

则

$$g_m^2(x)+g_{m-1}^2(x)=$$
$$(xg_{m-1}(x)-g_{m-2}(x))^2+g_{m-1}^2(x)=$$
$$x^2g_{m-1}^2(x)-2xg_{m-1}(x)g_{m-2}(x)+$$
$$g_{m-2}^2(x)+g_{m-1}^3(x)=$$
$$x^2g_{m-1}^2(x)-xg_{m-1}(x)g_{m-2}(x)+1=$$
$$xg_{m-1}(x)(xg_{m-1}(x)-g_{m-2}(x))+1=$$
$$xg_{m-1}(x)g_m(x)+1$$

式(8.31)也成立. 根据归纳原理，引理得证.

定理 8.11　$f(a,b)$是完全平方数的充要条件是，存在正整数 y 和 m，使

$$a=yg_m(y^2), b=yg_{m-1}(y^2) \tag{8.32}$$

并且，这时有

$$f(a,b)=y^2 \tag{8.33}$$

证明　设 $a=yg_m(y^2), b=yg_{m-1}(y^2)$，则

$$f(a,b)=\frac{y^2g_m^2(y^2)+y^2g_{m-1}^2(y^2)}{y^2g_m(y^2)+g_{m-1}(y^2)+1}=$$
$$y^2\ \frac{g_m^2(y^2)+g_{m-1}^2(y^2)}{y^2g_m(y^2)+g_{m-1}(y^2)+1}$$

根据引理 8.1，即有 $f(a,b)=y^2$.

反之，若 $f(a,b)$为完全平方数，在前面的证明中，将式(8.28)逆推上去，即是

$$y=yg_0(y^2)$$

$$v=ny=y^2y=yy^2=yg_1(y^2)$$

$$u=nv-y=y^2(yg_1(y^2)-yg_0(y^2))=$$

$$y(y^2g_1(y^2)-g_0(y^2))=yg_2(y^2)$$

如此继续,经过 m 次后,便得

$$b=yg_{m-1}(y^2),a=yg_m(y^2) \qquad (8.34)$$

定理 8.11 证完.

根据定理 8.11,顺次令 $y=1,2,\cdots$,即可写出一切使 $f(a,b)$ 为完全平方数的正整数对 a,b. 例如,取 $y=2,m=3$,则有

$$g_3(x)=x^3-2x,g_2(x)=x^2-1$$

于是

$$a=yg_3(y^2)=y((y^2)^3-2(y^2))=$$

$$y^7-2y^3=2^7-2^4=112$$

$$b=yg_2(y^2)=y((y^2)^2-1)=y^5-y=2^5-2=30$$

$$f(a,b)=f(112,30)=\frac{112^2+30^2}{112\times30+1}=4$$

特别地,取 $m=1$,则 $b=y,a=y^3$.

(2) $g_{2m}(x)$ 的性质及其应用.

$g_m(x)$ 有许多有趣的性质,利用这些性质可以编出许多以某些三角函数为根的多项式,从而可以编造出许多有兴趣的数学竞赛试题,现略举数例如下.

定理 8.12 当 $-2\leqslant x\leqslant 2$,则可设 $x=2\cos\varphi$ $(0\leqslant\varphi\leqslant\pi)$,这时下列恒等式成立,即

$$\sin\varphi g_m(x)=\sin(m+1)\varphi \qquad (8.35)$$

$$g_m(x)-g_{m-2}(x)=2\cos m\varphi \qquad (8.36)$$

利用数学归纳法容易证明定理 8.12,此处证明略.

定理 8.13　对一切自然数 m，$g_m(x)=0$ 有 m 个实根，它们是

$$x_k=2\cos\frac{k\pi}{m+1},k=1,2,\cdots,m \tag{8.37}$$

证明　先研究 $g_m(x)$ 在区间 $(-2,2)$ 内的实根. 在 $(-2,2)$ 内，设 $x=2\cos\varphi(0<\varphi<\pi)$，则由式(8.35)，得

$$\sin\varphi g_m(x)=\sin(m+1)\varphi$$

令 $\varphi=\frac{k\pi}{m+1}(k=1,2,\cdots,m)$，则 $x_k=2\cos\frac{k\pi}{m+1}$，代入上式得

$$\sin\frac{k\pi}{m+1}g_m(x_k)=\sin(m+1)\frac{k\pi}{m+1}=\sin k\pi=0$$

因为 $0<\frac{k\pi}{m+1}<\pi$，$\sin\frac{k\pi}{m+1}\neq0$，故必有 $g_m(x_k)=0$，即 $x_k=2\cos\frac{k\pi}{m+1}$ 为 $g_m(x)=0$ 的根. 又因在区间 $(0,\pi)$ 内，$\cos x$ 单调递减，当 $k_1\neq k_2$ 时，$x_{k_1}\neq x_{k_2}$，即式(8.37)中的 m 个实根互不相等，因而式(8.37)包含了方程 $g_m(x)=0$ 的 m 个不同的实根. 因为 $g_m(x)$ 是 m 次多项式，最多有 m 个实根，所以，$g_m(x)$ 不再有另外的根. 证毕.

推论 8.1　方程

$$g_m(x)+g_{m-1}(x)=0 \tag{8.38}$$

有 m 个不同的实根，它们是

$$x=(-1)^k2\cos\frac{k\pi}{2m+1},k=1,2,\cdots,m \tag{8.39}$$

推论 8.2　在多项式 $g_{2m}(x)$ 中，令 $y^2=4-x^2$，则得 y 的 $2m$ 次多项式 $f_{2m}(y)$，$f_{2m}(y)$ 有 $2m$ 个不同的实根，它们是

$$y=\pm\sin\frac{k\pi}{2m+1},k=1,2,\cdots,m \qquad (8.40)$$

两个推论均可利用式(8.35)仿照定理 8.13 的方法证明.

现在,我们来看几个数学竞赛试题.

试题 8.1 证明下列恒等式:

(1) $\cos\frac{\pi}{7}-\cos\frac{2\pi}{7}+\cos\frac{3\pi}{7}=\frac{1}{2}$;

(2) $\sin\frac{\pi}{7}\sin\frac{2\pi}{7}\sin\frac{3\pi}{7}=\frac{\sqrt{7}}{8}$;

(3) $\tan\frac{\pi}{7}\tan\frac{2\pi}{7}\tan\frac{3\pi}{7}=\sqrt{7}$.

(其中(1)为某届 IMO 试题)

解 (1)因为

$$g_3(x)=x^3-2x,g_2(x)=x^2-1$$

$$g_3(x)+g_2(x)=x^3+x^2-2x-1$$

由定理 8.13 的推论 8.1,方程

$$x^3+x^2-2x-1=0$$

的三个根是 $-2\cos\frac{\pi}{7},2\cos\frac{2\pi}{7},-2\cos\frac{3\pi}{7}$. 由韦达定理,立得

$$-2\left(\cos\frac{\pi}{7}-\cos\frac{2\pi}{7}+\cos\frac{3\pi}{7}\right)=-1$$

或

$$\cos\frac{\pi}{7}-\cos\frac{2\pi}{7}+\cos\frac{3\pi}{7}=\frac{1}{2} \qquad (8.41)$$

(2)利用式(8.30),可写出

$$g_6(x)=x^6-5x^4+6x^2-1$$

令 $$x^6-5x^4+6x^2-1=0$$

用 $4-y^2$ 代替 x^2,得 y 的 6 次方程

$$y^6-7y^4+32y^2-7=0$$

根据推论 8.2,这个方程的 6 个实根是

$$\pm\sin\frac{\pi}{7},\pm\sin\frac{2\pi}{7},\pm\sin\frac{3\pi}{7}$$

根据韦达定理,得

$$-\left(2\sin\frac{\pi}{7}\cdot 2\sin\frac{2\pi}{7}\cdot 2\sin\frac{3\pi}{7}\right)^2=-7$$

从而

$$\sin\frac{\pi}{7}\sin\frac{2\pi}{7}\sin\frac{3\pi}{7}=\frac{\sqrt{7}}{8} \tag{8.42}$$

(3)由式(8.41)与式(8.42),立得

$$\tan\frac{\pi}{7}\tan\frac{2\pi}{7}\tan\frac{3\pi}{7}=\sqrt{7} \tag{8.43}$$

试题 8.2　(第 18 届 IMO 试题)设 $p_1(x)=x^2-2$,$p_i(x)=p_1(p_{i-1}(x))$,$i=1,2,\cdots$,求证:对任意的自然数 n,方程 $p_n(x)=x$ 的全部解为实数,且两两不同.

证明　我们先在区间$[-2,2]$上考虑 $p_n(x)$的实数解.因为

$$p_1(x)=x^2-2=(x^2-1)-1=g_2(x)-g_0(x)$$

因此,根据定理 8.12 的式(8.36),有

$$p_1(x)=2\cos 2\varphi$$

从而　$p_2(x)=(2\cos 2\varphi)^2-2=4\cos^2 2\varphi-2=$

$$2(2\cos^2 2\varphi-1)=2\cos 4\varphi$$

一般地,若 $p_k(x)=2\cos 2^k\varphi$,则

$$p_{k+1}(x)=(2\cos 2^k\varphi)^2-2=4\cos^2 2^k\varphi-2=$$

$$2(2\cos^2 2^k\varphi-1)=2\cos 2^{k+1}\varphi$$

根据归纳原理,对一切自然数 n,有

$$p_n(x)=2\cos 2^n\varphi \tag{8.44}$$

$$p_n(x)-x=2\cos n\varphi-2\cos\varphi=$$
$$-4\sin\frac{2^n+1}{2}\varphi\sin\frac{2^n-1}{2}\varphi$$

当 $\varphi=\frac{2k\pi}{2^n+1}$，即 $x_k=2\cos\frac{2k\pi}{2n+1}, k=1,2,\cdots,2^{n-1}$ 时，有

$$\sin\frac{2^n+1}{2}\varphi=\sin k\pi=0$$

当 $\varphi=\frac{2l\pi}{2^n-1}$，即 $x_l=2\cos\frac{2l\pi}{2^n-1}, l=0,1,\cdots,2^{n-1}-1$ 时，有

$$\sin\frac{2^n-1}{2}\varphi=\sin l\pi=0$$

所以，在$[-2,2]$上，$p_n(x)$有 2^n 个不同的实根，即

$$\begin{cases}x_k=2\cos\frac{2k\pi}{2^n+1}, k=1,2,\cdots,2^{n-1}\\ x_l=2\cos\frac{2l\pi}{2^n-1}, l=0,1,\cdots,2^{n-1}-1\end{cases}\tag{8.45}$$

式(8.43)中的 2^n 个根彼此互不相同. 事实上，由于余弦函数 $\cos x$ 在$[0,\pi)$内严格单调，若有 $x_k=x_l$，则必有

$$\frac{2l\pi}{2^n-1}=\frac{2k\pi}{2^n+1}$$

或
$$k=\frac{l(2^n+1)}{2^n-1}=l+l\frac{2}{2^n-1}$$

因为$(2,2^n-1)=1$，故 $2^n-1\mid l$，但 $l\leqslant 2^{n-1}-1<2^n-1$，矛盾，所以 $x_k\neq x_l$. 因而式(8.45)中 2^n 个根互不相等. 又 $p_n(x)-x$ 为 2^n 次多项式，不再有另外的根，故本题得证.

其实，欧阳先生所用的多项式 $f_n(x)$可以看成切

比雪夫多项式的一种变形运用. 切比雪夫多项式 $T(x)$（切比雪夫还有几种其他的多项式，最常用的是 $T(x)$）的一般表达式是

$$T_n(x)=A\cos(n\cdot\arccos x)(A\text{ 为常数}),n=0,1,2,\cdots$$

取 $A=\frac{1}{2^{n-1}}$ 时，它满足微分方程

$$(1-x^2)T''_n(x)-xT'_n(x)+n^2T_n(x)=0$$

它在 $[-1,1]$ 内有几个实根

$$x_n=\cos\frac{2n-1}{2n}\pi$$

而欧阳维诚文中的多项式 $f_n(x)$ 定义为

$$\begin{cases}f_0(x)=1,f_1(x)=x\\ f_n(x)=xf_{n-1}(x)-f_{n-2}(x)\end{cases},x=2\cos\varphi,n=2,3,\cdots$$

将 $f_n(x)$ 与 $T_n(x)$ 比较，得

$$x=2\cos\varphi,\varphi=\arccos\frac{x}{2},n\varphi=n\cdot\arccos\frac{x}{2}$$

$$\cos n\varphi=\cos(n\cdot\arccos\frac{x}{2})=T_n\left(\frac{x}{2}\right)\quad(A=1)$$

因 $$f_n(x)-f_{n-2}(x)=2\cos n\varphi$$

所以 $$\frac{f_n(x)-f_{n-2}(x)}{2}=T_n\left(\frac{x}{2}\right)$$

或 $$f_n(x)-f_{n-2}(x)=2T_n\left(\frac{x}{2}\right)$$

这样变形有如下三个好处.

(1)由 $T_n(x)$ 满足微分方程变为 $f_n(x)$ 满足逆推的函数方程，为一系列引理的推证提供运用数学归纳法的方便.

(2)n 个实根变为 $2\cos\frac{k\pi}{n+1}$，恰好表示正 n 边形

中某些线段之长，$2\cos\frac{\pi}{n+1}$恰为正 n 边形之一边.

(3)整个过程在实函数上推证，避免了高斯使用分圆多项式而涉及复函数的麻烦.

§7 旧中国对正 17 边形作图的研究

对于正 17 边形的作法，早在 1935 年就有人著书介绍，在 1935 年商务印书馆出版的算学丛书中的《初等几何学作图不能问题》(林鹤一著，任诚，等译)中就有详细介绍.

林鹤一(Hayashi，Tsuruichi，1873—1935)是日本数学家兼数学史专家.他生于德岛(Tokuschima)，毕业于东京大学，曾任东京高等师范学校教授，东京大学教授.他曾编辑过多种数学教科书，并于 1911 年创办了著名的《东北数学杂志》，我国著名数学家陈建功、苏步青的许多早期论文就发表于此.

这节我们先介绍林鹤一的一个不依赖于高斯的一般证明，而仅适用于正 17 边形的特殊方法，然后叙述一个作图的方法.

以 $2\cos\frac{2\pi}{17}$表能得作图之长的数，显然可能.

1 的 17 次方根有 17 个，其一为 1，自不待论，其他是以

$$\cos\frac{2k\pi}{17}+\mathrm{i}\sin\frac{2k\pi}{17}, k=1,2,3,\cdots,16$$

所表之虚数.

以 ε 表 $\cos\frac{2\pi}{17}+\mathrm{i}\sin\frac{2\pi}{7}$，则此 16 个虚数以

$$\varepsilon,\varepsilon^2,\varepsilon^3,\cdots,\varepsilon^8,\varepsilon^{-8},\varepsilon^{-7},\varepsilon^{-6},\cdots,\varepsilon^{-3},\varepsilon^{-2},\varepsilon^{-1}$$

表示,今令

$$\varepsilon+\varepsilon^2+\varepsilon^4+\varepsilon^8+\varepsilon^{-1}+\varepsilon^{-2}+\varepsilon^{-4}+\varepsilon^{-8}=\eta$$

$$\varepsilon^3+\varepsilon^6+\varepsilon^{-5}+\varepsilon^7+\varepsilon^{-3}+\varepsilon^{-6}+\varepsilon^5+\varepsilon^{-7}=\eta_1$$

则有

$$\eta+\eta_1=-1$$

再将其相乘有

$$\eta\eta_1=4(\eta+\eta_1)=-4$$

故

$$\eta=\frac{-1+\sqrt{17}}{2},\eta_1=\frac{-1-\sqrt{17}}{2} \tag{8.46}$$

再令

$$z=\varepsilon+\varepsilon^4+\varepsilon^{-1}+\varepsilon^{-4}=2\cos\frac{2\pi}{17}+2\cos\frac{8\pi}{17}$$

$$z_1=\varepsilon^2+\varepsilon^8+\varepsilon^{-2}+\varepsilon^{-8}=2\cos\frac{4\pi}{17}-2\cos\frac{\pi}{17}$$

$$z_2=\varepsilon^3+\varepsilon^{-5}+\varepsilon^{-3}+\varepsilon^5=2\cos\frac{6\pi}{17}-2\cos\frac{7\pi}{17}$$

$$z_3=\varepsilon^6+\varepsilon^7+\varepsilon^{-6}+\varepsilon^{-7}=-2\cos\frac{5\pi}{17}-2\cos\frac{3\pi}{17}$$

则有

$$z+z_1=\eta,zz_1=-1$$

及

$$z_2+z_3=\eta,z_2z_3=-1$$

故

$$\begin{cases}z=\dfrac{\eta+\sqrt{\eta^2+4}}{2},z_1=\dfrac{\eta-\sqrt{\eta^2+4}}{2}\\ z_2=\dfrac{\eta_1+\sqrt{\eta_1^2+4}}{2},z_3=\dfrac{\eta_1-\sqrt{\eta_1^2+4}}{2}\end{cases} \tag{8.47}$$

最后令

$$y=\varepsilon+\varepsilon^{-1}=2\cos\frac{2\pi}{17}$$

$$y_1=\varepsilon^4+\varepsilon^{-4}=2\cos\frac{8\pi}{17}$$

则有 $$y+y_1=z, yy_1=z_2$$

故

$$y=\frac{z+\sqrt{z^2-4z_2}}{2}, y_1=\frac{z-\sqrt{z^2-4z_2}}{2} \tag{8.48}$$

所以由式(8.46)知 η 及 η_1 表得作图之长,因之由式(8.47)知 z, z_1, z_2, z_3 表得作图之长,又因之由式(8.48)知 y 及 y_1 表得作图之长,而 y 即表 $2\cos\frac{2\pi}{17}$. 故正 17 边形能得作图. 即顺次解一组二次方程式

$$\begin{cases} x^2+x-4=0,\text{其根 } \eta,\eta_1= \\ -\frac{1}{2}\pm\frac{1}{2}\sqrt{17}, \eta>0, \eta_1<0 \\ x^2-\eta x-1=0,\text{其根 } z,z_1= \\ \frac{\eta}{2}\pm\frac{1}{2}\sqrt{\eta^2+4}, z>0, z_1<0 \\ x^2-\eta x-1=0,\text{其根 } z_2,z_3= \\ \frac{\eta_1}{2}\pm\frac{1}{2}\sqrt{\eta_1^2+4}, z_2>0, z_3<0 \\ x^2-zx+z_2=0,\text{其根 } y,y_1= \\ \frac{z}{2}\pm\frac{1}{2}\sqrt{z^2-4z_2}, y>y_1 \end{cases}$$

这里我们按顺序求出 y_1,正如 y 对应于正 17 边形,y_1 对应于正 34 边形.

下面我们介绍正 17 边形之作图法.

引直线 l,过其任意一点 O,引垂线 OA,OA 的长等于单位线段. 以 O 为中心,OA 为半径画圆. 将 17 等分此圆之周. 若以

$$OB=-\frac{1}{4}$$

则
$$BA=\frac{1}{4}\sqrt{17}$$

以 B 为中心，BA 为半径画半圆 CAC'，则

$$OC=OB+BC=-\frac{1}{4}-\frac{1}{4}\sqrt{17}=\frac{\eta_1}{2}$$

$$OC'=OB+BC'=-\frac{1}{4}+\frac{1}{4}\sqrt{17}=\frac{\eta}{2}$$

再以 C 为中心，CA 为半径画圆弧 AD，又以 C' 为中心，$C'A$ 为半径画圆弧 AD'，则

$$OD'=OC'+C'D'=\frac{\eta}{2}+\sqrt{\left(\frac{\eta}{2}\right)^2+1}=z$$

$$OD=OC+CD=\frac{\eta_1}{2}+\sqrt{\left(\frac{\eta_1}{2}\right)^2+1}=z_2$$

再令
$$OE=-1$$
以 ED 为直径，画半圆 EFD，其与 OA 之交点为 F. 以 F 为中心，以等于 $\frac{1}{2}OD'$ 为半径画圆弧. 它与 OE 的交点为 G. 以 G 为中心，GF 为半径画半圆 HFH'，则

$$-OH+OH'=HH'=2GH'=OD'=z$$
$$-OH\cdot OH'=\overline{OF}^2=-OE\cdot OD=OD=z_2$$

故
$$-OH=\frac{z+\sqrt{z^2-4z_2}}{2},OH'=\frac{z-\sqrt{z^2-4z}}{2}$$

故 OH 的长等于 $2y$（OH'的长等于 $2y_1$）.

故以 OH 的中点为 L，过 L 引垂线，则得两个分点 2 及 17. E 当然为分点 1，所以可得其他各分点.

此作图方法称为塞雷特（Serret）及博哈曼（Bochmann）方法. 这是一个最易理解的方法. 尚有其他各种方法，例如，冯・施陶特的方法，舒伯特

(Schubert)的方法等.

有趣的是我们还能得到仅用圆规的作图方法.

这种方法是依顺序作下面一组数所表的长

$$\frac{\eta}{2}=-\frac{1}{4}+\frac{\sqrt{17}}{4},\frac{\eta_1}{2}=-\frac{1}{4}-\frac{\sqrt{17}}{4}$$

$$z=\frac{\eta}{2}+\sqrt{\left(\frac{\eta}{2}\right)^2+1},z_2=\frac{\eta_1}{2}+\sqrt{\left(\frac{\eta_1}{2}\right)^2+1}$$

$$y=\frac{z}{2}+\sqrt{\left(\frac{z}{2}\right)^2-z_2}$$

先画以 O 为中心的圆 $ABCD$,将它 17 等分,而视其半径为单位线段.

在此圆周上取任意一点 A,以 $AB=BC=CD=1$ 而顺次标定三点 B,C,D,则 AOD 为直径.

以 A 为中心,AC 为半径画圆弧,又以 D 为中心,OB 为半径画圆弧.两圆弧的交点为 E,则 $OE=\sqrt{2}$,以 D 为中心,OE 即$\sqrt{2}$为半径画弧,使之与前面所画的圆周交于 F,F',则 FOF'为垂直于 AOD 的直径.

以 A 为中心,AD 为半径所作之圆弧,及以 D 为中心,DB 为半径所作的圆弧,其交点为 G,G'.以 G 为中心,GD 为半径之圆弧,及以 G'为中心,$G'D$ 为半径的圆弧,其交点为 H,则

$$OH=HA$$

以 H 为中心,以 OA 即 1 为半径画圆弧,与所给的圆周交于 KK'.

今以直径 AOD 作 x 轴,直线 $F'OF$ 作 y 轴,则 K 的坐标为

$$\left(-\frac{1}{4},\sqrt{1-\frac{1}{16}}\right)$$

分别以 K 及 K' 为中心，以 OE 即 $\sqrt{2}$ 为半径的二圆弧，因为其交点为 X 及 X'，所以此两交点皆在 X 轴上.

直线 KK' 与点 X 的距离为 $\frac{1}{4}\sqrt{17}$. 由此直角三角形的边之间的关系易得知，而

$$OX=\frac{1}{4}\sqrt{17}-\frac{1}{4}=\frac{\eta}{2}$$

同样
$$OX_1=\frac{\eta_1}{2}$$

分别以 F 及 F' 为中心，OX 为半径画圆弧，又以 X 为中心，OA 为半径画圆弧，以其交点为 L 及 L'，则此两点的横坐标为 $\frac{\eta}{2}$，而其纵坐标分别为 ±1.

再定适合于下面关系的点 Y

$$LY=L'Y=XE$$

此点在 X 轴上，则

$$OY=\frac{\eta}{2}+\sqrt{\left(\frac{\eta}{2}\right)^2+1}=z$$

因为
$$XE=\sqrt{\left(\frac{\eta}{2}\right)^2+2},XY=\sqrt{\left(\frac{\eta}{2}\right)^2+1}$$

以 F 及 F' 为中心，OX_1 为半径画圆弧，又以 X_1 为中心，OA 为半径画圆弧. 以其交点为 M 及 M'，则此两点之横坐标为 $\frac{\eta_1}{2}$，而纵坐标各为 ±1.

而定适合于次之关系之点 Z，有

$$MZ=M'Z=X_1E$$

则
$$OZ=z_2$$

所以

$$X_1E=\sqrt{\left(\frac{\eta_1}{2}\right)^2+2}$$

所以

$$OZ=\frac{\eta_1}{2}+\sqrt{\left(\frac{\eta}{2}\right)^2+1}$$

但需注意 η_1 为负.

最后我们将作 y.

定适合于下面关系的二点 N 及 N',有

$$ON=ON'=NY=N'Y=AZ$$

则此二点的横坐标皆为$\frac{z}{2}$,而其坐标各为

$$\pm\sqrt{(1+z_1)^2-\frac{z^2}{4}}$$

此亦由勾股定理易得知.

决定适合于关系

$$NT=N'T=ZB$$

之点 T,则 $$OT=y$$

因为点 B 的坐标为$\left(-\frac{1}{2},\frac{1}{2}\sqrt{3}\right)$,而点 Z 的坐标为$(Z_1,0)$. 故

$$BZ=\sqrt{1+Z_2+Z_2^2}$$

故是 $$OT=\frac{Z}{2}+\sqrt{\left(\frac{Z}{2}\right)^2-Z_2}=y=2\cos\frac{2\pi}{17}$$

以 T 为中心,以 OA 即 1 为半径画圆弧,使与所给的圆交于两点,则此即所要的二分点(2 及 17),而 D 为分点 1.

此方法称为纪勒儿方法. 其他仅以圆规作图的方法,亦有多种.

§8　高斯割圆方程解法

在商务印书馆早期出版的《数学全书》第三册代数(Von H. Weber 著,邓太朴译)中专门用较长的篇幅介绍了高斯的正 17 边形作法及一般理论.(出于数学史角度的考虑,为了保持原来面貌,我们除极小改动外,不作改动)

(1)今试将高斯割圆方程解法的基本原理作一叙述,并以质次数 $n=p$ 者为限.

用须尼尔曼(Schoenemann)定理,指出割圆方程

$$x^{p-1}+x^{p-2}+\cdots+x+1=0 \tag{8.49}$$

为不可分解者,其解为

$$\omega,\omega^2,\omega^3,\cdots,\omega^{p-1} \tag{8.50}$$

其中无有一解,能满足一有理系数的较低次方程.

(2)高斯方法之基本,在其卓异的根本思想,将式(8.50)中的解以其他顺序排列.我们可将指数 1,2,…,$p-1$ 易以一缩系 $r_1,r_2,\cdots,r_{p-1}\pmod p$.如果是剩余缩系,可用 p 之单纯根的幂来表示,即

$$1,g,g^2,g^3,\cdots,g^{p-2}$$

因此,式(8.50)中的解,如换其次序,则也可列之如下,即

$$\omega,\omega^g,\omega^{g^2},\omega^{g^3},\cdots,\omega^{g^{p-2}} \tag{8.51}$$

按此顺序,可知每一解为其前一解的 g 次方,而末后的解的 g 次方,则因 $g^{p-1}\equiv 1\pmod p$,故与第一个同.如果这样,我们可将诸解组成为一环列.

(3)式(8.51)中之 g^a,亦可用其最小(正或负)余

数(mod p)代之. 为简单计,今采用以下之记法[①],即

$$g^{\alpha} \equiv [\alpha] \pmod{p} \qquad (8.52)$$

则式(8.51)中的解可写作下式,即

$$\omega^{[0]}, \omega^{[1]}, \omega^{[2]}, \cdots, \omega^{[p-2]} \qquad (8.53)$$

关于符号$[\alpha]$,适用以下之规律.

①当且仅当$\alpha \equiv \alpha' (\bmod (p-1))$时,有可能$[\alpha] = [\alpha']$.

②$[\alpha] + [\beta] = [\alpha + \beta]$.

③$[p-1] = [0] \equiv 1 \pmod{p}$.

式(8.53)的和与式(8.50)的和相同,按式(8.49),可知其为-1,故

$$\omega^{[0]} + \omega^{[1]} + \omega^{[2]} + \cdots + \omega^{[p-2]} = -1 \qquad (8.54)$$

(4)现证明一定理如下.

凡系数为有理数的ω之整函数,用置换$(\omega, \omega^{[1]})$时数值上为不变者[②],其值为有理的.

凡ω之整函数,如计及$\omega^{p} = 1$及方程(8.49)时,均可使其成为

$$h(\omega) = a_1\omega + a_2\omega^2 + \cdots + a_{p-1}\omega^{p-1} \qquad (8.55)$$

除顺序而外,指数ω^{μ}与$\omega^{[\alpha]}$相同,故可作为后者的齐次的一次函数表出,即

$$h(\omega) = c_0\omega^{[0]} + c_1\omega^{[1]} + \cdots + c_{p-2}\omega^{[p-2]}$$

而如原来的整函数的系数为有理的,则$a_1, a_2, \cdots, a_{p-1}$与$c_0, c_1, \cdots, c_{p-2}$亦然. 今将$\omega$换为$\omega^{[1]}$,则$h(\omega)$之值不变,故

① 为避免误会,此处需说明一点,此处所用记号$[\alpha]$,其意义为ω^{α}之代.

② 即将ω易为$\omega^{[1]} = \omega^{g}$时,仍无变动.

$$h(\omega)=c_0\omega^{[1]}+c_1\omega^{[2]}+\cdots+c_{p-2}\omega^{[0]}$$

而

$$0=(c_{p-2}-c_0)\omega^{[0]}+(c-c_1)\omega^{[1]}+$$
$$(c_1-c_2)\omega^{[2]}+\cdots+$$
$$(c_{p-3}-c_{p-2})\omega^{[p-2]}$$

倘用 ω 去除，则将余一 ω 的 $(p-2)$ 次的方程，其系数为有理数. 但因割圆方程的不可分解，此为不可能者，故必方程之系数均为 0，即

$$c_0=c_1=c_2=\cdots=c_{p-2}$$

而函数之值为

$$h(\omega)=c_0(\omega^{[0]}+\omega^{[1]}+\cdots+\omega^{[p-2]})=-c_0$$

倘 $h(\omega)$ 的原式内的系数为整数，则 $h(\omega)$ 的值也为整数.

(5) 经置换 $(\omega,\omega^{[1]})$ 后，$\omega^{[0]},\omega^{[1]},\cdots,\omega^{[p-2]}$ 变为 $\omega^{[1]},\omega^{[2]},\cdots,\omega^{[0]}$，故此置换与环置换

$$\pi=(0,1,2,\cdots,p-2)$$

意义相同. 由此置换之反复的使用，可得周期

$$1,\pi,\pi^2,\cdots,\pi^{p-2} \qquad (*)$$

构成一 $(p-1)$ 级的置换群，名为环置换群(8.55).

环置换群的每一变式，式(8.49)其值为有理的.

反之，亦不难知：凡系数为有理数的单位根的整函数，其值为有理者，亦为环置换的不变式.

所有这样的函数，可使其成为式(8.55)的形式，倘若其值为有理数 c，则因割圆方程的不可分解，可知

$$a_1=a_2=\cdots=a_{p-1}=-c$$

因而函数的表达式为

$$-c(\omega+\omega^2+\cdots+\omega^{p-1})=$$
$$-c(\omega^{[0]}+\omega^{[1]}+\cdots+\omega^{[p-2]})$$

而此则为环置换群的不变式.

由这两个定理可知环置换群(*)为割圆方程之伽罗瓦群.

(6)求解割圆方程时,可由推解式以决定属群的不变式,将其添加入群(*)内.

群(*)的阶数 $p-1$ 恒为偶数,故不为质数.今设

$$p-1=ef \tag{8.56}$$

则
$$1,\pi^{e},\pi^{2e},\cdots,\pi^{(j-1)e}$$

为 f 阶的(*)之环置换子群类,不难知[①]其为特殊的属类.与错列 π^{e} 相当者,为置换$(\omega,\omega^{[e]})$.

按式(8.56)之分解法,可将式(8.53)中的解分为 e 类,每类 f 个,其方法是在由一解出发,取其后之第 e 个用之.倘若求每类内所有解的和,则得 f 项的周期

$$\begin{aligned}
\eta_0&=\omega^{[0]}+\omega^{[e]}+\omega^{[2e]}+\cdots+\omega^{[(f-1)e]}\\
\eta_1&=\omega^{[1]}+\omega^{[e+1]}+\omega^{[2e+1]}+\cdots+\omega^{[(f-1)e+1]}\\
&\vdots\\
\eta_{e-1}&=\omega^{[e-1]}+\omega^{[2e-1]}+\cdots+\omega^{[p-2]}
\end{aligned} \tag{8.57}$$

此为各不相同者[②],而由(3)中的规律,不难知它们构成一系统的共轭不变式,它们属于 θe 类,故可知:e 个周期 $\eta_0,\eta_1,\cdots,\eta_{e-1}$ 为一 e 次不可分解的方程之解,其系数为整数,且每一周期可有理地用其中之一来表示.

(7)欲作此方程时,不必先求 $\eta_0,\eta_1,\cdots,\eta_{e-1}$ 的对称函数,而可用以下的定理.

属 θe 类的不变式,可作为周期的齐次的一次函数

① 我们可注意,在环置换的组合方面,交易律可以适用.

② 这可由割圆方程的不可分解性得到.

表之,其系数为有理数.

所有这样的不变式为 ω 的整函数,其系数为有理数,故按(4),可作如下之式,即

$$\begin{aligned}\Phi(\omega)=&c_0\omega^{[0]}+c_1\omega^{[1]}+\cdots+c_{e-1}\omega^{[e-1]}+\\&c_e\omega^{[e]}+c_{e+1}\omega^{[e+1]}+\cdots+c_{2e-1}\omega^{[2e-1]}+\\&c_{2e}\omega^{[2e]}+c_{2e+1}\omega^{[2e+1]}+\cdots+c_{3e-1}\omega^{[3e-1]}+\cdots+\\&c_{(f-1)e}\omega^{[(f-1)e]}+\cdots+c_{p-2}\omega^{[p-2]}\end{aligned}$$

现在用 $\omega^{[e]}$ 来代 ω,则得

$$\begin{aligned}\Phi(\omega^{[e]})=&c_0\omega^{[e]}+c_1\omega^{[e+1]}+\cdots+c_{e-1}\omega^{[2e-1]}+\\&c_e\omega^{[2e]}+c_{e+1}\omega^{[2e+1]}+\cdots+c_{2e-1}\omega^{[3e-1]}+\cdots+\\&c_{[f-1]e}\omega^{[e]}+\cdots+c_{p-2}\omega^{[e-1]}\end{aligned}$$

用置换$(\omega,\omega^{[e]})$时,$\Phi(\omega)$的值不变,故可知

$$\begin{aligned}&\Phi(\omega^{[e]}-\Phi(\omega))=0=\\&(c_0-c_e)\omega^{[e]}+(c_1-c_{e+1})\omega^{[e+1]}+\cdots+(c_e-c_{2e})\cdot\\&\omega^{[2e]}+(c_{e+1}-c_{2e+1})\omega^{[2e+1]}+\cdots\end{aligned}$$

由割圆方程的不可分解性,故可由此知

$$c_0=c_e=c_{2e}=\cdots=c_{[f-1]e}$$
$$c_1=c_{e+1}=c_{2e+1}=\cdots=c_{[f-1]e+1}$$
$$\vdots$$

一般有 $c_\alpha=c_{ke+\alpha}$. 今在 $\Phi(\omega)$这式内将同系数的项合并,则即得

$$\Phi(\omega)=c_0\eta_0+c_1\eta_1+\cdots+c_{e-1}\eta_{e-1}\tag{8.58}$$

如定理所述.

倘 $\Phi(\omega)$的原来系数为整数,则 η_α 的系数亦为整数.

(8)根据此定理,每二周期之积,可用式(8.58)之形式以表之,其系数为整数.

例如[①]

$$\eta_0\eta_0=a_{00}\eta_0+a_{01}\eta_1+\cdots+a_{0,e-1}\eta_{e-1}$$
$$\eta_0\eta_1=a_{10}\eta_0+a_{11}\eta_1+\cdots+a_{1,e-1}\eta_{e-1}$$
$$\vdots$$
$$\eta_0\eta_{e-1}=a_{e-1,0}\eta_0+a_{e-1,1}\eta_1+\cdots+a_{e-1,e-1}\eta_{e-1} \tag{8.59}$$

或

$$(a_{00}-\eta_0)\eta_0+a_{01}\eta_1+\cdots+a_{0,e-1}\eta_{e-1}=0$$
$$a_{10}\eta_0+(a_{11}-\eta_0)\eta_1+\cdots+a_{1,e-1}\eta_{e-1}=0$$
$$\vdots$$
$$a_{e-1,0}\eta_0+a_{e-1,1}\eta_0+\cdots+(a_{e-1,e-1}-\eta_0)\eta_{e-1}=0$$

因割圆方程是不可分解的，$\eta_0,\eta_1,\cdots,\eta_{e-1}$不能有为 0 的，故此系统的齐次方程必须其行列式为 0，所以周期 η_0 为方程

$$\begin{vmatrix} a_{00-z} & a_{01} & \cdots & a_{0,e-1} \\ a_{10} & a_{11-z} & \cdots & a_{1,e-1} \\ \vdots & \vdots & & \vdots \\ a_{e-1,0} & a_{e-1,1} & \cdots & a_{e-1,e-1}-z \end{vmatrix}=0 \tag{8.60}$$

的解，而因这是一个 e 次的方程，又因它是不可行的，故一切周期 $\eta_0,\eta_1,\cdots,\eta_{e-1}$ 均为其解.

(9)倘用此方程将周期决定，则割圆方程的根，即可用以下的定理来得到.

构成周期的 f 个单位根，能满足一 f 次的方程，其系数为周期的一次的整数函数.

此定理可直接由(7)得到，因为 f 个单位根的对

① 构成方程时，可计 $\eta_0+\eta_1+\cdots+\eta_{e-1}=-1$.

称基本函数为 θe 的不变式.

因此,对 $p-1$ 个单位根来说,有 e 个 f 次的方程

$$F_1(z)=0, F_2(z)=0, \cdots, F_e(z)=0$$

而 $$z^{p-1}+z^{p-2}+\cdots+z+1=F_1(z)F_2(z)\cdots F_e(z)$$

此即是,在有理数域内为不可分解的割圆方程,经添入周期后,成为可分解者,按这定理,我们只需添入一周期便可,而求单位根时,亦只需解一个方程 $F_a(z)=0$,求得一单位根后,即可求其方数以得其余者.

(10)方程 $F_a(z)=0$ 亦可按式(8.49)的方法从事.今设 f 亦可分解成为因子

$$f=e'f'$$

则 $$1, \pi^{ee'}, \pi^{2ee'}, \cdots, \pi^{(f'-1)ee'}$$

为(θe)之特殊的属类,其等级为 f',而每一周期分解成为 e' 个亚周期,为$(\theta ee')$之共轭不变式,例如,η_0 可分解成为以下诸亚周期

$$\eta'_0=\omega^{[0]}+\omega^{[ee']}+\omega^{[2ee']}+\cdots+\omega^{[(f'-1)ee']}$$

$$\eta'_e=\omega^{[e]}+\omega^{[e(e'+1)]}+\omega^{[e(2e'+1)]}+\cdots+\omega^{[e(f'-1,e'+1)]}$$

$$\vdots$$

$$\eta'_{e(e'-1)}=\omega^{[e(e'-1)]}+\omega^{[e(2e'-1)]}+\cdots+\omega^{[e(f-1)]}$$

用置换$(\omega, \omega^{[e]})$时,此项亚周期作一环错列,故其对线基本函数为(θe)之不变式,而按(7),可知其可一次地齐次地用 $\eta_0, \cdots, \eta_{e-1}$ 表示.因为构成周期 η_a 的 e' 个亚周期,能满足一个 e'次的方程,其系数可一次地且整数地用 $\eta_0, \cdots, \eta_{e-1}$ 以表之.

易知,此方程于有理性领域 $R(\eta_a)$内①为不可分解

---

① 此即是将 η_a 添入自然有理性领域后所得之有理性领域.

者，且 ee' 个亚周期中，其每个可用其中之一以表之.

此外，并可知亚周期内之单位根，为一个 f' 次的方程的解，其系数为亚周期所组成.

(11)倘若 f' 尚可分解成为因子，则我们仍仿前法为之，将亚周期 η' 再加以分解. 此法可继续应用，直至不能分解为止. 于是最后即可得高斯的方法. 设

$$p-1=\alpha\beta\gamma\cdots\upsilon$$

为所得的质因数分解，并设

$$\frac{p-1}{\alpha}=a,\frac{p-1}{\alpha\beta}=b,\frac{p-1}{\alpha\beta\gamma}=c,\cdots$$

今选取 p 的单纯根，将 $p-1$ 个单位根分配于 α 个周期 η，每周期有 a 项，再于此项周期分解为 β 个周期 η'，每周期有 b 项，并再继续分解之，使每个周期成为 γ 个周期 η''，有 c 项，等等.

①周期 η 决定于整系数的 a 次方程.

②将此方程的一根 η 添入后，周期 η' 为 α 个 β 次的方程所决定，其系数为 $R(\eta)$ 内之数.

③再添入此项方程之一根 η' 后，周期 η'' 为 $\alpha\beta$ 个 γ 次的方程所决定，其系数为 $R(\eta,\eta')$ 内之数.

如果继续用此法，则末后可得一 υ 次的方程，仅以单位根为解.

(12)用高斯的这种方法，倘若 $p-1$ 为 2 之方幂数，则割圆方程的解法，可归为若干二次方程之解. 倘若 $p-1$ 尚有其他的质数含于其内，则割圆方程的解法须归为高于二次的不可分解的方程，不能用若干平方根以求其解，可得定理如下.

将圆分为 n 等份，或求作正 n 边形，只当 n 不含有奇的质因子或仅含有 2^m+1 形式者，且仅单纯的含有

时,能用直尺与圆规作出来.

欲使 2^m+1 为一质数,则必 m 为 2 的方幂数,如 m 含有奇因子 μ,如 $m=q\mu$,则 $2^m+1=(2^p)^\mu+1$ 可为 2^q+1所除.因此,我们可讨论的内容为 $2^{2^v}+1$ 形式之数目,事实上,此于 $v=0,1,2,3,4$ 时为质数,即

$$v=0,2^1+1=3$$

$$v=1,2^2+1=5$$

$$v=2,2^4+1=17$$

$$v=3,2^8+1=257$$

$$v=4,2^{16}+1=65\ 537$$

费马曾臆测 $2^{2^v}+1$ 形式之数均为质数,但欧拉曾证明 $v=5$ 时,有

$$2^{32}+1=4\ 294\ 967\ 297=641\times 6\ 700\ 417$$

于 $v=6$ 及 $v=7$ 时,所得亦非质数;因之,奇边数的多边形可作,其数之多到底为有限或无限,此问题尚未能解答

$$\eta'_0+\eta'_3=\eta_0,\eta'_0\eta'_3=\eta_2$$

故 η'_0 与 η'_3 为二次方程

$$t^2-\eta_0 t+\eta_2=0 \tag{8.61}$$

或

$$t^2-\eta_0 t+\eta_0^2+\eta_0-3=0$$

之根.按式(8.61),可知其二解中之一为正,其他为负,正者为 η'_0.

今再将 η'_0 添加,则单位根 ω 决定于方程

$$\omega^2-\eta'_0\omega+1=0 \tag{8.62}$$

其解为共轭复数,ω 之虚数部分为正数.

如是,13 次的割圆方程,按照 $12=3\times 2\times 2$ 的方法分解,已归为一个三次方程与两个二次方程,固为理论上所已知者.

(13)于 $p=17$ 时,$g=6$ 为一单纯根.单位根为

$$\omega^{6},\omega^{2},\omega^{-5},\omega^{4},\omega^{7},\omega^{8},\omega^{-3},\omega^{-1},\omega^{-6}$$
$$\omega^{-2},\omega^{5},\omega^{-4},\omega^{-7},\omega^{-8},\omega^{3}$$

今作二周期

$$\begin{cases}\eta_0=\omega+\omega^{2}+\omega^{4}+\omega^{8}+\omega^{-1}+\omega^{-2}+\omega^{-4}+\omega^{-8}\\ \eta_1=\omega^{6}+\omega^{-5}+\omega^{7}+\omega^{-3}+\omega^{-6}+\omega^{5}+\omega^{-7}+\omega^{3}\end{cases} \tag{8.63}$$

η_0 中之指数与偶方数 $g^0,g^2,g^4,\cdots$ 同余(mod 17),η_1 中者则与奇方数 $g^1,g^3,g^5,\cdots$ 同余.由此可知,η_0 内的指数遍历 17 之平方余数,η_1 的指数则遍历平方非余数.此于 $\frac{p-1}{2}$ 项的周期均适用之.

今用 ρ 表平方余数,用 v 表非余数,则可写为

$$\eta_0=\sum_{\rho}\omega^{\rho},\eta_1=\sum_{v}\omega^{v}$$

其中,$\eta_0+\eta_1=-1$.

其乘积可作

$$\eta_0\eta_1=\sum\omega^{\rho+v}$$

此为 64 项的和数,我们并可知在 64 个指数 $\rho+v$ 中,已约余数系统(mod 17)之每一数目,均以四次出现.例如,指数 1,其四次为 $\omega^{4}\cdot\omega^{-3},\omega^{8}\cdot\omega^{-7},\omega^{-2}\cdot\omega^{3},\omega^{-4}\cdot\omega^{5}$.故若

$$1\equiv\rho+v\equiv\rho'+v'\equiv\rho''+v''\equiv\rho'''+v'''\pmod{17}$$

则于任何一与 17 相互素之数 k,有

$$k\equiv k\rho+kv\equiv k\rho'+kv'\equiv k\rho''+kv''\equiv k\rho'''+kv'''\pmod{17}$$

而因 $k\rho$ 与 kv 不能同为余数或非余数,故此四者在 $\rho+v$ 之内.因此,事实上,每一指数 k 以四次发现,而

$$\eta_0\eta_1=4\sum\omega^k=-4$$

于是我们对于 η_0,η_1 得一二次方程为

$$z^2+z-4=0 \tag{8.64}$$

其判定式为 $D=17$. 今于式(8.63)内将

$$\omega=\cos\frac{2\pi}{17}+\mathrm{i}\sin\frac{2\pi}{17}$$

代入,则有

$$\eta_0=2\left(\cos\frac{2\pi}{17}+\cos\frac{4\pi}{17}+\cos\frac{8\pi}{17}+\cos\frac{16\pi}{17}\right)=$$

$$4\left(\cos\frac{3\pi}{17}\cos\frac{\pi}{17}+\cos\frac{12\pi}{17}\cos\frac{4\pi}{17}\right)=$$

$$4\left(\cos\frac{\pi}{17}\cos\frac{3\pi}{17}-\cos\frac{4\pi}{17}\cos\frac{5\pi}{17}\right)>0$$

但

$$\eta_1=2\left(\cos\frac{12\pi}{17}+\cos\frac{10\pi}{17}+\cos\frac{14\pi}{17}+\cos\frac{6\pi}{17}\right)=$$

$$4\left(\cos\frac{\pi}{17}\cos\frac{11\pi}{17}+\cos\frac{10\pi}{17}\cos\frac{4\pi}{17}\right)=$$

$$-4\left(\cos\frac{\pi}{17}\cos\frac{6\pi}{17}+\cos\frac{4\pi}{17}\cos\frac{7\pi}{17}\right)<0$$

故可知 η_0 为式(8.64)之正解,η_1 为其负解,即

$$\eta_0=\frac{-1+\sqrt{17}}{2},\eta_1=\frac{-1-\sqrt{17}}{2}$$

(14)今再将 η_0 分解成为亚周期为

$$\eta'_0=\omega+\omega^4+\omega^{-1}+\omega^{-4}=4\cos\frac{3\pi}{17}\cos\frac{5\pi}{17}$$

$$\eta'_2=\omega^2+\omega^8+\omega^{-2}+\omega^{-8}=-4\cos\frac{6\pi}{17}\cos\frac{7\pi}{17} \tag{8.65}$$

则有　　$\eta'_0+\eta'_2=\eta_0,\eta'_0\eta'_2=\eta_0+\eta_1=-1$

故 η'_0 与 η'_2 为方程

$$z^2-\eta_0 z-1=0 \tag{8.66}$$

之根,且 η'_0 为正者,η'_2 为负者.

仿此,并有

$$\eta'_1=\omega^6+\omega^7+\omega^{-6}+\omega^{-7}=-4\cos\frac{\pi}{17}\cos\frac{4\pi}{17}$$

$$\eta'_3=\omega^{-5}+\omega^{-3}+\omega^5+\omega^3=4\cos\frac{2\pi}{17}\cos\frac{8\pi}{17}$$

以及方程

$$z^2-\eta_1 z-1=0 \tag{8.67}$$

于此,η'_1 为其负解,η'_3 为其正解.

(15)此四个亚周期必可有理地用其中之一(及 η_0)来表示.今用 η'_0 来表示 η'_3,由于我们必须要用到它,前面所得的式子为

$$\begin{aligned}\eta'_0\eta'_3=&2(\omega+\omega^{-1}+\omega^4+\omega^{-4})+\omega^2+\omega^{-2}+\omega^8+\omega^{-8}+\\&\omega^6+\omega^{-6}+\omega^7+\omega^{-7}=\\&2\eta'_0+\eta'_2+\eta_1=\eta'_0+\eta_0+\eta'_1=\\&\eta'_0+\eta_0+\eta_1-\eta'_3=\eta'_0-1-\eta'_3\end{aligned}$$

故

$$\eta'_3=\frac{\eta'_0-1}{\eta'_0+1}$$

η'_0 之此种分数函数式,尚可化为 η'_0 与 η_0 之整函数式,用式(8.66)与式(8.64)时,有

$$\begin{aligned}\eta'_3=&\frac{(\eta'_0-1)^2}{\eta'^2_0-1}=\frac{\eta'^2_1-2\eta'_0+1}{\eta_0\eta'_0}=\\&\frac{\eta_0\eta'_0-2\eta'_0+2}{\eta_0\eta'_0}=1-\frac{2}{\eta_0}+\frac{2}{\eta_0\eta'_0}=\\&1-\frac{\eta_0+1}{2}+\frac{1}{2}(\eta_0+1)(\eta'_0-\eta_0)=\\&\frac{1}{2}-\frac{\eta_0}{2}+\frac{1}{2}\eta_0\eta'_0+\frac{\eta'_0}{2}-\frac{\eta_0}{2}-\frac{1}{2}(4-\eta_0)\end{aligned}$$

或

$$\eta'_3=\frac{1}{2}(\eta_0\eta'_0+\eta'_0-\eta_0-3) \qquad (8.68)$$

(16)今再将 η'_0 分解之为

$$\eta''_0=\omega+\omega^{-1}=2\cos\frac{2\pi}{17}$$

$$\eta''_4=\omega^4+\omega^{-4}=2\cos\frac{8\pi}{17}$$

则
$$\eta''_0+\eta''_4=\eta'_0,\eta''_0\eta''_4=\eta'_3$$

故 η''_0 与 η''_4 为

$$z^2-\eta'_0z+\eta'_3=0$$

之根，而按式(8.68)，此方程亦可作

$$z^2-\eta'_0z+\frac{1}{2}(\eta_0\eta'_0+\eta'_0-\eta_0-3)=0$$

并可知 η''_0 为二解中之较大者.

末后，我们立即可由方程

$$\omega^2-\eta''_0\omega+1=0$$

以得单位根 ω. 此方程有二共轭根，ω 之实部为正者.

第9章 费马数与梅森数和完全数

§1 关于完全数与费马数的一个性质①

四川师范大学数学系的庞江宁教授在1989年利用同余理论,对完全数、费马数的数码和证明了如下两个定理:任一个大于6的偶完全数a,其数码和对于模9与1同余.任一个费马数$F_n(n>0)$.当n是正偶数时,其数码和对于模9与-1同余;当n是正奇数时,其数码和对于模9与5同余.

设N是任意一个正整数,它可以写成

① 选自《四川师范大学学报(自然科学版)》,1989年第2期.

$$N = a_n \cdot 10^n + a_{n-1} \cdot 10^{n-1} + \cdots + a_1 \cdot 10 + a_0 \quad (9.1)$$

若记其数码和为 S_N，则易知

$$S_N = a_n + a_{n-1} + \cdots + a_1 + a_0 = \sum_{i=0}^{n} a_i$$

引理 9.1[①]　任一正整数 N 与该数的数码和 S_N 对于模 9 同余，即：$N \equiv S_N \pmod 9$.

引理 9.2[②]　若正整数 $2^n - 1$ 是质数，则 n 必为质数.

利用这两个引理，我们首先可以证明：

定理 9.1　任一个大于 6 的偶完全数 a，其数码和 S_a 对于模 9 与 1 同余.

证明　设 a 是一个大于 6 的偶完全数，由偶完全数的判别定理，有

$$a = 2^n(2^{n+1} - 1)$$

且 $2^{n+1} - 1$ 是质数. 这里由题设知，有 $n > 1$.

根据定理要求，我们只需证明

$$S_a \equiv 1 \pmod 9 \quad (9.2)$$

即可. 由引理 9.1 可知：$S_a \equiv a \pmod 9$，所以，欲证明式(9.2)成立，只需证明

$$a \equiv 1 \pmod 9 \quad (9.3)$$

再由引理 9.2. 若 $2^{n+1} - 1$ 是质数，则 $n+1$ 也必为质数，但由于 $n > 1$，故 $n+1$ 是大于 2 的奇质数，这样，n 就必为偶数. 又因

$$2^3 \equiv -1 \pmod 9 \quad (9.4)$$

---

① 闵嗣鹤，严士健. 初等数论：第 2 版. 人民教育出版社，1982：37-42.

② 张德馨. 整数论. 科学出版社，1958；60-64.

故可设：$n=3\cdot k+l$，此处，$l=0,1$；$l\neq 2$，否则 $n+1$ 将为合数. 所以，下面我们分 $l=0$ 和 $l=1$ 来证明式(9.3).

当 $l=0$ 时，$n=3k$，因为 n 是偶数，所以 k 必为偶数. 故由式(9.4)，我们有

$$a=2^n(2^{n+1}-1)=2^{3k}(2^{3k+1}-1)\equiv$$
$$(-1)^k(2(-1)^k-1)\equiv$$
$$2-1\equiv 1\ (\mathrm{mod}\ 9)$$

即式(9.2)成立.

当 $l=1$ 时，$n=3\cdot k+1$，因为 n 是偶数，所以这里 k 必为奇数，故再由式(9.4)，有

$$a=2^n(2^{n+1}-1)=2^{3k+1}(2^{3k+2}-1)\equiv$$
$$2\cdot(-1)^k\cdot(2^2\cdot(-1)^k-1)\equiv$$
$$-2(-4-1)\equiv 1\ (\mathrm{mod}\ 9)$$

亦即式(9.2)成立.

综上所述，所给定理成立.

因为当 P 是质数时，形如 2^P-1 的数，称为麦生尼数，用 M_P 表示. 由上面定理 9.1 的证明过程及同余的性质知，下面的推论是显然成立的.

推论 9.1 麦生尼数 $M_P=2^P-1$(P 是质数，$P>3$). 当 P 是 $3k+1$ 型质数时，M_P 的数码和对于模 9 与 1 同余；当 P 是 $3k+2$ 型质数时，M_P 的数码和对于模 9 与 4 同余.

下面，我们再来讨论费马数

$$F_n=2^{2^n}+1$$

的数码和. 为了说明问题方便起见，我们先给出下面引理.

引理 9.3 对于 2^n 来说：

(1)当 n 是正偶数时,有 $2^n=3k+1$,且 k 为奇数.

(2)当 n 是正奇数时,有 $2^n=3k+2$,且 k 为偶数.

证明　利用数学归纳法.

(1)当 $n=2$ 时,结论显然成立.

假设结论对于正偶数 n 来说,是成立的,即有

$$2^n=3\cdot k+1,\text{且 } k \text{ 是奇数}$$

下证结论对于 $n+2$ 也成立.

$$2^{n+2}=2^2\cdot 2^n=2^2(3k+1)=$$
$$3(4k+1)+1$$

这里,$4k+1$ 显然是奇数,所以由归纳法原理,结论成立.

(2)当 $n=1,3$ 时,结论显然成立.

假设结论对于正奇数 n 成立,则有

$$2^{n+2}=2^2\cdot 2^n=(3+1)(3k+2)=$$
$$3(4k+2)+2$$

这里,$4\cdot k+2$ 仍是偶数,故由归纳原理,结论成立.

定理 9.2　设费马数 $F_n=2^{2^n}+1$.

(1)当 n 是正偶数时,有

$$S_{F_n}\equiv -1 \pmod 9 \tag{9.5}$$

(2)当 n 是正奇数时, 有

$$S_{F_n}\equiv 5 \pmod 9 \tag{9.6}$$

证明　由前面引理 9.1 知,欲证式(9.5),(9.6)成立,即是要证:当 n 是正偶数时,有

$$F_n\equiv -1 \pmod 9 \tag{9.7}$$

成立.

当 n 是正奇数时,有

$$F_n\equiv 5 \pmod 9 \tag{9.8}$$

成立.所以:

(1)由引理 9.3 知,当 n 为正偶数时,有

$$2^n=3k+1,\text{且 } k \text{ 是奇数}$$

故由前面式(9.4),有

$$F_n=2^{2^n}+1=2^{3k+1}+1=(2^3)^k\cdot 2+1\equiv (-1)^k\cdot 2+1\equiv -2+1\equiv -1 \pmod 9$$

即式(9.5)成立.

(2)同理,由引理 9.3,当 n 为正奇数时,有

$$2^n=3\cdot k+2,\text{且 } k \text{ 是偶数}$$

由前面式(9.4),有

$$F_n=2^{2^n}+1=2^{3k+2}+1=(2^3)^k\cdot 2^2+1\equiv (-1)^k\cdot 2^2+1\equiv 4+1\equiv 5 \pmod 9$$

亦即式(9.6)成立.

综上所述,知定理 9.2 成立.

§2 费马数和梅森数的方幂性[①]

通常,把 $F_n=2^{2^n}+1(n=0,1,2,\cdots)$称为费马数,把 $M_p=2^p-1$(p 为素数)称为梅森数.洪斯贝格曾证明了 F_n 非平方数也非立方数;也有人提出 M_p 也非平方数.武汉大学 91 级数学实验班的曾登高先生于 1994 年拓广他们的工作.

引理 9.4[②] (1)方程 $x^2-1=y^p$($p\geqslant 3$ 为素数)仅有正整数解$(x,y,p)=(3,2,3)$.

① 选自《中学数学(湖北)》,1994 年 3 月.

② 曹珍富.丢番图方程引论.哈尔滨工业大学出版社,1989.

(2)方程 $x^2+1=y^n(n>1)$ 无正整数解.

引理 9.5[①]　(1)若方程 $y^p+1=2x^2(p>3$ 为素数)有正整数解,则除 $x=y=1$ 外,必有 $2p|x$.

(2)方程 $y^3+1=2x^2$ 仅有正整数解 $(x,y)=(1,1),(78,23)$.

引理 9.6　以方程 $\frac{x^n-1}{x-1}=y^m(n\geqslant 3,m>1,x>1)$ 来说:

(1)[②]若 $4|n$,则仅有正整数解 $(x,y,m,n)=(7,20,2,4)$.

(2)[③]若 $m=2$,则仅有正整数解 $(x,y,n)=(7,20,4)$ 和 $(3,11,5)$.

定理 9.3　对任何自然数 $k>1$,F_n 不是 k 次方数.

证明　若 $F_n=y^k$,则 $y^k=F_n=2^{2^n}+1=(2^{2^{n-1}})^2+1$ 与引理 9.4 的(2)矛盾.

关于费马数的如下性质,最早由 J. Rosenbaum 和 D. Finkel[④] 发现:$F_n=F_0F_1\cdots F_{n-2}+2$;由 $F_0F_1\cdots F_{n-2}=F_n-2=(2^{2^{n-1}})^2-1$ 及引理 9.4,即得:

定理 9.4　对任何自然数 $k>1$,$F_0F_1\cdots F_n$ 不是 k 次方数.

---

① 曹珍富. Proc Amer Math Soc. 1986:11－16.

② T. Nagell, Norsk Mat. Tidsskr, 1920:75－78.

③ W. Liunggren, Norsk Mat. Tidsskr, 1943:17－20.

④ J. Rosenbaum and D. Finkel. Problem E152. Amer Math Monthly, 1935:569.

还有更强的结论：

定理 9.5 对任何 $m,n,k>N,k>1,m>n+1$，$F_{n+1}F_{n+2}\cdots F_m$ 不是 k 次方数.

证明 由 $F_n=F_0F_1\cdots F_{n-2}+2$ 知

$$F_{n+1}F_{n+2}\cdots F_m=\frac{(2^{2^{m+1}})^2-1}{(2^{2^{n+1}})^2-1}$$

令 $x=2^{2^{n+1}}$，则 $2^{2^{m+1}}=x^{2^{m-n}}$.

若 $F_{n+1}F_{n+2}\cdots F_m=y^k$，则有

$$\frac{x^{2^{m-n}}-1}{x-1}=y^k$$

因为 $m-n\geqslant 2$，所以 $2^{m-n}>3,x>1$，由引理 9.6 知 $x=7$，这与 $x=2^{2^{n+1}}$ 矛盾.

对于梅森数，我们有如下较强的结论：

定理 9.6 若 p 为素数，$k>1$，则 M_p 不是 k 次方数.

证明 $M_2=2^2-1=3$ 不是 k 次方数，设 p 为奇素数，若 $M_p=y^k$，则

$$y^k=2^p-1=2\cdot(2^{\frac{p-1}{2}})^2-1$$

任取 k 的素因数 q，有

$$(y^{\frac{k}{q}})^q+1=2(2^{\frac{p-1}{2}})^2$$

由引理 9.5 知，(1) 若 $q>3$，则 $2q\mid 2^{\frac{p-1}{2}}$，这不可能；(2) 若 $q=3$，只可能 $2^{\frac{p-1}{2}}=1,y^{\frac{k}{3}}=1$，则 $p=1$ 与 p 为奇素数矛盾. 故只有 $q=2$，从而 k 为偶数，且

$$\frac{2^p-1}{2-1}=y^k=(y^{\frac{k}{2}})^2$$

由引理 9.6 知，此方程无解.

上述证明略加修改即可知：对任何自然数 n，M_n

也不是$k(k>1)$次方数. 我们提出如下猜测供读者研究:

猜测　若$P_1, P_2, \cdots, P_n, \cdots$是素数数列, $m>n+1$, 则$M_{p_{n+1}} M_{p_{n+2}} \cdots M_{p_m}$不是$k(k>1)$次方数.

计算数论的产生

第10章

§1 支持与反证——计算机对数论猜想的贡献

计算机这一世纪的宠儿从刚一诞生那一天，数学家就发现了它无可替代的优势，纷纷将其当作自己研究的助手，利用它证明那些久攻不下的经典猜想或寻求支持的数据，或查访能被推翻的蛛丝马迹.

我们从数学中最重要的常数 π 说起. π 是一个无限不循环小数，只能近似表示. 公元前3世纪，阿基米德把它表示为22/7，它不仅很接近其值，而且实际运算时也够精确了. 阿基米德计算 π 的方法很简单，在直径为1的圆内内接一个边尽可能多的正多边形，再计算正多边

形的周长.正多边形的边越多,则周长就越接近 π 值.例如,为了使 π 值近似到 3.14,则正多边形至少是 96 边形.荷兰莱顿大学教授鲁道夫·范·居伦(Ludolph van Cenlen)不畏艰难,于 1596 年用一个 32 212 254 720边的正多边形把 π 值计算到小数点后面 20 位.以后,范·科伊伦曾把 π 值计算到小数点后 35 位.

一个世纪以后,π 的计算出现了一场革命,微积分的发明使得数学家有可能用方程式来表示 π,最著名的就是 1674 年莱布尼兹发明的无穷级数表示法

$$\pi/4=1-1/3+1/5-1/7+1/9-\cdots$$

这个级数的不足之处类似于阿基米德的多边形,即需要作许多次的加减法才能使 π 值精确.

1706 年,约翰·马勒又发现了一个三项式的变分方程能把 π 值计算到3.141 6.后来马勒又创纪录地把 π 值计算到 100 位.1949 年,第一台计算机 ENICA 运用马勒的方法,花了 70 小时把 π 值计算到 2 037 位.

为了使 π 值更加精确,丘德诺维斯基兄弟运用新的公式把 π 值计算到1 001 196 691位.若要把这么长的数字打印出来,则计算机打印纸至少长达 37 米.

计算 π 值并不是丘德诺维斯基兄弟的主要目标,他们要运用这些数字来解开数论中的一些未解之谜.其中之一就是 π 是不是一个正规数.何谓正规数呢?如果一个数字序列中的数字,在序列中出现的概率相等,数学家就把这个数列定义为"正规".也就是说,在正规数列中,0 到 9 每个数字出现的可能性均为 10%,00 到 99 出现的可能性均为 1%,每个 3 位数出现的可能性均为 0.1%,以此类推.

数学家们很早就猜测 π 是一个正规数，但一直难以证明，原因之一是以前所获得的 π 值的位数还不够多．现在 π 值的位数已达到 10 亿位，因此，丘德诺维斯基兄弟正在对 π 是否是正规数进行证明．

顺便指出，据报道，一位东京大学的 21 岁大学生历时 9 小时 21 分 30 秒，背诵出圆周率小数点后 42 194位数，从而刷新了吉尼斯世界纪录．其间，他的停顿思考时间计 1 小时 26 分 47 秒．

先前背诵圆周率小数点后 4 000 位数的纪录也是一位日本人于 8 年前创下的，当时他用了 17 小时 21 分钟背出来．

自 20 世纪 70 年代波恩大学的舍纳奇（Arnold Schonage）和其他研究人员把快速傅里叶变换（FFT）进一步发展成一个严密的理论后，它就被应用到计算 π 值中．1985 年，加利福尼亚州帕洛阿尔托的 Symbolics 公司的戈斯皮尔（R. William Gosper. Jr）算出了 π 的 1 700 万位．一年以后，国家航空航天局艾姆斯研究中心的贝利（David Bailey）把 π 算到了小数点后 2 900 万位以上．后来，贝利和哥伦比亚大学的查特诺夫斯基（Gregory Chudnovsky）又创造了 10 亿位的记录，而东京大学的金田（Yasumasa Kanada）则报告说他把 π 算到 350 亿位．如果有人想在家里查验这一结果，金田说 π 的第 10 亿小数位是 9．

黎曼（Riemann）假说是未解决的著名数学猜想之一．一个多世纪以来，许多优秀数学家，为寻求这个问题的解答，消耗了大量时间．这个问题之所以继续引人注意，正如纽约大学数学系的爱德沃斯（Harold M. Edwards）所说，是因为它看起来似乎是“逗人地容易

解答”，而其解答或许会揭示出具有深远意义的新（数学）技术，例如，其解答与素数分布有关系．据说英国大数学家哈代（Hardy）在每次横渡大西洋的航行中及每年的新年祝愿中都提到他证明了黎曼猜想，前者是为了防止发生意外，因为他认为黎曼猜想不可能被证明，后者是真心希望这一巨大的幸运落到他头上．最近，位于新泽西州默里山的贝尔实验室的奥德利兹科和阿姆斯特丹的数学和计算机科学中心的里利（Herman te Riele）证明，一个一度被认为是证明黎曼猜想的可能途径的数学猜想，是不能成立的．一位数学家说，虽然这一证明并不惊奇，但“它是一个重大的成就”．

奥德利兹科和里利考虑的是默顿猜想．如果这一猜想正确的话，这将暗示黎曼猜想也正确．这一猜想涉及一种叫作麦比乌斯（Möbius）函数记为 $\mu(n)$ 的奇特函数，这里 n 为正整数．当 $n=1$ 时，$\mu(1)=1$；若 n 的因子包含两个或两个以上的同一个素数，则 $\mu(n)=0$；若 n 能被不等素数整除的话，则 $\mu(n)=1$ 或 -1（取决于素因数的个数是偶数还是奇数）．据此，$\mu(12)=0$，因为 $12=3\times2\times2$（同一素数出现一次以上），而 $\mu(15)=1$，因为 $15=5\times3$（两个不等素数）．约100年前，数学家默顿猜想，从 $n=1$ 一直到 n 等于某一数值的所有 $\mu(n)$ 的各项的总和，总是小于 n 的平方根．即在那以后，数学家已证明，在数值100亿以内，这一猜想是正确的，$\sum_{i=1}^{n}\mu(i)\leqslant\sqrt{n}$．例如，$\mu(1)\leqslant\sqrt{1}$，$\mu(1)+\mu(2)=0<\sqrt{2}$，$\mu(1)+\mu(2)+\mu(3)=-1<\sqrt{2}$ 等．

奥德利兹科和里利采取间接方法，以求证明，对一个足够大的数来说，这一猜想不再成立．他们用一种新发明的、特别快速的通过高速计算机进行的高效的数学算法，找出默顿猜想所需要的和的“古怪”平均值．由于平均值总是小于取平均值数列里的最大的数，因而只要证明该平均值本身是一个足够大的数就行了．这两位研究人员找到了这么一个平均值，虽然他们还未求得该猜想不再成立时的特定数或反例．

奥德利兹科说：“据我们猜测，这些反例是很巨大的．我个人猜测它们应大于 10^{30}，但我们的确还不知道．”他还说：“我们认为，我们能猜中这个猜想不再成立的可能邻数或邻位，不过，这个数真是难以想象的巨大：10×10^{70} 幂．这个数远远超过任何人能进行计算的范围．”

宾夕法尼亚州立大学的数学家安德鲁斯（George E. Andrews）说：“（默顿猜想）不再成立这一事实，不会使任何人感到惊奇．令人惊奇的是，竟有人能找到如此巨大的数字，大到使这个猜想不再成立．”贝尔实验室的格雷厄姆（Ronald L. Graham）说：“奥德利兹科和里利的研究表明，采用算法进行人们已从事了一百年的研究，其效率要比过去高多少．”

§2 寻找基本粒子——费马的办法

素数是物理学中基本粒子的数学等价物．虽然计算机已经使求任何数的素数结构更为容易，但是数学家仍然有许多工作要做．

欧几里得约在公元前 350 年就已经知道：除 1 以

外的任何正整数要么是素数，要么是一个唯一的素数集的乘积．这一简单而重要的结果充分证明了算术基本定理是合理的．这意味着，素数在所有整数理论中处于类似于化学家的元素或物理学家的基本粒子的地位．一个已知数的素数分解（怎样把那个数表示成素数的乘积）告诉你许多有关这个数的情况．

可见，检验一已知数是否是素数，与确定它的某些或全部素因子有着密切的关系．给定一个数 N，确定 N 是否是素数的最明显的方法是系统地寻找能除尽它的任何较小的数，首先用2试，然后是3，接着是4，5，等等，一直到 $N-1$．如果其中有一个除尽 N，那么 N 就不是素数，并且你就会发现它的一个因子，第一个找到的因子总是素因子．在理论上通过以这个因子除 N 并以商重复这一过程，它可以一直进行到你得到完全的素数分解．

如果你停止这一过程并思考它，那么你会发现，有几种加速这一试除过程的方法，如著名的埃拉托塞尼筛法．首先，一旦你发现2不能除尽 N，那么就不必再用其他偶数试除．同样，如果3不能除尽 N，那么就不必再用任何3的倍数试除．概括这些观察，你会看到，实际上只需用素数试除．除此之外，也不必用比 $\sqrt{N}$ 更大的素数试除，如果 N 没有小于或等于 $\sqrt{N}$ 的除数，那么 N 就一定是素数．

在计算机上，这种试除方法对约有10位数的中等数处理得很好（与其存入一长列试除的素数，往往不如存入例如前20个左右的素数更好，然后用所有的不是任何这些素数的倍数的奇数试除．这一思想有各种不同的改进方法）．但是正如表10.1所表明的，即使在一个很快的计算机上，对于那些大于 20 位数的数，这种试除方法也是不现实的. 对于更大的数，例如，在 20 到1 000位数之间，有几种有效的检验来确定一个数是否是素数——称之为素性检验，它在试除的需要的一小部分时间内就能得出一个结果.

这些更有效的方法除了仅仅使用一个素数的定义之外，还应使用素数的一些数学性质. 但是，提到它们的速度就要付出代价. 如果这样的检验表明一个数 N 不是素数，那么它不能提供有关 N 的因子的任何信息. 你得到的全部信息仅仅是这样一个事实：N 不是素数——再无更多的内容. 如果你想知道这些因子，你就不得不从头开始用一种不同的方法，并且这会是相当艰苦的. 对于素性，尚有几种有效的检验方法，而对于因子分解一个大约 80 位数的数，还没有一种公认的方法.

表 10.1　大数的素性需要冗长的检验

数的位数	试除	ARCL 素性
20	2 小时	10 秒
50	10^{11} 年	15 秒
100	10^{38} 年	40 秒
200	10^{86} 年	10 分
1 000	10^{488} 年	1 星期

1984 年，位于新墨西哥州阿尔伯基的 Sandia 国家实验室的数学家对一个异常困难的 71 位数进行了因子分解，打破了他们最近创立的因子分解数的世界纪录. 这些研究人员使用一台更大型、更快速的计算机和更精细的算法，只花了 9 个小时的时间，就把这个

71 位数的因子分解出来了. 但在目前要证明一个仅有几千位的“随机”素数的确是一个素数需要进行相当多的计算. 例如，1992 年伯纳德(Cluude Bernard)大学的莫里安(Fran Cois Morian)运用与伊利诺伊大学的阿特金(A. O. L. Atkin)及其他人联合研究出的方法，在计算机上花了几个星期的时间证明了某个有1 505 位的数字(称为分隔数)是素数.

这里所讨论的是一种能求出任何数的素因子的方法. 显然，一个正好是许多小素数的积的大数，例如，$2^{100} \times 3^{50}$，能够用试除得到因子分解. 但是，一个为两个 100 位的素数的积的 200 位的数，却超出了任何已知的解决方法的应用范围. 这个事实被用来设计一种非常安全的密码形式，它叫作 RSA 公开电码系统(RSA 表示 Rivest，Shamir 和 Adleman，它以发明这种方法的这三位数学家的姓名命名. 他们是麻省理工学院的鲁梅利，以色列魏茨曼科学研究所沙米尔和南加利福尼亚大学的阿德利曼). 粗略地讲，在 RSA 系统中，对一条消息编码相当于乘两个大素数——这是容易的，译码则相当于因子分解那个大的乘积——这是只有知道了这两个素因子时才能完成的工作，使得这种方法特别有用的是：对一条消息编码不需要知道这两个素数，只需它们的积. 因此，除了这个消息的接受者外，任何人都不必知道译码的这两个素因子. 这个特征使这个系统能实际用于一个公开的通信网络. 只有当一个数有一个特殊的形式，并且对这个形式我们可以使用特别的数学技巧时，我们才能够因子分解这个大于约 80 位数的数. 费马数是一个恰当的例子.

费马本人发现了一个做这件事的特别简单的方

法.这个思想是运用代数恒等式

$$x^2-y^2=(x+y)(x-y)$$

如果 N 是你要因子分解的数(这时,你已经知道它是复合奇数,并且没有任何小素数因子),那么你设法找到这样的 x 和 y,使 $N=x^2-y^2$.

这样,第一个恒等式就给了你 N 的两个因子($x+y$)和($x-y$).当然,也许其中之一是素数,但是,这时你可以对它们每一个重复这一过程,并且可以一直进行下去,直到你的确得到素数.由于你处理的这些数一直是越来越小的,所以整个过程将很快结束.

为了找到 x 和 y,你把第二个方程重写为

$$y^2=x^2-N$$

从那个其平方大于 N 的最小的 x 开始,你反复地一次给 x 增加 1,并检查每一步,看看是否 x^2-N 是一个完全平方.如果是,那么因子分解就完成了;反之,则继续进行.

供你本人进行的一个很好的例子是对 119 143 的因子分解.其平方超过119 143的最小数是 346,因此,你以考虑

$$346^2-119\ 143=119\ 716-119\ 143=573$$

开始,因为 573 不是一个完全平方数,你继续进行,考虑下一个 347,经一个相当少的步骤,这个过程就可引出一个因子分解.

显然,费马的方法特别(并且仅仅)适用于这样一些数:它们是两个差不多相等的素数的积,因此,它们两者都非常接近于这个数的平方根,这正是费马搜寻方法的起点.

莫里森(Morrison)和布里尔哈特因子分解 F_7 所

使用的方法有它不同于费马方法的起点.代替寻找 $N=x^2-y^2$ 的解,他们寻找(不等于)这样的 x 和 y(小于 N),即

$$x^2=y^2(\bmod N)$$

这个方程存在更多的解,但它们有时不满足上一个方程.因此,就有更多的机会找到这个方程的一个解.

由于这个方程意味着 N 整除 x^2-y^2,或者换言之,N 整除 $(x+y)(x-y)$,所以,这个方程的一个解将给出一个因子分解.因此,N 和 $(x+y)$ 的最大公因子是 N 的一个非平凡因子.由于欧几里得算法给出了计算最大公因子的一个非常有效的方法,所以,一旦你找到 x 和 y,那么这一艰巨工作就告结束.

系统搜寻该方程的解有各种办法.布里尔哈特和莫里森采用的方法涉及考虑 $\sqrt{N}$ 的连分数展开式.实际上,他们的方法以试图因子分解几个小得多的数的问题代替了寻找大数 N 的因子的问题.通过平行地施行这些更小的因子分解,从而运用现代计算机技术,这使得最近对这个方法的改进大大提高了它们的速度.

波拉德用于因子分解 F_8 的方法是蒙特卡罗方法(Monte Carlo method)的一个例子.正如这个名称所暗示的,这样的方法依赖于"确保"它们成功的概率规律.这个思想非常简单,并且容易在一个家用微型计算机上完成.为了因子分解 N,你以选择某个简单的多项式,例如,x^2+1,和一个小于 N 的数 x_0 开始.然后,你以(在多项式 x^2+1 的例子中)下述迭代过程计算 N 以下的整个数列 $x_0,x_1,x_2,\cdots$,即

$$x_{n+1}=(x_n^2+1)(\bmod N)$$

当你进行时,对于 $h=2^i-1$ 和 $2^i\leqslant k\leqslant 2^{i+1}$,你注意 x_k-x_h 这些数中的每一个(当 i 值递增时).该方法的理论背景是:有一个很高的概率,使你迅速找到 k,h 值,使得 x_k-x_h 和 N 的最大公因子大于1(并且因而有一个 N 的恰当因子),这比运用欧几里得算法容易算出.这个概率依赖于多项式和初始值 x_0 的选择.多项式 x^2+1 对那些微型计算机能对付的数处理得很好.为了因子分解 F_8,布伦特和波拉德采用了 $x^{210}+1$.对多项式的一个"不利"选择可能导致不能产生一个因子分解的无穷连续的迭代.

§3 爱模仿的日本人——推广的费马数

在高科技领域,世界上似乎公认了两大模式,即美国的独创领先优势和日本紧随其后的模仿发扬光大的能力.后一种模仿性据说源自于日本人的国民性之中,这种模式在数学中也时有体现,以费马数的研究为例.

由于计算机的介入,使得我们有能力将费马数推广为关于 x 的多项式

$$F_n(x)=x^n+1,n=0,1,2,\cdots$$

显然,通常的费马数是其当 $x=2$ 时的特例.

1983 年,五位美国数学家布里尔哈特、莱默、塞尔弗里奇、塔克曼(Bryant Tuckerman)、瓦格斯塔夫(S. S. Wagstaff)联合研究了 $x=2,3,5,6,7,10,11,12$ 时的情形,并进行了素因子分解.

1986 年 1 月日本上智大学理工学部的森本先生

利用 PC9801 型计算机对 $F_n(x)$，当 $n=0,1,2,3,4,5,6,7$；$x=2,3,4,5,\cdots,1\ 000$ 时是否为素数进行了研究. 由于当 x 是奇数时，$F_n(x)$ 为偶数，所以他同时观察了 $F_n(x)/2$ 的情形.

森本先生说：若用微机能够做以上的工作，那确实是一件幸运的事情.

若设 $P=2^n$，那么 $F_n(x)$ 就成为 $2p$ 次的分圆多项式 $\varphi_{2p}(x)$.

现在设

$$A_n=\{x\mid 2\leqslant x\leqslant 1\ 000 \text{ 且 } F_n(x)\text{是素数}\}$$

$$B_n=\{x\mid 2\leqslant x\leqslant 1\ 000 \text{ 且 } F_n(x)/2 \text{ 是素数}\}$$

则 A_n 和 B_n 的因素数的个数 $\#A_n$ 和 $\#B_n$ 如表 10.2 所示.

表 10.2

n	$F_n(x)$	$\#A_n$	$\#B_n$
0	$x+1=\Phi_2(x)$	167	95
1	$x^2+1=\Phi_4(x)$	111	129
2	$x^4+1=\Phi_8(x)$	110	110
3	$x^8+1=\Phi_{16}(x)$	40	41
4	$x^{16}+1=\Phi_{32}(x)$	48	40
5	$x^{32}+1=\Phi_{64}(x)$	22	20
6	$x^{64}+1=\Phi_{128}(x)$	8	16
7	$x^{128}+1=\Phi_{256}(x)$	7	3
8	$x^{256}+1=\Phi_{512}(x)$	4	4

（A_n 和 B_n 所属的 x 的一览表见表 10.3 和表 10.4）

对于 $F_2(x)=x^4+1$，Lal 于 1976 年计算并列出 $2\leqslant x\leqslant 4\ 004$ 区间内的 376 个素数. 他的最大的素数没有超过 $4\ 002^4+1=P_{15}$（15 位的素数）.

我们用 PC 9801 微机，可以对 30 位以下的所有整数进行素因子分解. Lal 的研究是用 1960 年生产的 3 台 IBM 1620 进行的,而森本先生的 PC 9801 远比他的机器先进.

下面的递推公式是成立的:$F_n(x)=F_{n-1}(x^2)$.

他所发现的 300 位以上的素数是

$$F_7(234)=P_{304},F_7(506)=P_{347},F_7(532)=P_{349}$$

$$F_7(548)=P_{351},F_7(960)=P_{382}$$

$$F_8(278)=P_{382},F_8(614)=P_{714}$$

$$F_8(892)=P_{756},F_8(898)=P_{757}$$

戈鲁丁(Gloden)在 1962 年曾列出了 $F_2(x)/2$, $2\leqslant x\leqslant 1\ 000$ 范围内的素数.

对于 $F_3(x)=x^8+1$,戈鲁丁 1965 年在 $x<152$ 时进行了素因子分解,而 $F_3(x)$,$2\leqslant x\leqslant 1\ 000$,由于它小于 $10^{24}+1$,因此用 PC 9801 机完全可以进行素因子分解.

使 $F_n(x)$ 为素数的 n,x 值($2\leqslant x\leqslant 1\ 000$).

($n=0,1$ 时,由于 $F_n(x)\leqslant 10^6+1$ 容易分解,因此表中省略)

表 10.3

$n=2$	$x=$								
2	4	6	16	20	24	28	34	46	48
54	56	74	80	82	88	90	106	118	132
140	142	154	160	164	174	180	194	198	204
210	220	228	238	242	248	254	266	272	276
278	288	296	312	320	328	334	340	352	364
374	414	430	436	442	466	472	476	488	492
494	498	504	516	526	540	550	554	556	566

续表10.3

568	582	584	600	616	624	628	656	690	702
710	730	732	738	742	748	758	760	768	772
778	786	788	798	800	810	856	874	894	912
914	928	930	936	952	962	966	986	992	996
$n=3$	$x=$								
2	4	118	132	140	152	208	240	242	288
290	306	378	392	426	434	442	508	510	540
542	562	596	610	664	680	682	732	782	800
808	866	876	884	892	916	918	934	956	990
$n=4$	$x=$								
2	44	74	76	94	156	158	176	188	198
248	288	306	318	330	348	370	382	396	425
456	470	474	476	478	560	568	598	642	686
688	690	736	774	776	778	790	830	832	834
846	900	916	940	956	972	982	984		
$n=5$	$x=$								
30	54	96	112	114	132	156	332	342	360
376	428	430	432	448	562	588	726	738	804
850	884								
$n=6$	$x=$								
102	162	274	300	412	562	592	728		
$n=7$	$x=$								
120	190	234	506	532	548	960			
$n=8$	$x=$								
278	614	892	898						

使 $F_n(x)/2$ 为素数的 n 与 x 的值（$2 \leqslant x \leqslant 1\,000$）.

（$n=0,1$ 时的表省略，* 号表示没有完成素数判定的概素数）

表 10.4

$n=2$	$x=$								
3	5	7	11	13	17	21	23	29	35
39	57	61	65	71	73	81	103	105	113
115	119	129	153	165	169	171	199	203	205
251	259	267	275	309	313	317	333	337	339
353	363	403	405	415	419	431	445	449	453
455	463	471	477	479	487	503	505	513	517
523	537	539	543	551	561	567	573	579	605
607	613	623	639	643	649	657	677	681	701
703	713	719	721	725	745	761	769	795	805
811	819	821	829	833	843	845	855	857	879
883	891	895	913	917	919	931	963	965	997
$n=3$	$x=$								
9	13	33	43	47	51	53	69	81	145
185	205	237	239	305	323	341	365	373	395
409	433	451	455	491	501	519	531	553	557
565	577	705	723	747	795	835	841	859	951
973									
$n=4$	$x=$								
3	9	29	41	73	81	87	111	113	157

续表10.4

167	173	187	195	199	253	295	301	309	371
391	403	435	441	485	525	575	585	589	599
607	617	657	669	779	789	905	955	969	995
$n=5$	$x=$								
3	9	21	65	75	163	181	191	229	251
363	527	583	589	605	763	831	839	847	971
$n=6$	$x=$								
3	35	51	85	353	427	429	587	727	803
837*	863	883	919	965	981				
$n=7$	$x=$								
113*	499*	871*							
$n=8$	$x=$								
331*	507*	665*	819*						

几种计算法如下.

(1)尝试分解运算.

我们已知 $F_n(x)$ 的奇素数 q,可写成 $q=2^{n+1}k+1$. 再以 $q=2^{n+1}k+1, k=1,2,3,\cdots$ 依次分解 $F_n(x)$. 这时,为了使 $(q,3)=1,(q,5)=1,(q,7)=1$. k 值可取周期为 105 车轮法(Wheel method). 这样,可以减少分解运算次数.

森本首先用此方法求出了 $q\leqslant 10^6$ 的素因子.

(2)费马测验.

如果在 $F_n(x)$ 和 $F_n(x)/2$ 中,没有发现小的素数时就用费马测验进行测验. 即用 $b=2,3,5,7$,对费马小定理的假设(1)进行测验. 费马测验是以幂乘的形式进行的,因此和尝试分解运算相比,具有判定速度快的优点.

费马小定理 设 m 为自然数,b 是素数,当 $b\nmid m$ 时,若 $b^{m-1}\not\equiv 1 (\mathrm{mod}\ m)$,则 m 是合成数.

当 m 满足 $2^{m-1}\equiv 1, 3^{m-1}\equiv 1, 5^{m-1}\equiv 1, 7^{m-1}\equiv 1 (\mathrm{mod}\ m)$时,称 m 为概素数(probable prime)(当 m 的位数小于或等于 7 时).

(3)素数判定法.

对于没有小素数,而被费马测验判定为概素数的数可以用下面的判断法.

定理 10.1 设 m 为自然数,对 $m-1=\gamma$, $F=p\prod_{j=1}^{n} q_j^B \beta_j$ 进行 $m-1$ 素因子分解,且设$(p,F)=1$,使 q_j 为互相不同的素数.

若对于所有 q_j 存在一个满足:

(1) $(a_j^{(m-1)/q_j-1}, m)=1$;

(2) $a_j^{(m-1)}\equiv 1 (\mathrm{mod}\ m)$.

的 a_j,那么当 $R<\sqrt{m}$ 时,m 为素数.

而我们的情况是

$$F_n(x)-1=x^{a^m}, 2\leqslant x\leqslant 1\ 000$$

因此,对 $F_n(x)-1$ 的完全素因数分解很容易.若设 $p=2^n$,那么可分解为

$$F_n(x)/2-1=(x^p-1)/2=(1/2)\prod_{a|p}\Phi_d(x)$$

利用此法,对 $F_n(x)/2-1$ 的素因子分解也不难.

表 10.5,10.6,10.7,10.8 列出了对 $n=5,6,7,8$ 的计算结果.

表 10.5

$F_5(x)/2-1=(1/2)(x-1)(x+1)\Phi_4(x)\Phi_8(x)\Phi_{16}(x)\Phi_{32}(x)$

(表中的 C * * 表示 * * 位的复合数,PRP * * 表示 * * 位的概素数,* 为普通乘号,2 * 5=2×5)

$F_5(3)/2=(1/2)(2)(2^2)(2*5)(2*41)(2*17*193)(2*21\,523\,361)$

$F_5(9)/2-1=(1/2)(2^3)(2*5)(2*41)(2*17*193)(2*21\,523\,361)(2*926\,510\,094\,425\,921)$

$F_5(21)/2-1=(1/2)(2^2*5)(2*11)(2*13*17)(2*97\,241)(2*62\,897*300\,673)(2*1\,217*2\,689*31\,873*6\,857\,635\,489)$

$F_5(65)/2-1=(1/2)(2^5)(2*3*11)(2*2\,113)(2*8\,925\,313)(2*17^2*113*577*8\,455\,217)(2*2\,615\,329*1\,011\,422\,561*19\,192\,199\,272\,577)$

$F_5(75)/2-1=(1/2)(2*37)(2^2*19)(2*29*97)(2*1\,153*13\,721)(2*17^2*1\,732\,057\,353\,617)(2*2\,273*339\,841*558\,913*843\,649*1\,375\,843\,393)$

$F_5(163)/2-1=(1/2)(2*3^4)(2^2*41)(2*5*2\,657)(2*601*587\,281)(2*17*2\,275\,681*6\,440\,365\,793)(2*577*175\,937*59\,125\,601*20\,685\,361\,308\,269\,128\,129)$

续表10.5

$F_5(x)/2-1=(1/2)(x-1)(x+1)\Phi_4(x)\ \Phi_8(x)\ \Phi_{16}(x)\ \Phi_{32}(x)$

$F_5(181)/2-1=(1/2)(2^2*3^2*5)(2*7*13)(2*$
$16\ 381)(2*1\ 777*301\ 993)(2*$
$17*2\ 801*4\ 289*22\ 817*$
$123\ 601)(2*6\ 113*C33)$

$F_5(191)/2-1=(1/2)(2*5*19)(2^5*3)(3*17*$
$29*37)(2*41*16\ 230\ 041)(2*$
$113*337*1\ 301\ 057*$
$17\ 874\ 433)(2*25\ 537*3\ 558\ 913*$
$1\ 288\ 350\ 857\ 153*13\ 396\ 226\ 490\ 497)$

$F_5(229)/2-1=(1/2)(2^2*3*19)(2*5*23)(2*13*$
$2\ 017)(2*17*73*1\ 108\ 001)(2*$
$449*8\ 421\ 850\ 388\ 552\ 369)(2*$
$53\ 569*447\ 510\ 529*$
$1\ 192\ 946\ 382\ 899\ 184\ 646\ 304\ 161)$

$F_5(231)/2-1=(1/2)(2*5^3)(2^2*3^2*7)(2*17^2*$
$109)\ (2*1\ 984\ 563\ 001)(2*1\ 553*$
$14\ 517\ 809*349\ 371\ 313)(2*769*$
$34\ 369*344\ 801*371\ 617*$
$36\ 643\ 101\ 233\ 612\ 887\ 073)$

$F_5(363)/2-1=(1/2)\ (2*181)\ (2^2*7*13)(2*5*$
$133\ 177)\ (2*8\ 681\ 534\ 681)(2*17*$
$8\ 866\ 946\ 401\ 026\ 380\ 833)(2*193*353*$
$667\ 027\ 885\ 932\ 187\ 019\ 776\ 141\ 089\ 853$
$942\ 849)$

续表10.5

$F_5(x)/2-1=(1/2)(x-1)(x+1)\Phi_4(x)\Phi_8(x)\Phi_{16}(x)\Phi_{32}(x)$

$F_5(527)/2-1=(1/2)(2*263)(2^4*3*11)(2*5*$
27 773)(2 * 33 529 * 1 150 249)(2 *
7 681 * 387 290 782 501 709 761)(2 *
97 * 293 729 * C36)

$F_5(583)/2-1=(1/2)(2*3*97)(2^3*73)(2*5*41*$
829)(2 * 113 * 5 641 *
90 617)(2 * 17 * 881 * 1 489 * 7 681 *
38 956 609 297)(2 * C44)

$F_5(589)/2-1=(1/2)(2^2*3*7^2)(2*5*59)(2*$
89 * 1 949)(2 * 137 * 337 *
1 303 409)(2 * 17 * 673 *
633 035 954 089 813 601)(2 *
104 909 476 749 264 954 017 880 186 806
505 718 862 261 281)

$F_5(605)/2-1=(1/2)(2^2*151)(2*3*101)(2*197*$
929)(2 * 66 987 150 313)(2 *
17 * 113 * 1 553 * 3 008 251 770 424
001)(2 * 353 * 9 920 353 *
45 999 611 872 141 555 938 013 987 807
231 457)

$F_5(763)/2-1=(1/2)(2*3*127)(2^2*191)(2*5*$
58 217)(2 * 17 * 193 * 577 *
89 513)(2 * 257 * 4 177 * 32 801 *
1 631 103 896 449)(2 * 279 232 033 *
140 905 184 129 167 675 805 573 151 809
946 725 953)

续表10.5

$F_5(x)/2-1=(1/2)(x-1)(x+1)\Phi_4(x)\ \Phi_8(x)\ \Phi_{16}(x)\ \Phi_{32}(x)$

$F_5(831)/2-1=$(1/2)(2 * 5 * 83)(2^6 * 13)(2 * 449 * 769)(2 * 17 * 1 193 * 11 756 681)(2 * 113 * 6 833 * 147 261 198 397 812 449)(2 * 97 * 257 * 176 641 * 15 082 721 * 78 591 521 * 4 953 756 112 183 611 285 409)

$F_5(839)/2-1=$(1/2)(2 * 419)(2^3 * 3 * 5 * 7)(2 * 109 * 3 229)(2 * 93 553 * 2 648 257)(2 * 17 * 113 * 513 473 * 124 457 397 158 177)(2 * 97 * 193 * 257 * *C*40)

$F_5(847)/2-1=$(1/2)(2 * 3^2 * 47)(2^4 * 53)(2 * 5 * 71 741)(2 * 41^2 * 401 * 381 761)(2 * 17 * 50 833 * 153 264 871 168 249 121)(2 * 980 935 457 * 35 765 486 487 066 475 888 241 538 735 692 018 273)

$F_5(971)/2-1=$(1/2)(2 * 5 * 97)(2^2 * 3^5)(2 * 197 * 2 393)(2 * 17 * 73 * 4 817 * 74 353)(2 * 337 * 7 489 * 156 556 142 592 362 017)(2 * 14 657 * *C*44)

表 10.6

$F_6(x)/2-1=(1/2)(x+1)(x+1)\Phi_4(x)\ \Phi_8(x)\ \Phi_{32}(x)\Phi_{64}(x)$

$F_6(3)/2-1=F_5(9)/2-1$

$F_6(35)/2-1=(1/2)(2*17)(2^2*3^2)(2*613)(2*750\ 313)(2*113*449*22\ 191\ 649)(2*577*4\ 694\ 231\ 174\ 092\ 284\ 521\ 569)(2*193*257*83\ 969*PRP40)$

$F_6(51)/2-1=(1/2)(2*5^2)(2^2*13)(2*1\ 301)(2*73*46\ 337)(2*22\ 883\ 972\ 285\ 201)(2*97*10\ 797\ 447\ 165\ 975\ 764\ 827\ 037\ 633)(2*C55)$

$F_6(85)/2-1=(1/2)(2^2*3*7)(2*43)(2*3\ 613)(2*41*337*1\ 889)(2*97*881*15\ 943\ 136\ 609)(2*1\ 115\ 401\ 577\ 366\ 753*3\ 328\ 446\ 352\ 539\ 521)(2*769*C59)$

$F_6(353)/2-1=(1/2)(2^5*11)(2*3*59)(2*5*17*733)(2*7\ 763\ 701\ 441)(2*12\ 738\ 353*9\ 463\ 556\ 247\ 377)(2*30\ 977\ 821\ 093\ 313*938\ 241\ 034\ 824\ 994\ 602\ 599\ 423\ 297)(2*193*1\ 217*C76)$

续表10.6

$F_6(x)/2-1=(1/2)(x+1)(x+1)\Phi_4(x)\ \Phi_8(x)\ \Phi_{32}(x)\Phi_{64}(x)$

$F_6(427)/2-1=(1/2)(2*3*71)(2^2*107)(2*5*$
18 233)(2 * 17 * 3 889 * 251 417)(2 *
106 961 * 5 166 156 401 277 281)(2 * 449 *
13 069 058 369 * 104 069 954 843 796
188 901 575 733 601)(2 *
204 161 * C79)

$F_6(429)/2-1=(1/2)(2^2*107)(2*5*43)(2*17*$
5 413)(2 * 1 93 * 87 748 937)(2 *
54 193 * 23 352 257 * 453 269 281)(2 *
109 389 411 041 *
6 016 049 420 352 070 143 485 532 870
721)(2 * 1 153 * PRP81)

$F_6(587)/2=(1/2)(2*293)(2^2*3*7^2)(2*5*$
34 457)(2 * 17 * 44 953 * 77 681)(2 *
13 841 * 509 222 219 719 157 921)(2 *
193 * 769 * 12 524 036 944 577 *
53 450 483 172 022 273 214 188 769)(2 *
257 * 4 481 * C83)

$F_6(727)/2-1=(1/2)(2*3*11^2)(2^3*7*13)(2*5*$
17 * 3 109)(2 * 521 * 268 083 401)(2 *
32 103 713 * 1 215 318 270 605 057)(2 *
286 260 692 257 *
10 635 523 239 349 573 550 370 733 823
584 033)(2 * 257 * C89)

续表10.6

$F_6(x)/2-1=(1/2)(x+1)(x+1)\Phi_4(x)\ \Phi_8(x)\ \Phi_{32}(x)\Phi_{64}(x)$

$F_6(803)/2-1=$(1/2)(2 * 401)(2^2 * 3 * 67)(2 * 5 *
17 * 3 793) (2 * 7 673 * 27 093 617)(2 *
97 * 257 * 702 353 *
4 936 669 660 513)(2 * 42 689 *
492 912 925 121 *
710 121 302 507 196 859 510 537 678
369)(2 * 449 * C90)

$F_6(837)/2-1=$(1/2)(2^2 * 11 * 19)(2 * 419)(2 * 5 *
13 * 17 * 317)(2 * 62 137 *
3 949 313)(2 * 1 697 *
70 972 781 488 880 626 513)(2 *
C47)(2 * C94)

$F_6(863)/2-1=$(1/2)(2 * 431)(2^5 * 3^3)(2 * 5 * 13 * 17 *
337)(2 * 137 * 13 049 * 155 137)(2 * 449 *
7 078 727 569 * 48 401 055 281)(2 *
1 617 697 * 569 738 593 *
51 353 484 468 353 978 295 026 894 083
201)(2 * 257 * 769 * 126 337 * C84)

$F_6(883)/2-1=$(1/2)(2 * 3^2 * 7^2)(2^2 * 13 *
17)(2 * 5 * 77 969)(2 *
303 957 468 361)(2 * 929 *
198 902 352 146 661 697 649)(2 *
10 529 * 292 673 * 1 288 335 809 *
2 305 256 417 *
7 461 448 726 335 044 641)(2 * C94)

续表10.6

$F_6(x)/2-1=(1/2)(x+1)(x+1)\Phi_4(x)\ \Phi_8(x)\ \Phi_{32}(x)\Phi_{64}(x)$

$F_6(919)/2-1=(1/2)(2*3^3*17)(2^3*5*$
23)(2 * 37 * 101 * 113)(2 *
356 641 641 361)(2 * 2 142 577 *
118 729 231 530 359 473)(2 * 97 *
27 431 765 833 057 * 349 281 291 651
329 * 139 257 105 184 585 601)(2 * 1
153 * C92)

$F_6(965)/2-1=(1/2)(2^2*241)(2*3*7*$
23)(2 * 17 * 61 * 449)(2 *
433 590 000 313)(2 * 1 956 001 *
192 229 235 435 967 313)(2 *
1 346 369 * 3 637 121 *
57 741 114 854 654 525 604 751 736 381
864 737)(2 * C96)

$F_6(981)/2-1=(1/2)(2^2*5*7^2)(2*$
491)(2 * 481 181)(2 * 4 *
11 294 374 321)(2 * 17 * 337 *
892 817 * 83 845 699 084 097)(2 *
6 689 * 627 169 * 39 220 033 *
2 235 735 320 976 566 077 388 752 862
497)(2 * 4673 * C92)

（表 10.6 中的 $\Phi_{32}(85)$的素因子分解是由陶山弘实先生提供的）

表 10.7

$$F_7(x)/2-1=(1/2)(x-1)(x+1)\Phi_4(x)\Phi_8(x)\Phi_{16}(x)\cdot\Phi_{32}(x)\Phi_{64}(x)\Phi_{128}(x)$$

$F_7(113)/2-1=(1/2)(2^4*7)(2*3*19)(2*5*$
$1\ 277)(2*81\ 523\ 681)(2*$
$17*3\ 121*250\ 527\ 187\ 073)(2*$
$353\ 366\ 276\ 339\ 896\ 558\ 409\ 817\ 277\ 595$
$521)(2*769*$
$PRP63)(2*257*C129)$

$F_7(499)/2-1=(1/2)(2*3*83)(2^2*5^3)(2*13*$
$61*157)(2*401*7\ 393*10\ 457)(2*$
$17*593*50\ 993*292\ 673*$
$12\ 775\ 489)(2*257*$
$2\ 419\ 777*15\ 552\ 001*$
$763\ 983\ 521\ 030\ 955\ 926\ 078\ 058\ 209)(2*$
$577*C84)$

$F_7(871)/2-1=(1/2)(2*3*5*29)(2^3*109)(2*$
$17*53*421)(2*34\ 457*$
$8\ 351\ 513)(2*100\ 673*$
$1\ 645\ 137\ 620\ 752\ 705\ 697)(2*$
$C47)(2*193*3\ 457*981\ 889*$
$C82)(2*257*13\ 441*C182)$

表 10.8

$$F_8(x)/2-1=(1/2)(x-1)(x+1)\Phi_4(x)\ \Phi_5(x)\ \Phi_{16}(x)\cdot \Phi_{32}(x)\ \Phi_{64}(x)\ \Phi_{128}(x)\ \Phi_{256}(x)$$

$F_8(331)/2-1=(1/2)(2*3*5*11)(2^2*83)(2*29*1\ 889)(2*17*41*8\ 610\ 913)(2*72\ 673*14\ 927\ 201*66\ 411\ 377)(2*36\ 833*1\ 361\ 089*1\ 776\ 833*6\ 271\ 510\ 529*18\ 581\ 275\ 406\ 849)(2*30\ 977*C76)(2*641*3\ 329*4\ 481*51\ 713*C147)(2*257*10\ 753*C316)$

$F_6(507)/2-1=(1/2)(2*11*23)(2^2*127)(2*5^2*53*97)(2*137*1\ 433*168\ 281)(2*17*10\ 667\ 261\ 953*12\ 037\ 375\ 201)(2*193*P41)(2*449*3\ 137*C81)(2*641*572\ 161*C165)(2*257*C344)$

$F_6(665)/2-1=(1/2)(2^3*83)(2*3^2*37)(2*41*5\ 393)(2*17*4\ 049*1\ 420\ 561)(2*673*28\ 413\ 720\ 399\ 075\ 919\ 681)(2*34\ 721*519\ 742\ 177*C32)(2*C91)(2*13\ 441*C177)(2*257*9\ 473*C355)$

续表10.8

$F_8(x)/2-1=(1/2)(x-1)(x+1)\Phi_4(x)\ \Phi_5(x)\ \Phi_{16}(x)\cdot$ $\Phi_{32}(x)\ \Phi_{64}(x)\ \Phi_{128}(x)\ \Phi_{256}(x)$
$F_8(819)/2-1=(1/2)(2*409)(2^2*5*41)(2*$ 335 381)(2 * 224 960 159 561)(2 * 17 * 18 593 * 320 215 852 199 187 041)(2 * 13 537 * 68 449 * 65 690 113 * 336 606 801 352 181 547 177 637 317 089)(2 * 449 * 7 937 * 15 809 * C83)(2 * 1 409 * PRP184)(2 * 257 * C371)

对于可部分分解为素数的数,可从 $a_j=2,3,5,7,11,13,\cdots$小的素数开始按顺序利用条件(1)和(2)进行素数判定.

(4)素因子分解.

在用(3)的方法对 $F_n(x)/2$ 进行素数判定时,有必要对 $F_m(x),m\leqslant n-1$ 进行素因子分解.为此要进行(1)中所述的尝试运算.由于很费时间,这是不可能的.森本先生用了波拉德·布伦特的蒙特卡罗方法进行了素因数分解.但如表10.5,10.6,10.7,10.8所示,还没有完全素因子分解.从而对 $F_n(x)/2$ 的素数判定也如表10.4中的 * 号表示,还没有完全分解.

最能体现日本人模仿与推陈出新能力的是神经计算机的研制.

神经计算机是以人脑的功能为模型,应用最尖端的半导体技术和光技术实现高速度处理各种信息的计算机.1988 年日本企业界着手研究这种计算机,并把这一年称为神经计算机元年.1990 年 1 月 8 日,日本富士通公司宣布,该公司已研制出一台模仿人脑思考、判断、理解能力的当时具有世界最快运算速度的超神经计算机.这台计算机每秒能运算 5 亿次,运算速度是以往神经网络计算机的 400 倍.本来两年才能处理完的股票价格信息,使用这台计算机只要 1 分钟就能处理完毕.这种计算机有 256 个神经细胞,神经细胞由能够进行乘法和加法运算的处理机和记忆软件组成,逻辑线路将神经细胞逐个连接在一起,对信息进行处理.由于这种计算机具有能在瞬间学习并掌握外部环境的变化且迅速作出判断和采取对应措施的特点,所以很适用于高精密组装和检测用机器人等方面.1990 年 11 月 26 日,日本应新制作所宣布,该公司制成了具有世界最高速学习机能的神经计算机(仿人脑结构计算机),由 1 152 个神经细胞构成,一秒钟能够进行最高 23 亿次学习动作,比超级计算机的速度快 10 倍以上.这种计算机可以在证券、金融、制造、交通、通信、医疗等领域应用.同时,日本其他一些企业,如三菱电机、日本电器、松下电器、东芝等,也十分重视神经计算机的研制,都已选定了自己的开发领域,并取得了良好的进展.

§4 计算实力的竞赛——梅森素数的发现

正如核弹头的枚数标志着一个国家的军备竞赛实力,计算梅森素数则是检验一个国家计算机能力的

标志.

$M_n=2^n-1$ 被称为梅森数. 这是用一位法国数学家梅森的名字命名的,梅森和当时一些主要的数学家有过大量的通信. 这在科技刊物还不存在的那个时代,对于传播重要的数学结果做出了巨大贡献. 由于梅森数与完美数之间的关系,人们对梅森数很感兴趣. 自从人们开始记载这种结果以来,被发现的最大素数的世界纪录总是一个梅森素数. 素数 $M_{127}=2^{127}-1$是一个 39 位的数字,从 1914 年起保持着世界纪录的称号,直到 1952 年,仅仅在几个月的时间里,这个世界纪录就被连续刷新. 数学家鲁宾逊使用 SWAC 电脑在短短几个小时之内,就找到了 35 个梅森素数,且证明了在$127<P<2\ 309$ 范围内只有 5 个梅森素数:M_{521},M_{607},$M_{1\ 279}$,$M_{2\ 203}$直到 $M_{2\ 281}$,最后这个数是一个 687 位的数字,这些结果的出现全靠电子计算机,此后又完成了许许多多分解因子的工作,进一步又发现了 8 个梅森素数,即 $M_{3\ 217}$(1957 年发现),$M_{4\ 253}$,$M_{4\ 423}$在 1961 年被证明是素数,$M_{9\ 253}$,$M_{9\ 423}$,$M_{9\ 689}$,$M_{9\ 941}$,$M_{11\ 213}$,到 20 世纪 80 年代初,最高纪录是发现了 $M_{19\ 937}$,这是塔克曼在 1971 年 3 月 4 日晚上发现的. 这天晚上美国电视台中断了日常节目播放,发布了这条消息,塔克曼是用 IBM 360/91 电脑找到的. 1979 年 2 月 23 日美国克雷研究公司的电脑专家斯洛温斯基(David Slowinski)宣布他找到了第 26 个梅森素数 $M_{23\ 209}$时,人们告诉他早在两星期前诺尔已得出这一结果,为此他又潜心发奋,花了一个半月时间,使用克雷一号电脑终于找到了 $M_{44\ 497}$这一新的素数.

$M_{216\ 091}$作为第 30 个梅森素数被斯洛温斯基等人

所发现. 虽然它被判定为素数,但并不是说细分了$\sqrt{M_{216\ 091}}$内的所有的素数. 在自然数 m 是 20 位数的情况下,若想细分$\sqrt{m}$内的所有素数,即使用大型的计算机也需要 2 小时左右. 若 m 为 50 位自然数,则需要 1 000亿年以上. 但若只需要判定是不是素数,而不是写出所有素因子的话,那么用一下阿德尔曼和鲁梅利在 1980 年创造的方法,在 15 秒钟内就可判定 50 位的自然数. 而且若已经知道了 m 是个合成数,则对 50 位数在 12 小时内一定能进行素因子分解是瓦格斯塔夫的研究. 下面说明一下有哪些方法.

被发现的第 30 个梅森数是 $M_{216\ 091}=2^{216\ 091}-1=$ 65 050(位)的素数. 这是人类当时所得到的最大的素数. 正如 $M_{11}=2\ 047=23\times 89$ 这一结果所示,梅森数的结果不只是素数. 在 1588 年时被告知 $p=2,3,5,7,13,17,19$ 时,M 为素数. 1644 年,梅森指出在 $p\leqslant 257$ 这个范围内,除上面的 p 值外还有 $p=31,67,127,257$ 的情况下,也是素数. 1883 年,彼尔武申证明了 M_{61} 是被梅森漏掉的一个梅森素数,梅森还漏掉了另外两个素数 M_{89} 与 M_{107}. 这两个素数分别到 1911 年,1914 年才被鲍尔(R. E. Powers)发现. 1772 年欧拉证明了 M_{31} 是素数. 1903 年美国数学家柯尔(F. N. Cole)在美国数学学会的大会上作了一个学术报告,证明了 M_{67} 不是素数,且等于 193 707 721×761 838 257 287. M_p 的除数 q 可以由费马小定理写成$q=2kp+1$的形式. 虽然知道可以利用平方剩余写成 $q=8l\pm 1$ 的形式,但同样难免带来大量的计算麻烦. 1878 年刘维卡提出如下的想法.

使 $S_1=4, S_{i+1}\equiv S_i^2-2 \pmod{M_p}$,若确定了 S_i,

则 M_p = 素数 $\Leftrightarrow S_{p-1} \equiv 0 (\bmod M_p)$.

根据这一方法确定了 M_{127} 是素数，此后，又知道了 M_{67}，M_{257} 不是素数，而 M_{61}，M_{89}，M_{107} 是素数，梅森的断言，便不可思议地只对了一半. 以后不久，出现了下面的竞赛题.

(1) $p > 257$ 时，M_p 是否是素数；

(2) $p \leqslant 257$ 时，M_p 可完全素因子分解.

开始时，这种竞赛是计算机性能竞赛. 方法是利用刘维卡测验法，但只要把一个大的数的平方编成计算程序，就无法进行分拆计算. 因为 $A \cdot 2^p \equiv A + B (\bmod M_p)$，而计算机是以二进制法进行计算的. 第 29 个梅森素数 $M_{132\,049}$ 就是在大数平方计算上利用了快速乘算法. 一般来说，算几位数的平方所用的时间看来要比算 2^n 需要更长的时间，但若是 2 位数的话，在 $A, B, C, D < p$ 时，$(Ap+B)(Cp+D) = (p^2+p)AC + p(A-B)(D-C) + (p+1)BD$. 这种方法用了三次乘法计算. 若如此重复计算. 就可以用相当于 $n^{\log_2 3}$ 的时间即可完成. 进而，若利用快速傅里叶变换，那么只用相当于计算 $n \cdot \log n \cdot \log\log n$ 的时间就可以了. 在试用一种超级计算机时，偶然发现的 $M_{216\,091}$ 也是利用了快速傅里叶变换.

第二次竞赛的冷却，是在 1979 年用蒙特卡罗法发现 15 位的 M_{257} 的素因子 535 006 138 814 359 和 1980 年用 $p-1$ 法发现 25 位素因子

$$1\ 155\ 685\ 395\ 246\ 619\ 182\ 673\ 033$$

之际，这时 M_{257} 被分解为 $M_{257} = P_{15} \times P_{25} \times P_{39}$（$P_n$ 意即 n 位素数）. 为判断 M_{257} 的素性，莱默在 1922～1923 年花了近 700 个小时才证明了 M_{257} 不是素数. 最后使

分解工作出现不顺利现象的是 M_{211} 和 M_{251}，它们后来用二次筛法在 1983 年末及 1984 年分别被分解如下，即

$M_{211}/15\ 193=60$ 位合数＝

$60\ 272\ 956\ 433\ 838\ 849\ 161\times P_{40}$

$M_{251}/(503\times 54\ 217)=$

69 位合数＝$178\ 230\ 287\ 214\ 063\ 289\ 511\times$

$61\ 676\ 882\ 198\ 695\ 257\ 501\ 367\times P_{26}$

日本的业余数学学者陶山弘实氏利用 16 比特计算机根据椭圆曲线法得到如下分解结果，即

$M_{461}/(2\ 767\times 358\ 228\ 856\ 441\ 770\ 927)=$

118 位的合数＝

$7\ 099\ 353\ 734\ 763\ 245\ 383\times P_{99}$

关于梅森素数的最新进展是这样的，1983～1985 年间斯洛温斯基连下三城找到了 $M_{86\ 243}$，$M_{132\ 049}$，$M_{216\ 091}$，但他未能确定 $M_{86\ 243}$ 与 $M_{216\ 091}$ 之间还有没有异于 $M_{132\ 049}$ 的梅森素数. 而到了 1988 年，科尔奎特(Kolquitt)和韦尔什(Welsh)使用高速电脑 NECFZ－2，果然抓到一条“漏网之鱼”——$M_{110\ 503}$，之后 7 年世界各国均无建树. 1992 年 3 月 25 日，英国原子能技术权威机构哈韦尔实验室的一个研究小组宣布他们找到了新的梅森素数 $M_{756\ 839}$. 1994 年 1 月 14 日，克雷研究公司夺回发现了“已知最大素数”的桂冠——这一素数是 $M_{859\ 433}$. 1996 年 9 月 4 日，美国威斯康星州克雷研究所的斯洛温斯基和他的同事美国的盖奇(Paul Gage)在测试其最新超级电脑克雷 T_{99} 巨型机的运算速度时，发现了 $M_{1\ 257\ 787}$ 是一个素数，它是一个378 632 位数，同年 11 月巴黎的阿门格德(J · el Armeng)和美

国佛罗里达州的沃尔特曼(George F. Woltman)又发现了一个更大的素数 $M_{1\,398\,269}$，这是一个40万位数.

目前最新的两个梅森数，$M_{2\,976\,221}$，$M_{3\,021\,377}$(尚未确定位次)分别是在1997和1998年发现的.而最大的梅森素数(也是已知最大素数)$M_{302\,137}$是美国加州州立大学的19岁学生罗立·克拉森在1998年1月27日证明的.这是一个909 526位的数，展开写可以占满对开报纸的36个版面.

对于梅森素数，我国语言学家、数学家中山大学年轻的周海中教授在1992年仿照费马素数形成提出了一个猜想：当 $2^{2^n}<P<s^{2^{n+1}}$ $(n=0,1,2,\cdots)$时，M_p 有 $2^{n+1}-1$ 个是素数，并据此得出了小于 $2^{n+1}-1$ 的梅森素数 M_p 的个数为 $2^{n+2}-n-2$ 的推论.

1995年，这一猜想被国际数学界正式承认，并被命名为“周氏猜想”，收录于《数学中的著名难题》一书.美国数论专家巴拉德博士和加拿大数论专家里本伯恩教授发来贺信，认为这是“梅森素数研究中的一项重大突破”.这是一个精确的表达式，其对目前已知的所有梅森素数都是成立的.按“周氏猜想”，在 $2^{2^4}<P<2^{2^5}$ 的范围内，M_p 有31个，而到目前为止，在此范围内已找出10个.

另一位数论爱好者，山西太原五中的许铁发现了另外一个可以更快得到大素数的公式，即

$$\begin{cases}p_0=2\\ p_{n+1}=2p^{p_n-1}\\ X_p=p_{n+1},X_p\text{ 为系数},n=0,1,2,3,\cdots\end{cases}$$

如果 $M_{3\,021\,377}$ 是一个具有909 526位的数，那么第5个 X_p，即 $X_{2^{127}}-1=2^{2^{127}-1}$，其中

$$2^{127}-1\approx 1.701\ 411\ 834\times 10^{38}$$

$2^{127}-1$ 比 $M_{3\ 021\ 377}$ 大不知多少倍.

梅森素数的分布是极不规则的. 在 1961 年赫维兹证明 $3\ 300<P<5\ 000$ 范围内只有两个梅森素数 $M_{4\ 523}$ 和 $M_{4\ 923}$. 后来盛克斯(D. Shanks)又提出在 $p_n\leqslant P\leqslant p_m$ 范围内,梅森素数约有 $\frac{1}{\lg 2}\sum\limits_{p=p_n}^{p_m}\frac{1}{p}$ 个,并据此推测在 $5\ 000<P<50\ 000$ 范围内,约有 5 个梅森素数 M_P. 而到 1979 年,人们在上述范围内实际找到 37 个梅森素数,所以他的猜测并不是准确的.

吉里斯(D. B. Gillies)是美国伊利诺伊大学的数学教授,他曾在 1964 年证明了 $M_{9\ 689}$, $M_{9\ 941}$ 和 $M_{11\ 213}$ 是素数. 该校为纪念这一突出成就,当年在它寄出的每一封信上都印上"$2^{11\ 213}-1$". 吉里斯凭借多年寻找梅森素数的经验提出了一个猜测:当 P 在 x 与 $2x$ 之间时约给出两个梅森素数 M_p,其中,x 是大于 1 的正整数(这与著名的贝特立假设相似,但比它更强). 但遗憾的是,这一猜测与梅森素数的实际分布仍有较大距离,有时在 $[x,3x]$,甚至 $[x,4x]$ 之间也找不到一个梅森素数,更不用说两个了. 如当 $x=22\ 000$ 时,$[x,3x]$ 中不存在使 M_p 为素数的 P,当 $x=128$ 时,$[x,4x]$ 中也不存在使 M_P 为素数的 P.

另一位提出有关梅森素数分布猜想的是布里尔哈特. 他猜测第 n 个梅森素数 M_P 的 P 值(下面记为 P_n)大约是 $(1.5)^n$. 如果从回归分析的角度来看,$P_n=(1.5)^n$ 可以说是一个拟合得较好的回归方程(拟合得更好的方程是 $P_n=(1.512\ 5)^n$),但是如果逐个地对照,我们会发现有许多吻合不好的地方,如

$$P_{10}=89, P_{15}=1\ 289, P_{21}=9\ 689$$

$$P_{30}=132\ 049, P_{32}=756\ 839$$

$$(1.5)^{10}=58, (1.5)^{15}=438, (1.5)^{21}=4\ 988$$

$$(1.5)^{30}=19\ 175, (1.5)^{32}=431\ 440$$

由此可见,在计算数论领域还有大量的工作需要去做.

广义费马数

第11章

§1 搜寻广义费马素数①

1. 引言

众所周知，大素数在现代密码学中具有十分重要的作用[1]，而在对数字信号处理起重要作用的快速傅里叶变换中，费马数又占有特殊地位. 因此，如果能发现新的费马素数或具有类似特性的大素数，其重要意义是显而易见的. 实际上，费马关于 $F_m=2^{2^m}+1$ 全部是素数的猜想无疑是数学史上最有趣的话题之一：尽管对于 $0\leqslant m\leqslant 4$，F_m 都是素数，可是至今没有发现新的费马素数. 近年来，

① 选自《数学杂志》，1998年第18卷第3期.

人们利用高速计算机搜寻费马数的因子，对于一大批F_m得出了小因子，其中最大的是[3]：$5\times 2^{23\,473}+1\mid F_{23\,471}$，从而轻而易举地证明了这些$F_m$是合数.反之，对于那些没有发现小因子的$F_m$，虽然有臻于至善的佩平检验来进行素性判别，但是直到1993年才证明F_{22}是合数[4].此外，对于F_{14}，人们至今仍未发现它的任何素因子.而在1990年，A. K. Lenstra等[3]在为数众多的计算机上运行了很长时间，才得出了F_9的完全分解.由此可见，对于费马数的研究，迄今为止，在现代高速计算机力所能及的范围内，已经进行得相当彻底了.

文[5]提出了广义费马数的概念，即$F(b,m)=b^{2^m}+1$，b为偶数.并讨论了奇素数作为广义费马数，尤其是$F(6,m)$，$F(10,m)$和$F(12,m)$的因子的某些规律，但未考虑广义费马数的存在与分布情况.从文[6]的表中可知，对于$b=6,10,12$，$1\leqslant m\leqslant 7$，只有3个广义费马素数，即6^2+1，6^4+1，10^2+1.此外，未见到有关工作.

为此，武汉交通科技大学的皮新明教授在1998年讨论了$F(b,m)$为素数的必要条件，充分条件和$F(b,m)$的素因子的某些性质.利用这些结果，他提出了搜寻广义费马素数的一种高效率的算法，其运行时间为$O(\log_2^3 F)$，$F=F(b,m)$.他在微机上实现了这一算法，对于$b\leqslant 256$，$m\leqslant 10$得出了全部广义费马素数，其中最大的是$46^{512}+1$，有852位.皮新明教授认为，广义费马素数在快速费马变换的进一步发展中将发挥重要作用.

2. 定义与符号

定义 11.1 设 b 为偶数，m 为非负整数，则称 $b^{2^m}+1$为广义费马数，简称 GFN，记为 $F(b,m)$. 且分别称 b 和 m 为 $F(b,m)$的底和阶数.

定义 11.2 称 $F(2,m)$为标准费马数，简称 SFN，记为 F_m.

定义 11.3 若 $F(b,m)$为素数，则称为广义费马素数，简称 GFP. 若 F_m 是素数，则称为标准费马素数，简称 SFP.

定义 11.4 若素数 p 只能表示为 $p=F(p-1,0)$，则称之为平凡的 GFP；若存在 $m\in\mathbf{N}$ 及偶数 b 使 $p=F(b,m)$，则称之为非平凡的 GFP.

定义 11.5 设 a,N 均为大于 1 的整数，且

$$a^{N-1}\equiv 1 \pmod N \tag{11.1}$$

则称 N 为以 a 为底的概素数，简称 $prp(a)$. 若式(11.1)成立而已知 N 为合数，则称 N 为以 a 为底的伪素数，简称 $psp(a)$. 只要不至于发生混淆，“以 a 为底”可以略去，相应地简称为 prp 和 psp.

定义 11.6 若 $F(b,m)$是 $prp(psp)$，则称之为广义费马概(伪)素数，简称 GFPRP(GFPSP).

3. 定理与算法

设 $b>1$，易知 $N=b^n+1$ 为素数的必要条件是 b 为偶数且 $n=2^m$，m 为非负整数，即 $N=F(b,m)$，是一个 GFN. 为了得出本节结果，要用到以下定理.

定理 11.1 $F=F(b,m)$为素数的必要条件是对任一自然数 a，$1<a<F$，有

$$a^{F-1}\equiv 1 \pmod F$$

证明 费马小定理指出，若 p 为素数，$(a,p)=1$，

则 $a^{p-1}\equiv 1(\bmod p)$. 令 $p=F(b,m)$即得本定理. 证毕.

定理 11.2 设 p 为素数,$p\mid F(b,m)$,则 $p\equiv 1(\bmod 2^{m+1})$.

证明 $p\mid F(b,m)\Rightarrow b^{2^m}\equiv -1(\bmod p)\Rightarrow b^{2^{m+1}}\equiv 1(\bmod p)\Rightarrow 2^{m+1}\mid p-1\Rightarrow p\equiv 1(\bmod 2^{m+1})$. 证毕.

引理 11.1[7] 设 $N-1$ 已经完全分解,即

$$N-1=\prod_i p_i^{\alpha_i} \tag{11.2}$$

其中 p_i 为素数,$\alpha_i\in\mathbf{N}$,$i=1,2,\cdots$. 若对于每个 p_i 都存在 a_i 使得 N 是 $prp(a_i)$,且

$$a_i^{(N-1)/p_i}\not\equiv 1(\bmod N) \tag{11.3}$$

则 N 为素数.

定理 11.3 设 $b=\prod_i p_i^{\alpha_i}$,p_i 为素数,$\alpha_i\in\mathbf{N}$,$i=1,2,\cdots$. $F=F(b,m)$. 若对于每个 p_i 存在 a_i 使得 F 是 $prp(a_i)$,且 $a_i^{(F-1)/p_i}\not\equiv 1(\bmod F)$,则 F 为素数.

证明 $F-1=b^{2^m}$. 故 $F-1$ 的每个素因子都是 b 的素因子,反之亦然. 从而由引理 11.1 可知,当定理中的条件满足时,F 为素数. 证毕.

利用以上结果,并限定 $b\leqslant 256$,$m\leqslant 10$,皮新明教授提出在微机上系统地搜寻 GFP 的一种高效算法,步骤如下:

(1)利用定理 11.1,对于满足 $6\leqslant b\leqslant 254$ 的每个偶数 b,依次对 $m=1,2,\cdots,9$ 检验 $F(b,m)$是否为 $prp(5)$. 由此得出 $m\leqslant 9$ 的 GFPRP.

(2)对于 $m=10$,为节省运行时间,采用先搜寻 $F(b,10)$的小因子的办法. 由定理 11.2 知,$F(b,10)$的任一素因子必形如 $k\cdot 2^{11}+1$. 为进一步节省运行时间,先列出数表 $t_k=k\cdot 2^{11}+1$,$1\leqslant k\leqslant 10^4$,再检验出

其中的 $prp(5)$(共 1 274 个).保留这些 prp,并称它们所成之集为 T.

(3)对于每个 b,依次取 T 中的元素 t_i,$1\leqslant i\leqslant 1\,274$,检验 $b^{2^{10}}\equiv -1(\bmod t_i)$是否成立.若成立,则$t_i\mid F(b,10)$.

(4)对于未发现小因子的各个 $F(b,10)$,检验它们是否为 $prp(5)$.由此得出阶数为 10 的 GFPRP.

(5)对于由(1)和(4)得出的每个非平凡的 GFPRP,利用定理 11.3 进行素性检验,从而得出 $b\leqslant 256$,$m\leqslant 10$ 的全部非平凡的 GFP.

应当指出,当利用式(11.1)检验大数 N 是否为概素数时,由于采用了反复平方求余的技巧,由二进制位数不超过$[\log_2 N]+1$ 的两个数相乘,对 N 求余,运算次数不超过 $2[\log_2 N]$,因而运行时间为 $O(\log_2^3 N)$.这是一种效率很高的算法.(如果利用快速费马变换,运行时间还可缩短).又由于 $F(b,m)$的特殊结构,我们可以利用定理 11.3 简便地完成 $F(b,m)$的素性证明,其运行时间也是 $O(\log_2^3 N)(N=F(b,m))$.这在一般情况下是无法实现的.除非已经得出的 $N-1$ 的素因子之积至少为 $O(\sqrt[3]{N})$,可采用文[7]中类似的方法,否则要用到相当复杂的算法,例如利用高斯和或者椭圆曲线来进行素性证明,显然,除了利用快速费马变换以外,不可能有效率更高的算法了.

顺便指出,对于 $m=10$,当 b 接近 256 时,在 486 微机上检验式(11.1)是否成立耗时约 1 小时.因此,用步骤(3)对 b 进行淘汰是明智的做法,耗时仅 7—9 秒.实际上,在 128 个 b 中,有 63 个 $F(b,10)$存在 $k<10^4$ 的小因子,节省了运行时间 50%左右.容易看出,对于

$m=9$采用步骤(3)也是有意义的. 此外,当 b 接近 256 时,对 $F(b,11)$进行概素数检验,在 486 微机上将耗时 8 小时左右. 因此对于 $m\geqslant 11$,相应的运算不宜在小型 PC 机上进行. 作者取 $m\leqslant 10$ 是最有利的选择.

4. 运行结果

表 11.1 中对于 $b\leqslant 256$,$m\leqslant 10$ 列出了 GFP 的对应值 b 与 m. 如果对于 $0\leqslant m\leqslant 10$,不存在 GFP 或只存在平凡的 GFP,则略去 b. 此外,如果 $b=b_0^{2^n}$,$n\geqslant 1$,也略去 b 而将 GFP 归于 b_0 的对应栏之中. 这就使得对于每个 GFP,存在唯一确定的底与阶数.

表 11.1　与 GFP 对应的 b 与 m

b	m	b	m	b	m	b	m	b	m
2	0,1,2,3,4	56	1,2	114	5	156	0,1,4,5	206	1
6	0,1,2	66	1	116	1	158	4	208	3
10	0,1	74	1,2,4	118	2,3	160	1,2	210	0,1,2
14	1	76	4	120	1,7	162	0,6	220	2
20	1,2	80	2	124	1	164	2	224	1
24	1,2	82	0,2	126	0,1	170	1	228	2
26	1	84	1	130	0,1	174	2	230	1
28	0,2	88	0,2	132	2,3,5	176	1,4	234	7
30	0,5	90	1,2	134	1	180	0,1,2	236	1
34	2	94	1,4	140	2,3	184	1	238	0,2
40	0,1	96	0,5	142	2	188	4	240	0,1,3
44	4	102	0,6	146	1	190	0,7	242	2,3
46	0,2,9	106	0,2	150	0,1	194	2	248	2,4
48	2	110	1	152	3	198	0,2,4	250	0,1
54	1,2,5	112	0,5	154	2	204	1,2	254	2

利用 20 000 以内的素数表可得出本节范围内的 46 个平凡的 GFP. 经过上节的步骤(1)－(4),共得出 GFPRP 105 个. 除了当 $F(b,m)<20\ 000$ 时用素数表直接验证外,对其他 GFPRP,经过步骤(5),证明了它们无一例外的都是 GFP,亦即我们没有发现任何一个 GFPSP.

此外,对于 $b=12,18,22,42,52,58,60,70,72,78,108,136,138,148,166,172,178,192,222,226,232$,我们只得到平凡的 GFP,这样的 b 共有 21 个.

表 11.2 中的 j_m 表示阶数为 m 的 GFP 的个数.

表 11.2　GFP 的分布

m	0	1	2	3	4	5	6	7	8	9	10	≤10
j_m	46	38	35	8	11	7	2	3	0	1	0	151

5. 结论与猜想

从以上运行结果可以看出,总的说来,对给定范围内的 b 而言,m 越小,出现的 GFP 越多. 而且对绝大多数的 b 而言,GFP 主要集中于 $m\leqslant 2$,这与 SFPs 的情形类似.

在本节搜寻范围内得出的最大的 GFP 是 $F(46,9)$,它的十进制数字有 852 位. 是否存在更大的非平凡的 GFP 或阶数更高的 GFP,是一个难以回答的问题. 皮新明教授将在 $m\leqslant 10$ 的前提下,对更大范围内的 b 搜寻 GFP,以求对它们的分布有更深入的了解.

最后,皮新明教授对 GFP 提出如下猜想:

猜想 1　存在无穷多个非平凡的 GFP.

猜想 2　对每个自然数 m,都存在偶数 b 使得 $F(b,m)$ 为素数.

6. 参考文献

[1]刘尊全. 计算机病毒防范与信息对抗技术[M]. 北京:清华大学出版社,1991. 284-285.

[2]NUSSBAUMER H J. Fast Fourier Transform and Convolution Algorithms[M]. Berlin, Heidelberg, New York: Springer－Verlag, 1981:261-266.

[3]LENSTRA A K,LENSTRA H W. JR,MANASSE M S,POLLARD J M. The Factorization of the ninth Fermat number[J]. Math. Comput. 1993,61(203):319-349.

[4]CRANDALL R,DOENIAS J,NORRIE C,YOUN J. The twenty－second Fermat number is composite,Math. Comput. 1995,64(210):863-868.

[5]DUBNER H,KELLER W. Factors of Generalized Fermat numbers[J]. Math. Comput. 1995,64(209):397-405.

[6]BRILLHART J,LEHMER D H,SELFRIDGE J L,TUCKERMAN B,WAGSTAFF S S Jr. Factorizations of $b^n \pm 1, b=2,3,5,6,7,10,11,12$ up to high powers. 2nd ed., Contemporary Math. Vol 22, Providence,AMS,RI. 1988.

[7]BRILLHART J,LEHMER D H,SELFRIDGE J L. New primality Criteria and Factorizations of $2^m \pm 1$[J]. Math. Comput. 1975,29(130):620-647.

§2 广义费马数中的孤立数①

对于正整数 s,设 $\delta(s)$ 是 s 的不同约数之和. 若正整数 s 和 t 满足

$$\delta(s)=\delta(t)=s+t \tag{11.4}$$

① 选自《河南师范大学学报(自然科学版)》,2006年第34卷第2期.

则称(s,t)是一对相亲数.相反,若对于给定的 s,不存在任何正整数 t 适合式(11.4),则称 s 是一个孤立数.由于当一对相亲数(s,t)适合 $s=t$ 时,s 即为著名的完全数,所以相亲数与孤立数一直是数论中一个引人关注的课题,见文献[1,2].

设 n 是正整数,a 是大于 1 的正整数

$$F(a,n)=\frac{1}{b}(a^{2^n}+1) \tag{11.5}$$

其中

$$b=\begin{cases}1,\text{当 } a \text{ 是偶数时}\\2,\text{当 } a \text{ 是奇数时}\end{cases} \tag{11.6}$$

因为当 $a=2$ 时,$F(a,n)$即为通常的费马数,所以对于一般的 a,$F(a,n)$统称为广义费马数.2000 年,鲁卡斯[3]证明了费马数 $F(2,n)$都是孤立数.对于广义费马数,梧州师范高等专科学校数学系的刘志伟教授于 2006 年证明了以下一般性的结果:

定理 11.4 当 $n>\max\{8,\ln a/\ln 2\}$时,$F(a,n)$都是孤立数.

上述定理的证明要用到下列引理.

引理 11.2 当 $s=p_1^{r_1}p_2^{r_2}\cdots p_k^{r_k}$ 是 s 的标准分解式时,$\delta(s)=\prod\limits_{i=1}^{k}\frac{p_i^{r_i+1}-1}{p_i-1}$.证明参见文献[4]中的定理 1.

引理 11.3 当 $s>2$ 时,$\frac{\delta(s)}{s}<1.8\ln\ln s+\frac{2.6}{\ln\ln s}$.证明参见文献[5].

引理 11.4 $F(a,n)$的素因数 p 都满足 $p\equiv 1(\bmod 2^{n+1})$.

证明 因为

$$a^{2^n}\equiv -1(\bmod p) \tag{11.7}$$

故有

$$a^{2^{n+1}}\equiv 1(\bmod p) \tag{11.8}$$

设 d 是整数 a 对模 p 的次数. 此时

$$a^d\equiv 1(\bmod p) \tag{11.9}$$

根据文献[4]中的定理 3.7.4,从式(11.8)可知

$$2^{n+1}\equiv 0(\bmod d) \tag{11.10}$$

若 $d\neq 2^{n+1}$,则从式(11.10)可知 $d=2^r$,其中 r 是适合 $r\leqslant n$ 的非负整数. 此时从式(11.9)可得

$$a^{2^n}\equiv 1(\bmod p) \tag{11.11}$$

结合式(11.7)和式(11.11)立得 $p=2$. 然而,因为从式(11.5)和(11.6)可知 $F(a,n)$ 是奇数,故不可能. 因此 $d=2^{n+1}$,并且从文献[4]的定理 2.3.2 和 3.7.4 立得 $p\equiv 1(\bmod 2^{n+1})$. 证毕.

引理 11.5 当 x 是小于 1 的正数时,必有 $\frac{2}{3}x<\ln(1+x)<x$.

证明 如果 $\ln(1+x)\geqslant x$,那么可得 $1+x\geqslant \mathrm{e}^x=1+x+\frac{x^2}{2!}+\cdots>1+x$, $x>0$ 这一矛盾,故必有 $\ln(1+x)<x$. 如果 $2x/3\geqslant\ln(1+x)$,那么有

$$\frac{2}{3}x\geqslant\ln(1+x)=\frac{2x}{2+x}\sum_{j=0}^{\infty}\frac{1}{2j+1}\left(\frac{2x}{2+x}\right)^{2j}>\frac{2x}{2+x} \tag{11.12}$$

从式(11.12)可得 $x>1$ 这一矛盾,故必有 $2x/3<\ln(1+x)$. 证完.

定理的证明 设 $f=F(a,n)$,又设

$$f = p_1^{r_1} p_2^{r_2} \cdots p_k^{r_k} \tag{11.13}$$

是 f 的标准分解式，其中 $p_1, p_2, \cdots, p_k$ 是适合

$$p_1 < p_2 < \cdots < p_k \tag{11.14}$$

的素数，$r_1, r_2, \cdots, r_k$ 是适当的正整数. 根据引理 11.4 可知

$$p_i \equiv 1 \pmod{2^{n+1}}, i = 1, 2, \cdots, k \tag{11.15}$$

从式(11.14)和(11.15)可得

$$p_i \geqslant 2^{n+1} i + 1, i = 1, 2, \cdots, k \tag{11.16}$$

又从式(11.5)，(11.13)和(11.15)可得

$$a^{2^n} + 1 \geqslant f \geqslant p_1 p_2 \cdots p_k \geqslant (2^{n+1} + 1)^k \geqslant 2^{(n+1)k} + 1 \tag{11.17}$$

由于 $n > \ln a / \ln 2$，故从式(11.7)可知

$$k \leqslant \frac{2^n \ln a}{(n+1) \ln 2} < 2^n \tag{11.18}$$

假如 f 不是孤立数，则存在正整数 g 可使 (f, g) 是一对相亲数. 此时从式(11.4)可得

$$\delta(f) = \delta(g) = f + g \tag{11.19}$$

根据引理 11.2，从(11.13)和(11.19)两式可知

$$1 + \frac{g}{f} = \frac{\delta(f)}{f} = \prod_{i=1}^{k} \left(1 + \frac{1}{p_i} + \cdots + \frac{1}{p_i^{r_i}}\right) < \prod_{i=1}^{k} \left(\sum_{j=0}^{\infty} \frac{1}{p_i^j}\right) = \prod_{i=1}^{k} \left(1 + \frac{1}{p_i - 1}\right) \tag{11.20}$$

再根据引理 11.5，从式(11.16)，(11.18)和(11.20)可得

$$\ln\left(1+\frac{g}{f}\right)<\ln\prod_{i=1}^{k}\left(1+\frac{1}{p_i-1}\right)<$$
$$\sum_{i=1}^{k}\ln\frac{1}{p_i-1}\leqslant$$
$$\sum_{i=1}^{k}\frac{1}{2^{n+1}i}\left(1+\frac{1}{2}+\cdots+\frac{1}{k}\right)<$$
$$\frac{1}{2^{n+1}}(1+\ln k)<$$
$$\frac{1}{2^{n+1}}(1+n\ln 2) \tag{11.21}$$

若 $g\geqslant f$,则因 $n>8$,故从式(11.21)可得:$1>(2^{n+1}-n)\ln 2=((2^{n+1}-1)-(n-1))\ln 2=((1+2+\cdots+2^n)-(n-1))\ln 2>2\ln 2>1$,这一矛盾.因此$g<f$,并且根据引理 11.5,从式(11.21)可得

$$\frac{2g}{3f}<\frac{1}{2^{n+1}}(1+n\ln 2) \tag{11.22}$$

另外,因为 $f>g$,所以根据引理 11.3,从式(11.19)可知

$$1+\frac{f}{g}=\frac{\delta(g)}{g}<1.8\ln\ln g+\frac{2.6}{\ln\ln g}<$$
$$1.8\ln\ln f+1 \tag{11.23}$$

从式(11.23)立得

$$\frac{f}{g}<1.8\ln\ln f \tag{11.24}$$

结合式(11.22)和(11.24)可知

$$2^{n+2}<5.4\ln\ln f\leqslant 5.4\ln\ln(a^{2^n}+1) \tag{11.25}$$

由于 $n>\ln a/\ln 2$,故从式(11.25)可得

$$2^{n+2}<5.4\ln(2^n\ln a+1)<$$

$$5.4\ln(2^n\cdot n\ln 2+1)<$$
$$5.4(n\ln 2+\ln n+1) \qquad (11.26)$$

然而,因为 $n>8$,所以式(11.26)不可能成立.综上所述可知 f 必为孤立数.定理证完.

参考文献

[1]GUY R K. Unsolved problems in number theory[M]. New York: Springer Verlag,1981.

[2]YAN S-Y. 2500 years in the search for amicable numbers[J]. 数学进展,2004,33(4):385-400.

[3]LUCA F. The anti-social 费马 numbers[J]. Amer Math Monthly, 2000,107:171-173.

[4]华罗庚.数论导引[M].北京:科学出版社,1979.

[5]ROSSER J B, SCHOENFELD L. Approximate formulas for some functions of prime numbers[J]. Illinois J Math,1962,6:64-94.

§3 广义费马数与伪素数①

设 n 是正整数.根据欧拉定理可知:当 n 是素数时,若 a 是适合 $\gcd(a,n)=1$ 的整数,则必有

$$a^{n-1}\equiv 1(\bmod n) \qquad (11.27)$$

另外,当 n 是合数时,若 n 满足同余关系(11.27),则称 n 是底为 a 的伪素数.长期以来,关于伪素数的各种性质一直是数论中引人关注的研究课题[1].一些学者也得到了关于伪素数的一些奇妙性质[2-5].

对于正整数 m,设 $F_m=2^{2^m}+1$ 是第 m 个费马数.

① 选自《重庆师范大学学报(自然科学版)》,2014 年第 31 卷第 3 期.

对此,王云葵证明了:任何费马数必为素数或者底为2的伪素数[6].管训贵证明了:若 $m_1,m_2,\cdots,m_k$ 是适合 $m_1<m_2<\cdots<m_k$ 的正整数,则 k 个费马数的乘积 $F_{m_1}F_{m_2}\cdots F_{m_k}$ 是底为2的伪素数的充要条件是 $m_1\leqslant 2^{m_2}-1$ 且 $m_k\leqslant 2^{m_1}-1$[7].这里应该指出:上述结果都是已知的[8],而且因为 $m_1<m_2$,所以文献[3]结果中的条件"$m_1\leqslant 2^{m_2}-1$"是多余的.

对于正整数 b 和 m,其中 $b>1$,设

$$G_m=b^{b^m}+1 \tag{11.28}$$

由于费马数 F_m 是 G_m 在 $b=2$ 时的特例,所以形如式(11.28)的 G_m 统称为广义费马数.对此,空军工程大学理学院的刘妙华,焦红英两位教授于2014年运用初等方法证明了下列结果.

定理11.5　当 b 是偶数时,G_m 必为素数或者底为 b 的伪素数.

定理11.6　当 b 是偶数时,若 $m_1,m_2,\cdots,m_k$ 是适合 $m_1<m_2<\cdots<m_k$ 的正整数,则 k 个广义费马数的乘积 $G_{m_1}G_{m_2}\cdots G_{m_k}$ 是底为 b 的伪素数的充要条件是 $m_k\leqslant b^{m_1}-1$.

显然,文献[6－8]中的结果分别是本节定理在 $b=2$ 时的特例.

1.定理11.5的证明

设 n 是大于1的正整数,a 是适合 $\gcd(a,n)=1$ 的整数.根据欧拉定理可知

$$a^{\varphi(n)}\equiv 1(\bmod n) \tag{11.29}$$

其中 $\varphi(n)$ 是欧拉函数.因为 $\varphi(m)$ 必为正整数,所以从式(11.29)可知存在正整数 r 可使同余关系

$$a^r\equiv 1(\bmod n) \tag{11.30}$$

成立. 若 $r=d$ 是可使式(11.30)成立的最小正整数,则称 d 是整数 a 对模 n 的指数.

引理 11.6[9] 当 d 是 a 对模 n 的指数时,正整数 r 适合式(11.30)的充要条件是 $d|r$.

引理 11.7 整数 b 对模 G_m 的指数等于 $2b^m$.

证明 设 d 是 b 对模 G_m 的指数. 因为 $b^{2b^m}-1=(b^{b^m}-1)(b^{b^m}+1)=(b^{b^m}-1)G_m$,所以

$$b^{2b^m}\equiv 1(\bmod G_m) \tag{11.31}$$

根据引理 11.6,从式(11.31)可知 $d|2b^m$,故有

$$2b^m=ds \tag{11.32}$$

其中 s 是正整数.

假如 $d\neq 2b^m$,则从式(11.32)可知 $s\geqslant 2$ 以及 $d\leqslant b^m$. 然而,因为根据指数的定义可知 $b^d\equiv 1(\bmod G_m)$,故从式(11.28)可得 $G_m=b^{b^m}+1>b^{b^m}-1\geqslant b^d-1\geqslant G_m$ 这一矛盾. 由此可知 $d=2b^m$. 证毕.

证明 (定理 11.5)当 b 是偶数时,因为 $b\geqslant 2$, $b^{b^m}\geqslant b^{m+1}$,且 $b^{m+1}|b^{b^m}$,所以

$$2b^m|b^{b^m} \tag{11.33}$$

由于从引理 11.7 可知,整数 b 对模 G_m 的指数等于 $2b^m$,所以根据引理 11.6,由式(11.28),(11.33)可得

$$b^{G_m-1}\equiv 1(\bmod G_m) \tag{11.34}$$

因此,从式(11.34)可知 G_m 必为素数或者底为 b 的伪素数. 证毕.

2. 定理 11.6 的证明

引理 11.8[9] 对于正整数 $n_1,n_2,\cdots,n_k$,如果整数 X 和 Y 满足 $X\equiv Y(\bmod n_i)$, $i=1,2,\cdots,k$,则必有 $X\equiv Y(\bmod n)$,其中 n 是 $n_1,n_2,\cdots,n_k$ 的最小公倍数.

引理 11.9　当 b 是偶数时，对于不同的正整数 m 和 m'，必有 $\gcd(G_m, G_{m'})=1$.

证明　因为 $m\neq m'$，所以不妨假定 $m<m'$. 设 $l=\gcd(G_m, G_{m'})$. 由于当 b 是偶数时，l 必为奇数，所以从式(11.28)可知

$$\begin{aligned}0\equiv G_{m'}\equiv b^{b^{m'}}+1\equiv(b^{b^m})^{b^{m'-m}}+1\equiv\\(G_m-1)^{b^{m'-m}}+1\equiv\\(-1)^{b^{m'-m}}+1\equiv\\2(\bmod l)\end{aligned}\tag{11.35}$$

从式(11.35)即得 $l=1$. 证毕.

引理 11.10　对于适合 $m_1<m_2<\cdots<m_k$ 的正整数 $m_1, m_2, \cdots, m_k$，设

$$n=G_{m_1}G_{m_2}\cdots G_{m_k}\tag{11.36}$$

当 b 是偶数时，b 对模 n 的指数等于 $2b^{m_k}$.

证明　设 b 对模 n 的指数等于 d，此时，从式(11.36)可知

$$b^d\equiv1(\bmod G_{m_i}), i=1,2,\cdots,k\tag{11.37}$$

根据引理 11.7 可知 b 对模 G_{m_i}，$i=1,2,\cdots,k$ 的指数分别是 $2b^{m_i}$，$i=1,2,\cdots,k$，故由引理 11.6，从式(11.37)可得 $2b^{m_i}\mid d$，$i=1,2,\cdots,k$. 又因

$$2b^{m_i}\mid 2b^{m_k}, i=1,2,\cdots,k\tag{11.38}$$

所以条件(11.38)可写成

$$2b^{m_k}\mid d\tag{11.39}$$

另外，因为从引理 11.7 可知

$$b^{2b^{m_i}}\equiv1(\bmod G_{m_i}), i=1,2,\cdots,k\tag{11.40}$$

又从引理 11.9 可知 $G_{m_1}, G_{m_2}, \cdots, G_{m_k}$ 两两互素，所以根据引理 11.8，从式(11.36)，(11.38)和(11.40)可得

$$b^{2b^{m_k}}\equiv1(\bmod n)\tag{11.41}$$

因此,根据引理 11.6,从式(11.41)可知

$$d \mid 2b^{m_k} \tag{11.42}$$

于是,结合式(11.41),(11.42)即得 $d=2b^{m_k}$. 证毕.

证明 (定理 11.6)设 n 是适合式(11.36). 因为 $m_1 < m_2 < \cdots < m_k$,且 b 是偶数,故从式(11.28),(11.36)可得

$$n=(b^{b^{m_1}}+1)(b^{b^{m_2}}+1)\cdots(b^{b^{m_k}}+1)=1+b^{b^{m_1}}t$$

其中 t 是适合 $\gcd(t,d)=1$ 的正奇数. 因此,整除关系

$$2b^{m_k} \mid (n-1) \tag{11.43}$$

成立的充要条件是

$$m_k \leqslant b^{m_1}-1 \tag{11.44}$$

另外,根据引理 11.10 可知 b 对模 n 的指数等于 $2b^{m_k}$,所以从引理 11.6 可知 n 是底为 b 的伪素数的充要条件是整除关系式(11.43)成立. 因此,从前面的分析可知该充要条件可等价地表述为式(11.44). 证毕.

3. 参考文献

[1]GUY R K. Unsolved problems in number theory[M]. 3rd edition, Beijing:Science Press,2007.

[2]熊全淹. 初等整数论[M]. 武汉:湖北教育出版社,1985.

[3]潘承洞,潘承彪. 初等数论[M]. 北京:北京大学出版社,1992.

[4]柯召,孙琦. 数论讲义:上册[M]. 北京:高等教育出版社,1990.

[5]蒙正中. 关于绝对伪素数的判别与计算[J]. 广西大学学报:自然科学版,2003,28(2):125-128.

[6]王云葵. 任何费马数都是素数或伪素数[J]. 玉林师范学院学报:自然科学版,1998(3):26-28.

[7]管训贵. 费马数与伪素数[J]. 四川理工学院学报:自然科学版,2011,24(2):140-141.

[8]Cipolla M. Sui numeri Composti P che verificiano Annali di Fermat $a^{p-1}\equiv 1(\mathrm{mod}\ p)$[J]. Annali di Matematica,1904,9(2):139-160.

[9]闵嗣鹤,严士健. 初等数论[M]. 北京:高等教育出版社,2004.

§4　关于广义费马数的一个结论①

费马数[1]不但与很多经典数学问题有关，而且在现代科学技术领域中也有广泛的应用，因此，有关它的性质一直是数论中一个引人关注的课题. 近年来，人们又提出了广义费马数，即 $F(b,n)=b^{2^n}+1$，其中 b 为偶数，文[2]讨论了 $F(6,n)$，$F(10,n)$，$F(12,n)$ 的因子的规律，洛阳理工学院数理部的贾耿华，周会娟两位教授于2009年给出了广义费马数是合数的一个充要条件.

引理 11.11[3]　设 p 为素数，$p\mid F(b,n)$，则

$$p=1(\bmod 2^{n+1})$$

定理 11.7　当 $n\geqslant 3$ 时，$F(b,n)$ 为合数的充要条件是不定方程

$$2^{2n}x^2+x-2^{-2n-2}b^{2^n}=y^2 \tag{11.45}$$

有正整数解 (x_0,y_0)，且满足

$$2^n x_0>y_0 \tag{11.46}$$

证明　充分性. 若方程(11.45)有满足式(11.46)的正整数解 (x_0,y_0)，令 $k_1=2^n x_0-y_0$，$k_2=2^n x_0+y_0$，其中

$$y_0=\sqrt{2^{2n}x_0^2+x_0-2^{-2n-2}b^{2^n}}$$

则

① 选自《周口师范学院学报》，2009年第26卷第5期.

$$(2^{n+1}k_1+1)(2^{n+1}k_2+1)=$$
$$(2^{n+1}(2^n x_0-y_0)+1)(2^{n+1}(2^n x_0+y_0)+1)=$$
$$2^{2n+2}(2^{2n}x_0^2-y_0^2)+2^{n+1}\cdot 2^{n+1}x_0+1=$$
$$2^{2n+2}(2^{-2n-2}b^{2^n}-x_0)+2^{2n+2}x_0+1=$$
$$b^{2^n}+1$$

显然，$2^{n+1}k_1+1>1$，$2^{n+1}k_2+1>1$，所以 $F(b,n)$ 是合数.

必要性.若 $F(b,n)$ 为合数，由引理 11.11，$F(b,n)$ 的素因数有 $2^{n+1}h+1$ 的形式，从而 $F(b,n)$ 的因数也有 $2^{n+1}h+1$ 的形式.则有

$$\begin{aligned}F(b,n)=&(2^{n+1}l_1+1)(2^{n+1}l_2+1)=\\&2^{2n+2}l_1l_2+2^{n+1}(l_1+l_2)+1=\\&2^{2^n}a^{2^n}+1(\text{其中 } b=2a)\Rightarrow\\&2^{2n+2}l_1l_2+2^{n+1}(l_1+l_2)=\\&2^{2^n}a^{2^n}\end{aligned}$$

其中 l_1,l_2 为正整数，且 $l_1\leqslant l_2$.

当 $n\geqslant 3$ 时，$2^n\geqslant 2n+2$，所以存在 x_0 使

$$l_1+l_2=2^{n+1}x_0 \tag{11.47}$$

因此有

$$2^{2^n-n-1}a^{2^n}=2^{n+1}l_1l_2+2^{n+1}x_0$$

即

$$l_1l_2=2^{2^n-2n-2}a^{2^n}-x_0 \tag{11.48}$$

由式(11.47)，(11.48)可解出

$$\begin{cases}l_1=2^n x_0+\sqrt{2^{2n}x_0^2+x_0-2^{-2n-2}b^{2^n}}\\l_2=2^n x_0-\sqrt{2^{2n}x_0^2+x_0-2^{-2n-2}b^{2^n}}\end{cases}$$

由于 l_1,l_2 是正整数，所以存在 $y_0\in\mathbf{Z}^+$，使得

$$2^{2n}x_0^2+x_0-2^{-2n-2}b^{2^n}=y_0^2$$

且

$$2^n x_0>y_0$$

这就表明方程(11.45)有满足式(11.46)的解.

推论 11.1　若 $F(b,n)$ 是合数，则 $F(b,n)$ 可分解为

$$F(b,n)=(2^{2n+1}x_0-2^{n+1}y_0+1)\cdot (2^{2n+1}x_0+2^{n+1}y_0+1)$$

其中 (x_0,y_0) 是不定方程(11.45)满足式(11.46)的任意一组正整数解.

例 11.1　证明：$F(6,3)=6^{2^3}+1=1\ 679\ 617$ 是合数.

证明　不定方程

$$2^6x^2+x-6^8\cdot 2^{-8}=y^2$$

即

$$64x^2+x-6\ 561=y^2$$

有正整数解

$$(x_0,y_0)=(386,3\ 087)$$

且 $2^3\times 386=3\ 088>3\ 087$. 因此，由定理 11.7 可知 $F(6,3)$ 是合数. 且由推论 11.1 还可得出

$$F(6,3)=6^{2^3}+1=1\ 679\ 617= (2^7\times 386-2^4\times 3\ 087+1)\cdot (2^7\times 386+2^4\times 3\ 087+1)= 17\times 98\ 801$$

参考文献

[1]柯召，孙琦. 数论讲义：上册[M]. 北京：高等教育出版社，2001.

[2]DUBNER H，KELLER W. Factors of Generalized 费马 number[J]. Math. comput，1995，64(209)：397－405.

[3]皮新明. 搜寻广义费马素数[J]. 数学杂志，1998，18(3)：276－280.

费马数的应用与其他

第12章

§1 费马数在群论研究中的一个应用①

文献[1]证明了：若 G 是超有限的局部可解群，则满足极小条件的 ZG－模 A 有 f－分解，即 $A=A^{f}\oplus A^{\bar{f}}$，其中 A^{f} 与 $A^{\bar{f}}$ 均为 A 的 ZG－子模且满足：A^{f} 的不可约 ZG－因子均为有限而 $A^{\bar{f}}$ 不含非零的有限的不可约 ZG－因子. 相应于 A 满足极大条件的情况，文献[2]也得出了 A 有 f－分解的结论，并进一步对子模 $A^{\bar{f}}$ 的结构提出"$A^{\bar{f}}$ 是周期的"这一猜想. 西

① 选自《西南师范大学学报(自然科学版)》，1998 年第 23 卷第 3 期.

南师范大学数学系的刘平教授在 1998 年利用费马数的有关结论，证明了一类特殊的阿贝尔群上无扭 ZG—模的存在性，即此 ZG—模不满足极大条件，这与文献[3]及段泽勇关于上述猜想展开的工作有密切的联系. 为方便计，在此我们约定以 $F(n)$ 表示费马数，即形如 $2^{2^{n-1}}+1$ 的整数，有关知识可参见文献[4].

利用费马数的特征，我们有如下结论

引理 12.1　二项式系数 $C_{F(n)}^{i}$ 恒为偶数，除非 $i=0,1,F(n)$，或 $F(n)-1$.

证明　由组合数的对称性，这里只考虑 $i=2,3,4,\cdots,2^{2^{n-1}-1}$ 的情形.

$$C_{F(n)}^{i}=\frac{(2^{2^{n-1}}+1)\times 2^{2^{n-1}}\times(2^{2^{n-1}}-1)(2^{2^{n-1}}-2)(2^{2^{n-1}}-3)(2^{2^{n-1}}-4)\cdots(2^{2^{n-1}}-i+2)}{1\times 2\times 3\times 4\times 5\times 6\times\cdots\times i}$$

要看其奇偶性，只看其中

$$\frac{2^{2^{n-1}}\times(2^{2^{n-1}}-2)(2^{2^{n-1}}-4)(2^{2^{n-1}}-6)\cdots(2^{2^{n-1}}-i+2)}{2\times 4\times 6\times 8\times\cdots\times i}\tag{12.1}$$

其中 i 为偶数，由于 $2\leqslant i\leqslant 2^{2^{n-1}-1}$，故式(12.1)结果形为 2^{n}. 奇数/奇数$(n\geqslant 1)$，连同 $C_{F(n)}^{i}$ 的其余部分可知 $C_{F(n)}^{i}$ 在 $i=2,3,4,\cdots,F(n)-2$ 时为偶数.

类似于引理 12.1 的证明，我们有

引理 12.2　二项式系数 $C_{F(n)-2}^{i}$ 在 $i=0,1,2,\cdots,F(n)-2$时恒为奇数.

定理 12.1　设 x 是未定元且满足等式 $x^{F(n)}=1$，则在二元域上，对 $f(x)=1+x+x^{2}+\cdots+x^{F(n)-1}$ 恒存在多项式 $g_1(x)$ 与 $g_2(x)$ 使 $g_1^2(x)=g_2(x)$ 且 $f(x)=1+g_1(x)+g_2(x)=1+(1+g_1(x))g_1(x)$.

证明 我们将 1 到 $F(n)-1$ 之间的所有整数按如下方式划分.先考虑下面两行从 1 到 $F(n)-1$ 之间的部分整数组成的数列,其中在每一行中后一个整数为前一个整数的 4 倍(mod $F(n)$).

Ⅰ:$1,4,16,\cdots,2^{2^{n-1}-2},2^{2^{n-1}},2^{2^{n-1}}+1-4,\cdots,F(n)-2^{2^{n-1}-2}$

Ⅱ:$2,8,32,\cdots,2^{2^{n-1}-1},2^{2^{n-1}}+1-2,2^{2^{n-1}}+1-8,\cdots,F(n)-2^{2^{n-1}-1}$

上述Ⅰ,Ⅱ两行所含整数共有 2^n 项,其中 $2,4,8,\cdots,2^{2^{n-1}}$ 全为偶数且互不相同,$2^{2^{n-1}}+1-2,2^{2^{n-1}}+1-4,\cdots,2^{2^{n-1}}+1-2^{2^{n-1}-1}$,1 全为奇数且互不相同,综合Ⅰ,Ⅱ两行整数比较,这 2^n 个整数互不相同.为方便计,符号{Ⅰ,Ⅱ}表示由Ⅰ,Ⅱ中的数所形成的集合.在$\{1,2,3,\cdots,2^{2^{n-1}}\}\backslash$\{Ⅰ,Ⅱ}中找一个最小的奇数设为 k,对Ⅰ,Ⅱ两行整数分别乘以 k 后排出如下两个数列(mod $F(n)$):

Ⅰ′:$k,4k,\cdots,2^{2^{n-1}}\cdot k,\cdots,(F(n)-2^{2^{n-1}-2})\cdot k$

Ⅱ′:$2k,8k,\cdots,(F(n)-2)\cdot k,\cdots,(F(n)-2^{2^{n-1}-1})\cdot k$

同上,这些整数互不相同,且Ⅰ′中整数的 2 倍等于Ⅱ′中对应位置上的整数.同理,在$\{1,2,3,\cdots,2^{2^{n-1}}\}\backslash$\{Ⅰ,Ⅱ,Ⅰ′,Ⅱ′}中再找最小奇数,以同样的方法得Ⅰ″,Ⅱ″两个数列,这两个数列中的整数都互不相同,且Ⅰ″中整数的 2 倍等于Ⅱ″中对应位置上的整数.由此下去,由于集合$\{1,2,\cdots,2^{2^{n-1}}\}$有限,在上述方法下可将集合分成若干组:各组由两个互不相同的数列组成,第一行上整数的 2 倍等于第二行上对应位置上的整数,且任意两组之间的整数互异,这些整数的全体构成的集合恰为$\{1,2,\cdots,2^{2^{n-1}}\}$.将各组的第一行与第

二行分别集中在一起,我们得到如下两个数列:

Ⅰ*: $\alpha_1,\alpha_2,\cdots,\alpha_s$

Ⅱ*: $2\alpha_1,2\alpha_2,\cdots,2\alpha_s$

根据上述两数列,我们令 $g_1(x)=x^{\alpha_1}+x^{\alpha_2}+\cdots+x^{\alpha_s}$, $g_2(x)=x^{2\alpha_1}+x^{2\alpha_2}+\cdots+x^{2\alpha_s}$,按上述两数列的构成方式及 $x^{F(n)}=1$,在二元域上有

$$g_1^2(x)=g_2(x)$$

$$f(x)=1+g_1(x)+g_2(x)=$$
$$1+(1+g_1(x))\cdot g_1(x)$$

下面我们运用以上定理去讨论一类特殊的阿贝尔群上无扭 ZG—模是否满足极大条件.

$G=\langle x_0,x_1,x_2,\cdots,|x_0|=2,|x_{j+1}|=2^{2^j}+1,j=0,1,2,\cdots,x_ix_j=x_jx_i\rangle$,且 $A=\langle a_1\rangle\oplus\langle a_2\rangle\oplus\langle a_3\rangle\oplus\cdots,|a_i|=\infty,i=1,2,\cdots$. 显然 G 是周期阿贝尔群,A 是可数秩的自由加群且对任意自然数 $p>1$, $\bigcap\limits_j p^jA=O$. 定义 G 在 A 上的作用如下:

对任意 $g\in G,g=x_{j_1}^{\varepsilon_1}x_{j_2}^{\varepsilon_2}\cdots x_{j_s}^{\varepsilon_s}$ 以及任意 $a\in A$

$$a=n_1a_{i_1}+n_2a_{i_2}+\cdots+n_sa_{i_s}$$

$$g:a\mapsto a^g=n_1a_{i_1}^g+n_2a_{i_2}^g+\cdots+n_sa_{i_s}^g=$$

$$n_1(a_{j_1}^{x_{j_1}})^{x_{s_1}^{-1}\cdot g}+n_2(a_{j_2}^{x_{s_1}})^{x_{s_1}^{-1}\cdot g}+\cdots+n_s(a_{j_s}^{x_{j_1}})^{x_{s_1}^{-1}\cdot g}$$

其中

$$x_0:\begin{matrix}a_{2k+1}\mapsto a_{2k+2}\\ a_{2k+2}\mapsto a_{2k+1}\end{matrix},\ k=0,1,2,\cdots$$

$\vdots$

$$x_{j+1}:a_{k\cdot 2^{2^{j+1}}+1+0.2^{2^j}}\mapsto a_{k\cdot 2^{2^{j+1}}+1}+a_{k\cdot 2^{2^{j+1}}+1+1\cdot 2^{2^j}}$$

$\vdots$

$$a_{k\cdot 2^{j+1}+r+t\cdot 2^{2^j}}\mapsto a_{k\cdot 2^{2^{j+1}}+r+t\cdot 2^{2^j}}+a_{k\cdot 2^{2^{j+1}}+r+(t+1)\cdot 2^{2^j}}$$

$\vdots$

$$a_{k\cdot 2^{2^{j+1}}+r+(2^{2^j}-1)\cdot 2^{2^j}} \longmapsto a_{k\cdot 2^{2^{j+1}}+r+(2^{2^j}-1)\cdot 2^{2^j}} -$$

$$\sum_{t=1}^{2^{2^j}} \mathrm{C}_{F(j+1)}^{j} a_{k\cdot 2^{2^{j+1}}+r+(t-1)2^{2^j}}$$

$$k=0,1,2,\cdots,r=1,2,\cdots,2^{2^j}$$

$$t=0,1,2,\cdots,2^{2^j}-2,j=0,1,2,\cdots$$

已有文献①验证了:A 作成周期阿贝尔群 G 上的一个 ZG—模.若设 $M_0=\langle a_1+a_2,a_3+a_4,\cdots,a_{2k+1}+a_{2k+2},\cdots,2A\rangle^{ZG}$,则 $M_0=\langle a_1+a_2,2A\rangle^{ZG}$.现在我们进一步有(注:以下同余式均关于 M_0 同余):

引理 12.3 $a_1^{x_1^2+x_1+1}\equiv 0$,$a_1^{x_2^4+x_2^3+x_2^2+x_2+1}\equiv 0$,$a_1^{x_3^{16}+x_3^{15}+\cdots+x_3^2+x_3+1}\equiv 0$,一般有

$$a_1^{x_j^{F(j)-1}+x_j^{F(j)-2}+\cdots+x_j+1}\equiv 0$$

证明 由引理 12.1 及 G 对 A 的作用,有 $a_{1+(2^{2^{j-1}}-1)\cdot 2^{2^{j-1}}}^{(x_j-1)^{2^{2^{j-1}}-1}}\equiv a_1+a_{1+(2^{2^{j-1}}-1)\cdot 2^{2^{j-1}}}$,即 $a_{1+(2^{2^{j-1}}-1)\cdot 2^{2^{j-1}}}^{x_j}\equiv a_1$.再由引理 12.2 按二项式系数的奇偶性有

$$a_1^{x_j^{F(s)-1}+x_j^{F(s)-2}+\cdots+x_j+1}\equiv$$

$$a_1^{x_j(x^{2^{2^{j-1}}-1}+x_j^{2^{2^{j-1}}-2}+\cdots+x_j+1)+1}\equiv$$

$$a_1^{x_j(x_j+1)^{2^{2^{j-1}}-1}+1}\equiv$$

$$a_1^{x_j(x_j-1)^{2^{2^{j-1}}-1}+1}\equiv$$

$$a_1^{x_j(x_j-1)^{2^{2^{j-1}}-1}}+a_1\equiv$$

$$(a_1^{(x_j-1)^{2^{2^{j-1}}-1}})^{x_j}+a_1\equiv$$

---

① 段泽勇,游兴中.超有限群上极大条件模的结构Ⅱ.数学学报,待发表.

$$(a_{1+(2^{2^{j-1}}-1)\cdot 2^{2^{j-1}}})^{x_j}+a_1\equiv$$
$$a_1+a_2\equiv 0$$

引理 12.4　若 $a_1^{f(x_{\alpha_1},x_{\alpha_2},\cdots,x_{\alpha_s})}\equiv 0$，不妨设 $\alpha_s=\max\{\alpha_1,\alpha_2,\cdots,\alpha_s\}$，且若 $|x_{\alpha_1}|=n$，则总可使 $a_1^{f(x_{\alpha_1},x_{\alpha_2},\cdots,x_{\alpha_s})}$ 化为 $a_1^{x_{\alpha_s}^{n-2}\cdot f_{n-2}+x_{\alpha_1}^{n-3}\cdot f_{n-3}+\cdots+x_{\alpha_s}\cdot f_1+f_0}\equiv 0$ 的形式，其中 $f_0,f_1,\cdots,f_{n-2}$ 均为 $\{x_{\alpha_1},x_{\alpha_2},\cdots,x_{\alpha_s}\}\backslash\{x_{\alpha_1}\}$ 的多项式，于是有 $a_1^{f_{n-2}}\equiv a_1^{f_{n-3}}\equiv\cdots\equiv a_1^{f_1}\equiv a_1^{f_0}\equiv 0$.

证明　因 $|x_{\alpha_s}|=n$，由引理 12.3 知 $a^{x_{\alpha_s}^{n-1}+\cdots+x_{\alpha_s}+1}\equiv 0$，故 $a_1^{x_{\alpha_s}^{n-1}}\equiv a_1^{x_{\alpha_0}^{n-2}+\cdots+x_{\alpha_s}+1}$，这样

$$0\equiv a_1^{f(x_{\alpha_1},x_{\alpha_2},\cdots,x_{\alpha_s})}\equiv a_1^{x_{\alpha_s}^{n-1}\cdot f'_{n-1}+x_{\alpha_s}^{n-2}\cdot f'_{n-2}+\cdots+x_{\alpha_s}f'_3+f'_0}$$
$$=a_1^{(f'_{n-1}+f'_{n-2})x_{\alpha_s}^{n-2}+(f'_{n-1}+f'_{n-3})x_{\alpha_s}^{n-3}+\cdots+(f'_{n-1}+f'_0)}$$

这里 $f'_0,f'_1,\cdots,f'_{n-1}$ 均为关于 $\{x_{\alpha_1},x_{\alpha_2},\cdots,x_{\alpha_s}\}\backslash\{x_{\alpha_s}\}$的多项式，令 $f'_{n-1}+f'_{n-2}=f_{n-i}$，$i=2,3,\cdots,n$，则 $a_1^{f(x_{\alpha_1},x_{\alpha_2},\cdots,x_{\alpha_s})}\equiv a_1^{f_{n-2}x_{\alpha_1}^{n-2}+\cdots+f_1x_{\alpha_s}+f_0}\equiv 0$.

由于 $\alpha_1^{x_{\alpha_s}^{1}}$ 为某些 $a_{1+(n-1)i'}$之和，$0\leqslant i'\leqslant i$，其中$n=|x_{\alpha_i}|$，$i=1,2,\cdots,n-2$. 对每个 i，$a_{1+(n-1)i}$在关于$\{x_{\alpha_1},x_{\alpha_2},\cdots,x_{\alpha_s}\}\backslash\{x_{\alpha_s}\}$的多项式作用下或为 0，或为某些 a_m 之和，其中 m 为整数且 $1+(n-1)i\leqslant m\leqslant(n-1)(i+1)$. 于是对 $0\equiv a_1^{f_{n-2}x_{\alpha_s}^{n-2}+\cdots+f_1x_{\alpha_s}+f_0}\equiv a_{1+(n-1)(n-2)}^{f_{n-2}}+a_1^{f_{n-3}x_{\alpha_s}^{n-3}+\cdots+f_0}$，因 $a_1^{f_{n-3}x_{\alpha_s}^{n-3}+\cdots+f_0}$ 或者为 0，或者为某些 a_m 之和，其中$1\leqslant m\leqslant(n-1)(n-2)$，同时 $a_{1+(n-1)(n-2)}^{f_{n-2}}$ 或者为 0，或者为某些 a_m 之和，其中 $1+(n-1)(n-2)\leqslant m\leqslant(n-1)(n-1)$，但由 $A=\langle a_1\rangle\oplus\langle a_2\rangle\oplus\cdots$ 可知 $a_1^{f_{n-2}x_{\alpha_s}^{n-2}}\equiv a_{1+(n-1)(n-2)}^{f_{n-2}}\equiv 0$，于是 $a_1^{f_{n-2}}\equiv 0$. 同理对 $a_1^{f_{n-3}x_{\alpha_s}^{n-3}+\cdots+f_1\cdot x_{\alpha_s}+f_0}\equiv a_{1+(n-1)(n-3)}^{f_{n-3}}+a_1^{x_{\alpha_s}^{n-4}f_{n-4}+\cdots+f_0}$ 可

得 $a_1^{f_{n-3}}\equiv 0$，类似地可以证明 $a_1^{f_{n-4}}\equiv\cdots\equiv a_1^{f_1}\equiv a_1^{f_0}\equiv 0$.

定理 12.2 如上构造的 ZG — 模 A 不满足极大条件.

证明 我们只需证明存在一无穷上升的子模链. 由定理 12.1 知对费马数 j 存在二元域上多项式 $g_{1j}(x_j)$ 及 $g_{2j}(x_j)$ 使 $a_1^{g_{1j}^2}\equiv a_1^{g_{2j}}$，且 $a_1^{g_{1j}^2+g_{1j}+1}\equiv a^{g_{2j}+g_{1j}+1}\equiv a_1^{1+x_j+\cdots+x_j^{2^{2^{j-1}}}}\equiv 0$，从而 $a_1^{g_{1j}+g_{2j}}\equiv a_1$，$a_1^{(g_{1j}+g_{2j})g_{2j}}\equiv a_1^{g_{2j}}$，故 $a_1^{g_{1j}\cdot g_{2j}}\equiv a_1$，这样 $a_1^{(g_{1j}(x_j)x_1+1)(g_{2j}(x_j)x_j+1)}\equiv a_1^{g_{1j}\cdot g_{2j}x_1^2+(g_{1j}+g_{2j})x_1+1}\equiv a_1^{x_1^2+x_j+1}\equiv 0$. 我们断言 $\langle a_1^{g_{12}(x_2)x_1+1}\rangle^{ZG}\leqslant\langle a_1^{g_{12}(x_2)x_1+1},a_1^{g_{13}(x_1)x_1+1}\rangle^{ZG}\leqslant\langle a_1^{g_{12}(x_2)x_1+1},a_1^{g_{13}(x_3)x_1+1},a_1^{g_{14}(x_4)x_1+1}\rangle^{ZG}\leqslant\cdots$ 即是一无穷上升的子模链. 否则，如果这不是无穷上升链，即存在正整数 j 使

$$a_1^{g_{1j}(x_j)x_1+1}\equiv a_1^{(g_{12}(x_2)x_1+1)f_2(x)+(g_{13}(x_3)x_1+1)f_3(x)+\cdots+(g_{1(j-1)}(x_{j-1})x_1+1)f_{j-1}(x)} \tag{12.2}$$

这里 $f_i(x)$ 是关于 $x_1,x_2,\cdots$ 的一些多项式，将式(12.2)两端同时以 $(g_{22}(x_2)x_1+1)(g_{23}(x_3)x_1+1)\cdots(g_{2(j-1)}(x_{j-1})x_1+1)$（令为 $f(x_1,\cdots,x_{j-1})$）去作用，由定理 12.1 知右边 $\equiv 0$，从而 $a_1^{(g_{1j}(x_j)x_1+1)\cdot f(x_1,\cdots,x_{j-1})}\equiv 0$，分离出 x_j，于是

$$\begin{aligned}&a_1^{(g_{1j}(x_j)x_1+1)\cdot f(x_1,\cdots,x_{j-1})}\equiv\\&a_1^{f(x_1,\cdots,x_{j-1})}+\\&a_1^{(x_j^{a_1}+\cdots+x_s^{a_s})\cdot x_1\cdot f(x_1,\cdots,x_{j-1})}\equiv 0\end{aligned}$$

由引理 12.4 知

$$a_1^{f(x_1,\cdots,x_{j-1})}\equiv a_1^{(g_{22}(x_2)x_1+1)\cdots(g_{2(j-1)}(x_{j-1})x_1+1)}\equiv 0$$

反复使用引理 12.4 最终有 $a_1^{(g_{22}(x_2)x_1+1)}\equiv 0$,这是显然不成立的.因此上述假设错误,从而存在一条无穷上升的子模链,也即 A 不满足极大条件,定理 12.2 成立.

参考文献

[1]ZAICEV D I. Splitting of extensions of abelian groups[J]. AN USSR Inst Mat Kiev,1986:21－31.

[2]DUAN Z Y. Noetherian Modules over Hyperfinite groups[D]. Glasgow:Univ of Clasgow,1991.

[3]DUAN Z Y. The structure of noetherian modules over hyperfintite groups[J]. Math Proc Camb Phil Soc,1992,112:21－28.

[4]RIBENBOIM P. The Book of Prime Number Records[M]. New York:Springer－Verlag,1989,71－74.

§2　关于亲和数的一个结果①

以 $\sigma(n)$ 表示 n 的正因数之和,即 $\sigma(n)=\sum\limits_{d\mid n}d$,对于两个正整数 m,n,若满足 $\sigma(m)=\sigma(n)=m+n$,则称 m 和 n 是一对亲和数. Florian Luca[1]最近证明了费马数不是亲和数,即,对于任意的正整数 n,不存在 $x\in\mathbf{N}$,使得 $\sigma(F_n)=\sigma(x)=F_n+x$ 成立,杭州师范学院的沈忠华教授于 2001 年推广了这一结果.

设 $n\in\mathbf{N}$,a 为奇素数,记

$$Y_n(a)=2^{a2^n}+1\qquad(12.3)$$

① 选自《哈尔滨师范大学自然科学学报》,2001 年第 17 卷第 5 期.

当 a 固定时，在不引起误会的情况下，简记 $Y_n=Y_n(a)$.

引理 12.5 对于固定的奇素数 a，2 对于模 Y_n 的指数 $d=\delta_{Y_n}(2)=a\cdot 2^{n+1}$.

证明 因为 $Y_n=2^{a\cdot 2^n}+1\mid 2^{a\cdot 2^{n+1}}-1$，即 $2^{a\cdot 2^{n+1}}\equiv 1(\bmod Y_n)$，所以 $\delta_{Y_n}(2)\mid a\cdot 2^{n+1}$，则 $d=a\cdot 2^k\ (k\leqslant n+1)$ 或 $d=2^k(k\leqslant n+1)$.

当 $l\leqslant n$ 时，Y_n 不整除 $2^{a\cdot 2^l}-1$ 和 $2^{2^l}-1$，即 $d\neq a\cdot 2^k(k\leqslant n)$ 和 $d\neq 2^k(k\leqslant n)$.

若 $\delta_{Y_n}(2)=2^{n+1}$，则 $Y_n\mid 2^{n+1}-1$，即 $2^{a2^n}+1\mid 2^{n+1}-1$，显然这是不可能成立的，事实上 $a\cdot 2^{n+1}+1>2^{2^{n+1}}+1>2^{2^{n+1}}-1$，所以 $\delta_{Y_n}(2)\neq 2^{n+1}$，于是 $d=\delta_{Y_n}(2)=a\cdot 2^{n+1}$.

引理 12.6[2] 若 $n\mid m$，则 $\delta_n(a)\mid\delta_m(a)$.

引理 12.7 对于任意的正整数 $a,b,n,a\neq b$，有 $(Y_n(a),Y_n(b))=1$ 成立.

证明 不妨假设 $a>b$，由辗转相除法可得

$$a=bq_1+r_1,0<r_1<b$$

$$b=r_1q_2+r_2,0<r_2<r_1$$

$$\vdots$$

$$r_{n-2}=r_{n-1}q_n+r_n$$

$$r_{n-1}=r_nq_{n+1}$$

于是

$$\begin{aligned}(Y_n(a),Y_n(b))=&(2^{a\cdot 2^n}+1,2^{b-2}+1)=\\&((2^{(bq_1+r_1)2^n}+1,2^{b\cdot 2^n}+1)=\\&(2^{r_1 2^n}+1,2^{b2^n}+1)=\cdots=\\&(2^{(r_{n-1}q_n+r_n)2^n}+1,2^{r_{n-1}2^n}+1)=\end{aligned}$$

$$(2^{r_n 2^n}+1,2^{r_n q_{n+1} 2^n}+1)=$$
$$(2^{r_n 2^n}+1,2)=1$$

引理 12.8　记 $Y_n=P_1^{a_1}\cdots P_k^{a_k}$，其中 $P_1<P_2<\cdots<P_k$ 为互不相同的素数，则

$$p_i\equiv 1(\bmod a2^{n+1}), i=1,2,\cdots,k$$

证明　由引理 12.6 及引理 12.7，有

$$\delta_{p_i}(2)\mid\delta_{Y_n}(2)=a\cdot 2^{n+1}$$

因此，只可能有以下情形发生：

(ⅰ) $\delta_{P_i}(2)=2^{n+1}$；

(ⅱ) $\delta_{P_i}(2)=a2^t, 0\leqslant t\leqslant n$；

(ⅲ) $\delta_{P_i}(2)=2^t, 0\leqslant t\leqslant n$；

(ⅳ) $\delta_{P_i}(2)=a2^{n+1}$.

下面说明情况(ⅰ)，(ⅱ)，(ⅲ)均不可能发生.

(ⅰ)若 $\delta_{P_i}(2)=2^{n+1}$，则 $P_i\mid 2^{2^{n+1}}-1$. 由于 $P_i\mid Y_n=2^{a2^{n+1}}+1$，所以

$$P_i\mid 2^{a2^{n+1}}+2^{2^{n+1}}=2^{2^{n+1}}(1+2^{b2^n})$$

此处 $b=a-2$（b 为奇数，且 $0<b<a$）. 因为 P_i 为奇素数，所以 $P_i\mid 2^{b2^{n+1}}+1$，即 $Y_n(a)$ 与 $Y_n(b)$ 有公因数 P_i，这与引理 12.7 矛盾，所以 $\delta_{P_i}(2)\neq 2^{n+1}$.

(ⅱ)若 $\delta_{P_i}(2)=a2^t, 0\leqslant t\leqslant n$，则必有 $a\cdot 2^n=\delta_{P_i}(2)\cdot q, q\geqslant 1$，所以

$$Y_n=2^{a2^n}+1=2^{\delta_{P_i}(2)\cdot q}+1=$$
$$(2^{\delta_{P_i}(2)}-1)Q+2$$

此处 $Q\in\mathbf{Z}^+$.

由 $P_i\mid 2^{\delta_{P_i}(2)}-1$ 及 $P_i\mid Y_n$ 可得 $P_i\mid 2$，得出矛盾，所以 $\delta_{P_i}(2)\neq a2^t, 0\leqslant t\leqslant n$.

(ⅲ)若 $\delta_{P_i}(2)=2^t, 0\leqslant t\leqslant n$，类似于(ⅱ)可得出

矛盾,即 $\delta_{P_i}(2)\neq 2^t, 0\leqslant t\leqslant n$.

综上可知,$\delta_{P_i}(2)=a2^{n+1}$,因此

$$P_i\equiv 1(\bmod a2^{n+1})$$

引理 12.9 当 $y\geqslant z\geqslant \mathrm{e}$ 时,$\frac{\ln(y+1)}{\ln(z+1)}\leqslant\frac{\ln y}{\ln z}$.

证明 令 $f(y)=\ln(y+1)\cdot\ln z-\ln(z+1)\cdot\ln y$,当 $y>\mathrm{e}>0$ 时,有

$$f'(y)=\frac{1}{y+1}\ln z-\frac{1}{y}\ln(z+1)<$$

$$\frac{1}{y+1}(\ln z-\ln(z+1))<0$$

因此,当 $y\geqslant z>\mathrm{e}$ 时,$f(y)\leqslant f(z)=0$,即 $\ln(y+1)\cdot\ln z-\ln(z+1)\ln y\leqslant 0$,从而有 $\frac{\ln(y+1)}{\ln(z+1)}\leqslant\frac{\ln y}{\ln z}$ 成立.

引理 12.10 不等式 $\frac{\sigma(y)}{y}\leqslant\frac{y}{\Phi(y)}$,对于所有的自然数 y 都成立,这里 $\Phi(y)$ 是欧拉函数.

证明 令 $y=P_1^{a_1}\cdots P_s^{a_s}$,则

$$\frac{\sigma(y)}{y}=\frac{1}{y}\cdot\sum_{z_1=0}^{a_1}\cdots\sum_{z_s=0}^{a_s}P_1^{x_1}\cdots P_s^{x_s}=$$

$$\frac{1}{y}\cdot\sum_{x_1=0}^{a_1}P_1^{x_1}\cdots\sum_{x_s=0}^{a_s}P_s^{x_s}\leqslant$$

$$\frac{1}{y}\cdot\frac{P_1^{a_1+1}-1}{P_1-1}\cdots\frac{P_s^{a_s+1}-1}{P_s-1}\leqslant$$

$$\frac{1}{y}\cdot\frac{P_1^{a_1+1}\cdots P_s^{a_s+1}}{(P_1-1)\cdots(P_s-1)}=$$

$$\frac{\prod_{i=1}^{s}P_i}{\prod_{i=1}^{s}(P_i-1)}=$$

$$\frac{y}{y \cdot \prod_{i=1}^{s}(1-\frac{1}{P_i})}=$$

$$\frac{y}{\Phi(y)}$$

引理 12.11[3]　若自然数 $y \geqslant 3$，则 $\sigma(y)<(1.8 \cdot \ln\ln y+\frac{2.6}{\ln\ln y})y$.

定理 12.3　对于任何奇素数 a 及正整数 x，x 与 $Y_n=2^{a \cdot 2^n}+1$ 不是亲和数.

证明　设

$$\sigma(Y_n)=\sigma(x)=Y_n+x, x \in \mathbf{Z}^+ \qquad (12.4)$$

我们知道，当 a 固定时 $Y_n=2^{a \cdot 2^n}+1$ 是 n 的增函数；当 n 固定时 $Y_n=2^{a \cdot 2^n}+1$ 是 a 的增函数. 而

$$Y_1(1)=5$$
$$Y_1(2)=17$$
$$Y_1(3)=65$$
$$Y_1(4)=257$$
$$\vdots$$
$$Y_2(1)=17$$
$$Y_2(2)=257$$
$$Y_2(3)=4\ 097$$
$$\vdots$$
$$Y_3(1)=257$$
$$Y_3(2)=65\ 537$$
$$\vdots$$

所以 $Y_n=2^{a \cdot 2^n}+1$ 最小的 4 个数依次为：5，17，65，257，与之对应的，有

$$\sigma(5)=6,\sigma(17)=18,\sigma(65)=84,\sigma(257)=258 \tag{12.5}$$

将式(12.5)分别代入式(12.4)可知,当 Y_n 取 5,17,65,257 时,不存在正整数 x 使得式(12.4)成立.

由引理 12.11 得到 $x^2>\sigma(x)>Y_1(4)>257>16^2$,即

$$x>16 \tag{12.6}$$

令 $Y_n=P_1^{a_1}\cdots P_k^{a_k}$,其中 $P_1<P_2<\cdots<P_k$ 为素数,由引理 12.8 可知,存在 $q_i\in\mathbf{N}$,使得 $P_1=q_i\cdot a2^{n+1}+1$ 成立,且有 $P_i\geqslant i\cdot a2^{n+1}+1,i=1,2,\cdots,k$.

则

$$Y_n=P_1^{a_1}\cdot P_2^{a_2}\cdots P_k^{a_k}\geqslant P_1\cdot P_2\cdots P_k>(2^{n+2}+1)^k$$

由引理 12.10

$$k<\frac{\ln Y_n}{\ln(a2^{n+1}+1)}=\frac{\ln(2^{a\cdot 2^n}+1)}{\ln(a2^{n+1}+1)}<\frac{\ln 2^{a\cdot 2^n}}{\ln a2^n+1}=\frac{a\cdot 2^n\ln 2}{(n+1)(\ln a+\ln 2)}<\frac{a2^{n-1}}{n+1}$$

由引理 12.11 有

$$1+\frac{x}{Y_n}=\frac{\sigma(Y_n)}{Y_n}\leqslant\frac{Y_n}{\Phi(Y_n)}=\prod_{i=1}^{k}(1+\frac{1}{P_i-1})$$

即

$$\ln(1+\frac{x}{Y_n}) \leqslant \sum_{i=1}^{k} \ln(1+\frac{1}{P_i - 1}) <$$

$$\sum_{i=1}^{k} \frac{1}{P_i - 1} \qquad (12.7)$$

因为

$$P_i > i \cdot a2^{n+1} + 1, i = 1, 2, \cdots, k$$

所以

$$\sum_{i=1}^{k} \frac{1}{P_i - 1} \leqslant \frac{1}{a2^{n+1}} \cdot \sum_{i=1}^{k} \frac{1}{i} \leqslant$$

$$\frac{1}{a2^{n+1}} \cdot (1 + \ln k) \leqslant$$

$$\frac{1}{a2^{n+1}} \cdot (1 + \ln(\frac{a \cdot 2^{n-1}}{n+1})) <$$

$$\frac{\ln a + (n-1)\ln 2}{a2^{n+1}}$$

由此及式(12.7)得到

$$\ln(1+\frac{x}{Y_n}) < \frac{\ln a + (n-1)\ln 2}{a2^{n+1}} \qquad (12.8)$$

因此，必是 $x < Y_n$，若不然，就有

$$\ln 2 < \ln(1+\frac{x}{Y_n}) < \frac{\ln a + (n-1)\ln 2}{a2^{n+1}}$$

这是不可能的，事实上对于任意的奇素数 a 及 $n \in \mathbf{N}$，有

$$\frac{\ln a + (n-1)\ln 2}{a2^{n+1}} =$$

$$\frac{\ln a}{a2^{n+1}} + \frac{(n-1)\ln 2}{a2^{n+1}} \leqslant$$

$$\frac{1}{2^{n+1}} + \frac{n-1}{2^{n+1}} =$$

$$\frac{n}{2^{n+1}} \leqslant \frac{1}{4} < \ln 2 \qquad (12.9)$$

对于任意的 $y\in(0,1)$，有 $\ln(1+y)>\frac{y}{2}$.

所以

$$\frac{x}{2Y_n}<\frac{\ln a+(n-1)\ln 2}{a2^{n+1}}$$

即

$$x<\frac{Y_n(\ln a+(n-1)\ln 2)}{a2^n}$$

由引理 12.11

$$Y_n<x+Y_n=\sigma(x)<\left(1.8\ln\ln x+\frac{2.6}{\ln\ln x}\right)x \quad (12.10)$$

因为 $x>16$ 所以 $\ln\ln x>1$，因此，由式(12.10)，有

$$\begin{aligned}Y_n&<4.4x\ln\ln x<\\&4.4\cdot\frac{(\ln a+(n-1)\ln 2)\cdot Y_n}{a2^n}\cdot\\&\ln\ln\frac{(\ln a+(n-1)\ln 2)\cdot Y_n}{a2^n}<\\&4.4\cdot\frac{(\ln a+(n-1)\ln 2)\cdot Y_n}{a2^n}\ln\ln Y_n\end{aligned}$$

即

$$a2^n<4.4(\ln a+(n-1)\ln 2)\ln\ln Y_n$$

因为 $Y_n=2^{a\cdot 2^n}+1<2^{a\cdot 2^{n+1}}$，所以

$$a2^n<4.4(\ln a+(n-1)\ln 2)\cdot(\ln a+(n+1)\ln 2+\ln\ln 2)$$

上式对于所有 $n\geqslant 2$ 的自然数及任意的正整数 a 是不成立的.

定理得证.

注 1 我们知道对于正整数 n，若满足 $\sigma(n)=2n$，则称 n 是完全数. 在以上的证明过程中，从式(12.8)和

(12.9)中我们得到

$$\ln(1+\frac{x}{Y_n})<\frac{\ln a+(n-1)\ln 2}{a2^{n+1}}<\ln 2$$

由此及式(12.4),有

$$\ln\frac{\sigma(Y_n)}{Y_n}<\ln 2$$

即

$$\sigma(Y_n)<2Y_n$$

因此,$Y_n(a)=2^{a2^n}+1$ 不是完全数.

注2　从文献[1]我们知道,费马数不是亲和数,即,对于任意费马数 $F_n=2^{2^n}+1$,不存在 $x\in\mathbf{N}$,使得 $\sigma(F_n)=\sigma(x)=F_n+x$ 成立.所以在定理中,取 $a=2$,即 $Y_n(2)=2^{2^{n+1}}+1=F_{n+1}$,也适合定理,因此,定理中的 a 可修正为所有的素数.

参考文献

[1]Florian Luca. The Anti－Social Fermat Number[J]. Amer. Math. Monthly,2000(107):171－173.

[2]华罗庚.数论导引[M].北京:科学出版社,1957.

[3]Rosser J B, Schoenfeld L. Approximate formulas for some functions of prime numbers[J]. Illinois J of Math,1962(6):64－94.

§3　关于斯马兰达切函数与费马数①

1.引言及结论

对任意正整数 n,著名的斯马兰达切(Smarandache)函数 $S(n)$ 定义为最小的正整数 m 使得 $n\mid m!$.即,

① 选自《西北大学学报(自然科学版)》,2010年8月,第40卷第4期.

$S(n)=\min\{m:n|m!,n\in\mathbf{N}\}$. 例如：函数 $S(n)$ 的前几个值为：$S(1)=1$，$S(2)=2$，$S(3)=3$，$S(4)=4$，$S(5)=5$，$S(6)=3$，$S(7)=7$，$S(8)=4$，$S(9)=6$，$S(10)=5$，$S(11)=11$，…，$S(15)=5$，$S(16)=6$，…. 关于 $S(n)$ 的初等性质，许多学者进行了研究，获得了不少有趣的结论[1-6]. 例如，文献[2]研究了 $S(n)$ 的值分布性质，证明了下面的结论：

设 $P(n)$ 表示 n 的最大素因子，那么对任意实数 $x>1$，有渐近公式

$$\sum_{n\leqslant x}(S(n)-P(n))^2=\frac{2\zeta\left(\frac{3}{2}\right)x^{\frac{3}{2}}}{3\ln x}+O\left(\frac{x^{\frac{3}{2}}}{\ln^2 x}\right)$$

其中 $\zeta(s)$ 表示黎曼 Zeta－函数.

文献[3]研究了 $S(2^{p-1}(2^p-1))$ 的下界估计，证明了对任意奇素数 p，有估计式

$$S(2^{p-1}(2^p-1))\geqslant 2p+1$$

文献[4]研究了 $S(2^p+1)$ 下界估计问题，证明了对任意素数 $p\geqslant 7$，有估计式

$$S(2^p+1)\geqslant 6p+1$$

以上文献中所涉及的数列 $2^{p-1}(2^p-1)$ 有着重要的数论背景，事实上数列 $M_p=2^p-1$ 称为梅森数. 梅森曾猜测对所有素数 p，M_p 为素数. 然而，这一猜测后来被验证是错误的，因为 $M_{11}=2^{11}-1=23\times 89$ 是个合数，而数列 $2^{p-1}(2^p-1)$ 与一个古老的数论难题——偶完全数密切相关. 有关内容可参阅文献[7]及[8].

此外，文献[5]研究了 $S(F_n)$ 的下界估计问题，证明了对任意正整数 $n\geqslant 3$，有估计式

$$S(F_n)=S(2^{2^n}+1)\geqslant 8\cdot 2^n+1$$

其中 F_n 为费马数,定义为

$$F_n=2^{2^n}+1$$

西安工程大学理学院的朱敏慧教授于2010年利用初等方法,原根的性质以及组合技巧改进了文献[5]中的结论,获得了更强的下界估计.具体地说即证明了下面的定理.

定理12.4　对任意正整数 $n\geqslant 3$,有估计式

$$S(F_n)\geqslant 12\cdot 2^n+1$$

2.定理的证明

利用初等方法,原根的性质以及组合技巧直接给出定理12.4的证明.首先注意到 $F_3=257$, $F_4=65\ 537$,它们都是素数.因此对 $n=3,4$,有

$$S(F_3)=257\geqslant 12\cdot 2^3+1$$

$$S(F_4)=65\ 537\geqslant 12\cdot 2^4+1$$

因此不失一般性,假定 $n\geqslant 5$.如果 F_n 是一个素数,设 $F_n=p$,那么由 $S(n)$ 的性质有

$$S(F_n)=S(p)=p=F_n=2^{2^n}+1\geqslant 12\cdot 2^n+1$$

如果 F_n 是一个复合数,那么设 p 是 F_n 的任意素因子,显然 $(2,p)=1$.设 m 表示 $2(\bmod p)$ 的指标.即,m 表示最小的正整数 r,使得

$$2^r\equiv 1(\bmod p)$$

因为 $p\mid F_n$,有 $F_n=2^{2^n}+1\equiv 0(\bmod p)$ 或者 $2^{2^n}\equiv -1(\bmod p)$,及 $2^{2^{n+1}}\equiv 1(\bmod p)$.由同余式及指标的性质[7]有 $m\mid 2^{n+1}$,因此 m 是 2^{n+1} 的一个因子.设 $m=$

2^d，其中 $1\leqslant d\leqslant n+1$. 显然 $p\nmid 2^{2^d}-1$，如果 $d\leqslant n$，有 $m=2^{n+1}$ 以及 $m\mid\phi(p)$. 又 $\phi(p)=p-1$，于是 $2^{n+1}\mid p-1$ 或者

$$p=h\cdot 2^{n+1}+1 \tag{12.11}$$

现在分下列 3 种情况讨论：

(A)如果 F_n 有至少 3 个不同的素因子，根据式(12.11)不妨设为 $p_i=h_i\cdot 2^{n+1}=1, i=1,2,3$. 因为 $2^{n+1}+1$和 $2\cdot 2^{n+1}+1$ 不可能同时为素数(至少有一个能被 3 整除)，$2^{n+1}+1$ 和 $5\cdot 2^{n+1}+1$ 不可能同时为素数(至少有一个能被 3 整除)，$2\cdot 2^{n+1}+1$ 和 $4\cdot 2^{n+1}+1$ 不可能同时为素数(至少有一个能被 3 整除)，$2^{n+1}+1$ 和 $4\cdot 2^{n+1}+1$ 不可能同时为素数(至少有一个能被 3 或者 5 整除)，$2\cdot 2^{n+1}+1$ 和 $3\cdot 2^{n+1}+1$ 不可能同时为素数(至少有一个能被 3 或者 5 整除)，$4\cdot 2^{n+1}+1$ 和 $5\cdot 2^{n+1}+1$ 不可能同时为素数(至少有一个能被 3 整除)，这样一来，在 F_n 所含的 3 个不同素因子中，至少有一个 $p_i=h_i\cdot 2^{n+1}+1$ 中的 $h_i\geqslant 6$. 不妨设 $h_3\geqslant 6$，由 $S(n)$的性质知

$$S(F_n)\geqslant p_3\geqslant 6\cdot 2^{n+1}+1=12\cdot 2^n+1$$

(B)如果 F_n 恰好含两个不同的素因子，不失一般性，可设

$$F_n=(2^{n+1}+1)^\alpha\cdot(3\cdot 2^{n+1}+1)^\beta$$

或者

$$(2\cdot 2^{n+1}+1)^\alpha\cdot(5\cdot 2^{n+1}+1)^\beta$$

或者

$$(3\cdot 2^{n+1}+1)^\alpha\cdot(4\cdot 2^{n+1}+1)^\beta$$

如果 $F_n=(2^{n+1}+1)^{\alpha}\cdot(3\cdot 2^{n+1}+1)^{\beta}$ 且 $\alpha\geqslant 6$ 或者 $\beta\geqslant 2$，那么由 $S(n)$ 的性质立刻推出估计式

$$S(F_n)\geqslant \max\{S((2^{n+1}+1)^{\alpha}),S((3\cdot 2^{n+1}+1)^{\beta})\}=\max\{\alpha\cdot(2^{n+1}+1),\beta\cdot(3\cdot 2^{n+1}+1)\}\geqslant 12\cdot 2^n+1$$

如果 $F_n=2^{2^n}+1=(2^{n+1}+1)\cdot(3\cdot 2^{n+1}+1)=3\cdot 2^{2n+2}+2^{n+3}+1$，那么注意到 $n\geqslant 5$，有同余式

$$0\equiv 2^{2^n}+1-1=3\cdot 2^{2n+2}+2^{n+3}\equiv 2^{n+3}\pmod{2^{n+4}}$$

矛盾.因此

$$F_n=2^{2^n}+1\neq(2^{n+1}+1)\cdot(3\cdot 2^{n+1}+1)$$

如果

$$F_n=(2^{n+1}+1)^2\cdot(3\cdot 2^{n+1}+1)=3\cdot 2^{3n+3}+3\cdot 2^{2n+3}+3\cdot 2^{n+1}+2^{2n+2}+2^{n+2}+1$$

那么仍然有

$$0\equiv 2^{2^n}+1-1=3\cdot 2^{3n+3}+3\cdot 2^{2n+3}+3\cdot 2^{n+1}+2^{2n+2}+2^{n+2}\equiv 3\cdot 2^{n+1}\pmod{2^{n+2}}$$

矛盾.因此

$$F_n=2^{2^n}+1\neq(2^{n+1}+1)^2\cdot(3\cdot 2^{n+1}+1)$$

如果 $F_n=2^{2^n}+1=(2^{n+1}+1)^3\cdot(3\cdot 2^{n+1}+1)$，那么

$$2^{2^n}+1\equiv(3\cdot 2^{n+1}+1)^2\equiv 3\cdot 2^{n+2}+1\pmod{2^{n+4}}$$

或者

$$0\equiv 2^{2^n}\equiv(3\cdot 2^{n+1}+1)^2-1\equiv 3\cdot 2^{n+2}\pmod{2^{n+4}}$$

这与 $2^{n+4}\nmid 3\cdot 2^{n+2}$ 矛盾.

如果 $F_n=2^{2^n}+1=(2^{n+1}+1)^4\cdot(3\cdot 2^{n+1}+1)$,那么

$$0\equiv 2^{2^n}\equiv(2^{n+1}+1)^4\cdot(3\cdot 2^{n+1}+1)-1\equiv 3\cdot 2^{n+1}\pmod{2^{n+3}}$$

这与 $2^{n+3}\nmid 3\cdot 2^{n+1}$ 矛盾.

如果 $F_n=2^{2^n}+1=(2^{n+1}+1)^5\cdot(3\cdot 2^{n+1}=1)$,那么

$$0\equiv 2^{2^n}\equiv(2^{n+1}+1)^5\cdot(3\cdot 2^{n+1}+1)-1\equiv 2^{n+4}\pmod{2^{2n+2}}$$

这与 $2^{2n+2}\nmid 2^{n+4}$ 矛盾,因为 $n\geqslant 5$.

如果 $F_n=(2\cdot 2^{n+1}+1)^\alpha\cdot(5\cdot 2^{n+1}+1)^\beta$ 且 $\alpha\geqslant 3$ 或者 $\beta\geqslant 3$,那么由 $S(n)$ 的性质有

$$S(F_n)\geqslant\max\{S((2\cdot 2^{n+1}+1)^\alpha),S((5\cdot 2^{n+1}+1)^\beta)\}=\max\{\alpha\cdot(2\cdot 2^{n+1}+1),\beta\cdot(5\cdot 2^{n+1}+1)\}\geqslant 12\cdot 2^n+1$$

如果 $F_n=2^{2^n}+1=(2\cdot 2^{n+1}+1)\cdot(5\cdot 2^{n+1}+1)$,那么有

$$F_n=2^{2^n}+1=(5\cdot 2^{2n+3}+7\cdot 2^{n+1}+1)$$

从而可推出同余式

$$0\equiv 2^{2^n}=5\cdot 2^{2n+3}+7\cdot 2^{n+1}\equiv 7\cdot 2^{n+1}\pmod{2^{2n+3}}$$

这是不可能的,因为 $2^{2n+3}\nmid 7\cdot 2^{n+1}$.

如果 $F_n=2^{2^n}+1=(2\cdot 2^{n+1}+1)^2\cdot(5\cdot 2^{n+1}+1)$,那么有

$$0\equiv 2^{2^n}=(2\cdot 2^{n+1}+1)^2\cdot(5\cdot 2^{n+1}+1)-1\equiv 5\cdot 2^{n+1}\pmod{2^{n+3}}$$

这是不可能的,因为 $2^{2n+3}\nmid 7\cdot 2^{n+1}$.

(C)如果 F_n 恰好有一个素因子,这时当 F_n 为素

数时，定理显然成立. 于是假定 $F_n=(2^{n+1}+1)^\alpha$ 或者 $F_n=(2\cdot 2^{n+1}+1)^\alpha,\alpha\geqslant 2$.

如果 $F_n=(2^{n+1}+1)^\alpha$，那么当 $\alpha\geqslant 6$ 时定理12.4显然成立. 如果 $\alpha=1,2,3,4$ 或者5，那么由同余式不难推出矛盾. 因此 $F_n\neq(2^{n+1}+1)^\alpha,1\leqslant\alpha\leqslant 5$.

如果 $F_n=(2\cdot 2^{n+1}+1)^\alpha$，那么当 $\alpha\geqslant 3$ 时，由 $S(n)$ 的性质可知定理12.4显然成立. 如果 $\alpha=1$，那么 F_n 为素数，定理12.4也成立. 当 $F_n=(2\cdot 2^{n+1}+1)^\alpha$ 时，由同余式

$$0\equiv 2^{2^n}=(2^{n+2}+1)^2-1\equiv 2^{n+3}\pmod{2^{2n+2}}$$

立刻推出矛盾. 因为当 $n\geqslant 5$ 时，$2^{2n+2}\nmid 2^{n+3}$.

3. 参考文献

[1]SMARANDACHE F. Only Problems, Not Solutions[M]. Chicago: Xiquan Publishing House, 1993.

[2]徐哲峰. Smarandache 函数的值分布[J]. 数学学报, 2006, 49(5): 1009－1012.

[3]LE Mohua. A lower bound for $S(2^{p-1}(2^p-1))$[J]. Smarandache Notions Journal, 2001, 12(1－2－3): 217－218.

[4]苏娟丽. 关于 Smarandache 函数的一个新的下界估计[J]. 纯粹数学与应用数学, 2008, 24(4): 706－708.

[5]WANG Jin－rui. On the Smarandache function and the 费马 number [J]. Scientia Magna, 2008, 4(2): 25－28.

[6]LU Ya－ming. On the solutions of an equation involving the Smarandache function[J]. Scientia Magna, 2006, 2(1): 76－79.

[7]APOSTOL T M. Introduction to Analytic Number Theory[M]. New York: Springer－Verlag, 1976.

[8]张文鹏. 初等数论[M]. 西安: 陕西师范大学出版社, 2007.

§4 费马数的斯马兰达切函数值的下界①

1. 引言

设 $\mathbf{N}$ 是全体正整数的集合. 对于正整数 m,设

$$S(m)=\min\{t\mid m\backslash t!,t\in\mathbf{N}\} \qquad (12.12)$$

称为 m 的斯马兰达切函数. 近几年来,人们对于此类数论函数及其推广形式的性质进行了广泛的研究(见文[1－7]). 空军工程大学理学院的刘妙华和西藏民族学院教育学院的金英姬两位教授于 2015 年讨论了费马数的斯马兰达切函数的下界.

对于正整数 n,设 $F_n=2^{2^n}+1$ 是第 n 个费马数. 对此,文[8]证明了:当 $n\geqslant 3$ 时,$S(F_n)\geqslant 8\cdot 2^n+1$. 最近,文[9]进一步证明了:当 $n\geqslant 3$ 时,$S(F_n)\geqslant 12\cdot 2^n+1$. 本节运用初等方法对 $S(F_n)$ 的下界给出了本质上的改进,即证明了:

定理 12.5 当 $n\geqslant 4$ 时

$$S(F_n)\geqslant 4(4n+9)\cdot 2^n+1 \qquad (12.13)$$

2. 若干引理

引理 12.12 若实数 x 和 y 适合 $3\leqslant x<y$,则必有

$$\frac{\ln(y+1)}{\ln(x+1)}<\frac{\ln y}{\ln x} \qquad (12.14)$$

① 选自《数学的实践与认识》,2015 年 4 月,第 45 卷第 8 期.

证明　对于实数 x，设

$$f(z)=\frac{\ln(z+1)}{\ln z} \tag{12.15}$$

由于当 $z\geqslant 3$ 时，$f(z)$ 连续可导，而且从式(12.15)可知

$$f'(z)=\frac{z\ln z-(z+1)\ln(z+1)}{z(z+1)(\ln z)^2}<0,z\geqslant 3 \tag{12.16}$$

所以根据函数单调性的判别条件(见文[10]的定理 5.9)，从式(12.16)可知 $f(z)$在 $z\geqslant 3$ 时是单调递减的. 因此，当 $3\leqslant x<y$ 时，必有

$$\frac{\ln(y+1)}{\ln y}<\frac{\ln(x+1)}{\ln x} \tag{12.17}$$

从式(12.17)可知此时式(12.14)成立. 引理证完.

引理 12.13　费马数 F_n 的素因数 p 都满足 $p\equiv 1(\bmod 2^{n+2})$.

证明　参见文[11]的定理 3.7.2.

另外，以下有关斯马兰达切函数的三个引理的证明可参见文[12].

引理 12.14　若 $m=p_1^{r_1},\cdots,p_k^{r_k}$ 正整数 m 的标准分解式，则

$$S(m)=\max\{S(p_1^{r_1}),\cdots,S(p_k^{r_k})\}$$

引理 12.15　对于素数 p 必有 $S(p)=p$.

引理 12.16　若 x 和 y 适合 $x<y$ 的正整数，则对于素数 p 必有 $S(p^x)\leqslant S(p^y)$.

3. 定理的证明

首先讨论费马数 F_n 的最大素因数的下界. 设 n 是适合 $n\geqslant 4$ 的正整数，又设

$$F_n=p_1^{r_1}\cdots p_k^{r_k} \tag{12.18}$$

是 F_n 的标准分解式,其中 $p_1,\cdots,p_k$ 是适合

$$p_1<\cdots<p_k \tag{12.19}$$

的奇素数,$r_1,\cdots,r_k$ 是正整数. 因为从引理 12.13 可知

$$p_i\equiv 1(\bmod 2^{n+2}),i=1,\cdots,k$$

故有

$$p_i=2^{n+2}s_i+1,s_i\in\mathbf{N},i=1,\cdots,k \tag{12.20}$$

而且从式(12.19)和(12.20)可知

$$s_1<\cdots<s_k \tag{12.21}$$

从式(12.18)和(12.20)可知

$$F_n=2^{2^n}+1\geqslant(2^{n+2}+1)^{r_1+\cdots+r_k} \tag{12.22}$$

从式(12.22)可得

$$r_1+\cdots+r_k\leqslant\frac{\ln(2^{2^n}+1)}{\ln(2^{n+2}+1)} \tag{12.23}$$

由于当 $n\geqslant 4$ 时,$2^{2^n}>2^{n+2}>3$,所以根据引理 12.12可知

$$\frac{\ln(2^{2^n}+1)}{\ln(2^{n+2}+1)}<\frac{\ln 2^{2^n}}{\ln 2^{n+2}}$$

故从式(12.23)可得

$$r_1+\cdots+r_k\leqslant\frac{2^n}{n+2} \tag{12.24}$$

另外,从式(12.20)可知

$$p_i^{r_i}\equiv(2^{n+2}s_i+1)^{r_i}\equiv$$
$$2^{n+2}s_ir_i+1(\bmod 2^{2n+4})$$
$$(i=1,\cdots,k) \tag{12.25}$$

因为当 $n\geqslant 4$ 时,必有 $2^n>2n+4$,所以从式(12.18)和(12.25)可得

$$1\equiv 2^{2^n}+1\equiv F_n\equiv\prod_{i=1}^{k}(2^{n+2}s_ir_i+1)\equiv$$

$$1+2^{n+2}\sum_{i=1}^{k}s_i r_i \pmod{2^{2n+4}} \tag{12.26}$$

从式(12.26)立得

$$\sum_{i=1}^{k}s_i r_i \equiv 0 \pmod{2^{n+2}} \tag{12.27}$$

由于同余关系(12.27)的左边是正整数,故从(12.27)可知

$$\sum_{i=1}^{k}s_i r_i \geqslant 2^{n+2} \tag{12.28}$$

又从式(12.21)和(12.28)可得

$$s_k\sum_{i=1}^{k}r_i \geqslant 2^{n+2} \tag{12.29}$$

结合式(12.24)和(12.29)可知

$$s_k > \frac{2^{n+2}(n+2)}{2^n} = 4n+8 \tag{12.30}$$

因为 s_k 是正整数,所以从式(12.30)可得 $s_k \geqslant 4n+9$. 于是,从式(12.19),(12.20)和(12.30)可知 F_n 的最大素因数 p_k 满足

$$p_k = 2^{n+2}s_k+1 \geqslant 2^{n+2}(4n+9)+1 \tag{12.31}$$

最后证明下界(12.13)的正确性. 根据引理12.14,从 F_n 的标准分解式(12.18)可知

$$S(F_n)=\max\{S(p_1^{r_1}),\cdots,S(p_k^{r_k})\} \tag{12.32}$$

又从引理12.15和12.16可知

$$S(p_i^{r_i}) \geqslant S(p_i)=p_i, i=1,\cdots,k \tag{12.33}$$

因此,从式(12.19),(12.32)和(12.33)可得

$$S(F_n) \geqslant \max\{S(p_1),\cdots,S(p_k)\} = \max\{p_1,\cdots,p_k\}=p_k \tag{12.34}$$

于是,从式(12.31)和(12.34)立得式(12.13). 定理证完.

4. 参考文献

[1]张文鹏. 初等数论[M]. 西安:陕西师范大学出版社,2007.

[2]徐哲峰. Smarandache 幂函数的均值[J]. 数学学报,2006,49(1):77—80.

[3]徐哲峰. Smarandache 函数的值分布性质[J]. 数学学报,2006,49(5):1009—1012.

[4]李洁. 一个包含 Smarandache 原函数的方程[J]. 数学学报,2007,50(2):333—336.

[5]马金萍,刘宝利. 一个包含 Smarandache 函数的方程[J]. 数学学报,2007,50(5):1185—1190.

[6]朱伟义. 一个包含 F. Smarandache LCM 函数的猜想[J]. 数学学报,2008,51(5):955—958.

[7]贺艳峰,潘晓玮. 一个包含 F. Smarandache LCM 函数的方程[J]. 数学学报,2008,51(4):779—786.

[8]Wang J R. On the Smarandache function and the Fermat number[J]. Scientia Magna,2008,4(2):25—28.

[9]朱敏慧. 关于 Smarandache 函数与费尔马数[J]. 西北大学学报(自然科学版),2010,40(4):583—585.

[10]邓东皋,尹小玲. 数学分析简明教程,上册[M]. 北京:高等教育出版社,1999.

[11]孙琦,郑德勋,沈仲琦. 快速数论变换[M]. 北京,科学出版社,1980.

[12]Balacenoiu I,Seleacu V. History of the Smarandache function[J]. Smrandache Notions J,1999,10(1):192—201.

§5 关于数论函数 $\sigma(n)$ 的一个注记①

对于两个不相同的正整数 m 和 n,若满足 $\sigma(m)=$

① 选自《数学研究与评论》,2007 年 2 月,第 27 卷第 1 期.

$\sigma(n)=m+n$，则称之为一对亲和数，这里 $\sigma(n)=\sum_{d|n}d$．本节给出了 $f(x,y)=x^{2^x}+y^{2^x}$ $(x>y\geqslant 1,(x,y)=1)$不与任何正整数构成亲和数对的结论，这里 x,y 具有不同的奇偶性，即，关于 z 的方程$\sigma(f(x,y))=\sigma(z)=f(x,y)+z$ 不存在正整数解．

1．引言

对于任何的正整数 n，定义 $\sigma(n)$ 为它的所有正约数的和．一个正整数 n，若满足 $\sigma(n)=2n$，则称之为完全数[4,7]．对于两个不相同的正整数 m 和 n，若满足 $\sigma(m)=\sigma(n)=m+n$，则称之为一对亲和数[8]．

对于任意的正整数 n，$F_n=2^{2^n}+1$ 表示第 n 个费马数．Florian Luca 证明了任意的正整数 x 都不满足等式 $\sigma(F_n)=\sigma(x)=F_n+x$，即

定理 A[1]　任意一个费马数既不是完全数也不与任何正整数成为一对亲和数．

沈忠华和于秀源证明了任意的正整数 y 都不满足等式 $\sigma(f(x))=\sigma(y)=f(x)+y$，其中 $f(x)=x^{2^x}+1$，x 是任意一个正的偶数．本节证明了更加一般的情况，即，任意的正整数 z 都不满足等式 $\sigma(f(x,y))=\sigma(z)=f(x,y)+z$，其中 $f(x,y)=x^{2^x}+y^{2^x}$ $(x>y\geqslant 1,(x,y)=1)$，x,y 一奇一偶．也就是：

定理 12.6　对于正整数 $x,y,x>y\geqslant 1,(x,y)=1$，$x,y$ 一奇一偶，定义 $f(x,y)=x^{2^x}+y^{2^x}$，则 $f(x,y)$ 不与任何正整数构成一对亲和数．

在此基础上，我们还得到了：

定理 12.7　对于正整数 $x,y,x>y\geqslant 1,(x,y)=1$，$x,y$ 一奇一偶，定义 $f(x,y)=x^{2^x}+y^{2^x}$，则 $f(x,y)$ 不是完全数．

大整数的分解是个很困难的问题，对于形如 $f(a,b)=a^{2^n}+b^{2^n}$ 的整数，估计它的素因素的个数，无疑对于分解此类整数是有裨益的. 沈忠华和于秀源两位教授于 2007 年对此类整数的素因数个数作了初步估计，得到了如下的定理

定理 12.8 对于形如 $f(a,b)=a^{2^n}+b^{2^n}$ $((a,b)=1, a>b\geqslant 1)$ 的一类正整数，它的所有素因数的个数(含相等的) k 不超过 $\left[\frac{(a-1)2^n}{n+1}\right]$ 个. $[x]$ 表示不超过 x 的最大整数.

由此定理，我们又得到了如下两个推论.

推论 12.1 对于形如 $f(x,y)=x^{2^x}+y^{2^x}$ $(x>y\geqslant 1,(x,y)=1)$ 的一类正整数，它的所有素因数的个数(含相等的) k 不超过 $\left[\frac{(x-1)2^x}{x+1}\right]$ 个.

推论 12.2 费马数 $(n\geqslant 3)$ 的所有素因数的个数(含相等的) k 不超过 $\left[\frac{2^n}{n+3}\right]$ 个.

2. 几个引理

引理 12.17[2] 对于任意的正整数 y，有 $\sigma(y)<y^2$ 成立.

引理 12.18[3] 对于互素的两个正整数 a 和 b，如有素数 $p\mid a^{2^n}+b^{2^n}$，则 $p=2$ 或 $p\equiv 1 \pmod{2^{n+1}}$.

引理 12.19[5] 对于任意的正整数 y，有 $\frac{\sigma(y)}{y}\leqslant\frac{y}{\varphi(y)}$ 成立，这里 $\varphi(y)$ 是欧拉函数.

引理 12.20[6] 对于满足 $y\geqslant 3$ 的正整数 y，有 $\sigma(y)<(1.782\ln\ln y+\frac{2.495}{\ln\ln y})y$ 成立.

引理 12.21　如 $y \geqslant z > \mathrm{e}$，则 $\dfrac{\ln(y+1)}{\ln(z+1)} \leqslant \dfrac{\ln y}{\ln z}$ 成立.

证明　令 $f(y)=\ln(y+1)\ln z-\ln(z+1)\ln y$，若 $y>\mathrm{e}>0$，则

$$f'(y)=\frac{1}{y+1}\ln z-\frac{1}{y}\ln(z+1)<$$

$$\frac{1}{y+1}(\ln z-\ln(z+1))<0$$

因此，若 $y \geqslant z > \mathrm{e}$，则 $f(y) \leqslant f(z)=0$，即

$$\ln(y+1)\ln z-\ln(z+1)\ln y \leqslant 0$$

也就是

$$\frac{\ln(y+1)}{\ln(z+1)} \leqslant \frac{\ln y}{\ln z}$$

引理 12.22[9]　记 $F_n=p_1^{\alpha_1}\cdots p_k^{\alpha_k}$，$n \geqslant 3$，其中 $p_1<p_2<\cdots<p_k$ 为素数，则有 $p_i \equiv 1 \pmod{2^{n+2}}$，$i=1,2,\cdots,k$.

引理 12.23[4]　若 2^n+1 为素数，则 $n=2^m$，m，n 为正整数.

引理 12.24[5]　费马数是两两互素的.

3. 主要定理

定理 12.6　对于正整数 x，y，$x>y \geqslant 1$，$(x,y)=1$，x，y 一奇一偶，定义 $f(x,y)=x^{2^x}+y^{2^x}$，则 $f(x,y)$ 不与任何正整数构成一对亲和数.

证明　假设等式

$$\sigma(f(x,y))=\sigma(z)=f(x,y)+z \quad (12.35)$$

对于某些正整数 z 成立.

对于满足 $x>y \geqslant 1$ 和 $(x,y)=1$ 的 $f(x,y)=x^{2^x}+y^{2^x}$，通过计算容易知道最小的 7 个数依次为

$f(1,1)$，$f(2,1)$，$f(3,1)$，$f(3,2)$，$f(4,1)$，$f(4,3)$，$f(5,1)$，而注意到 $f(1,1)=2=F_0$，$f(2,1)=17=F_2$，$f(4,1)=4^{2^4}+1=2^{2^5}+1=F_5$，这里 F_0，F_2，F_5 为费马数，由文献[1]可知费马数不与任何正整数构成亲和数对，故当 $f(x,y)=f(1,1)$，$f(2,1)$，$f(4,1)$时方程(12.35)无正整数解. 又 $f(3,1)=3^{2^3}+1=6\ 562=2\times 17\times 193$，$f(3,2)=3^{2^3}+2^{2^3}=6\ 817=17\times 401$，则 $\sigma(f(3,1))=10\ 476$，$\sigma(f(3,2))=7\ 736$，此时若 $f(3,1)$，$f(3,2)$满足式(12.35)，则相应的 z 分别为3 914和419，然而由于 $\sigma(3\ 914)=6\ 240\neq 10\ 476$，$\sigma(419)=420\neq 7\ 236$，因此，当 $f(x,y)=f(3,1)$，$f(3,2)$时等式(12.35)也没有正整数解. 因此现在可设 $f(x,y)\geqslant f(4,3)$.

我们先考察 $f(x,y)\geqslant f(5,1)$，即 $x\geqslant 5$ 的情况，对于 $f(x,y)=f(4,3)$的情况随后再给出说明.

由引理 12.17，$z^2\geqslant\sigma(z)>f(x,y)\geqslant f(5,1)=5^{2^5}+1>2^{64}$，即 $z>2^{32}$.

对于满足 $x>y\geqslant 1$ 和$(x,y)=1$ 且 x,y 一奇一偶的 $f(x,y)=x^{2^x}+y^{2^x}$，由引理 12.18 可设

$$f(x,y)=p_1^{\alpha_1}\cdots p_2^{\alpha_2}\cdots p_k^{\alpha_k}$$

其中 $p_1<p_2<\cdots<p_k$ 是奇素数，且 $p_i\equiv 1(\bmod 2^{x+1})$ 对于所有的 $i=1,\cdots,k$ 都成立，因此

$$f(x,y)\geqslant p_1^{\alpha_1}\cdots p_k^{\alpha_k}\geqslant p_1\cdots p_k>(2^{x+1}+1)^k$$

两边取以 e 为底的对数，并注意到此时 $x\geqslant 5$，得

$$k<\frac{\ln f(x,y)}{\ln(2^{x+1}+1)}=\frac{\ln(x^{2^x}+y^{2^x})}{\ln(2^{x+1}+1)}<$$

$$\frac{\ln 2x^{2^x}}{\ln(2^{x+1}+1)}<$$

$$\frac{\ln(2\times 2^{(x-2)2^x})}{\ln 2^{x+1}}<\frac{(x-2)2^x+1}{x+1}$$

根据引理12.19得

$$1+\frac{z}{f(x,y)}=\frac{\sigma(f(x,y))}{f(x,y)}\leqslant$$

$$\frac{f(x,y)}{\varphi(f(x,y))}=\prod_{i=1}^{k}(1+\frac{1}{p_i-1})$$

因此

$$\ln(1+\frac{z}{f(x,y)})\leqslant\sum_{i=1}^{k}\ln(1+\frac{1}{p_i-1})<$$

$$\sum_{i=1}^{k}\frac{1}{p_i-1}\qquad(12.36)$$

因为 $p_i\equiv 1(\mathrm{mod}\ 2^{x+1})$，则有 $p_i\geqslant 2^{x+1}i+1,i=1,2,\cdots,k$，所以

$$\sum_{i=1}^{k}\frac{1}{p_i-1}\leqslant\frac{1}{2^{x+1}}\sum_{i=1}^{k}\frac{1}{i}\leqslant\frac{1}{2^{x+1}}(1+\ln k)\leqslant$$

$$\frac{1}{2^{x+1}}(1+\ln\frac{(x-2)2^x+1}{x+1})<$$

$$\frac{1}{2^{x+1}}(1+\ln\frac{(x-2)2^x}{x})<\frac{x\ln 2+1}{2^{x+1}}$$

则

$$\ln(1+\frac{z}{f(x,y)})<\frac{x\ln 2+1}{2^{x+1}}\qquad(12.37)$$

显然 $z<f(x,y)$. 事实上，如果 $z\geqslant f(x,y)$，那么由式(12.37)得

$$\ln 2<\ln(1+\frac{z}{f(x,y)})<\frac{x\ln 2+1}{2^{x+1}}$$

即 $2^{x+1}<x+\frac{1}{\ln 2}$，这对于大于等于5的正整数 x 而言是不可能的. 因此，$z<f(x,y)$.

又对于任意的 $0<a<1$,有

$$\ln(1+a)>\frac{a}{2} \tag{12.38}$$

所以

$$\frac{z}{2f(x,y)}<\frac{x\ln 2+1}{2^{x+1}}$$

即

$$z<\frac{f(x,y)(x\ln 2+1)}{2^{x}} \tag{12.39}$$

另外,由引理 12.20,可得

$$\begin{aligned} & f(x,y)<f(x,y)+z=\sigma(z)< \\ & (1.782\ln\ln z+\frac{2.495}{\ln\ln z})z \end{aligned} \tag{12.40}$$

因为 $z>2^{32}$,所以

$$\ln\ln z>3.098$$

因此

$$\begin{aligned} & f(x,y)<1.782z\ln\ln z+0.806z< \\ & 1.782z(\ln\ln z+0.806)< \\ & 1.782\frac{f(x,y)(x\ln 2+1)}{2^{x}}\cdot \\ & (\ln\ln\frac{f(x,y)(x\ln 2+1)}{2^{x}}+0.806)< \\ & 1.782\frac{f(x,y)(x\ln 2+1)}{2^{x}}\cdot \\ & (\ln\ln(f(x,y)(x\ln 2+1))- \\ & \ln x-\ln\ln 2+0.806) \end{aligned}$$

即

$$\begin{aligned} & 2^{x}<1.782(x\ln 2+1)\cdot \\ & (\ln\ln(f(x,y)(x\ln 2+1))- \\ & \ln x-\ln\ln 2+0.806) \end{aligned}$$

又 $f(x)=x^{2^x}+y^{2^x}<2x^{2^x}$，因此

$$2^x<1.782(x\ln 2+1)(\ln(2^x\ln x+\ln 2(x\ln 2+1))-\ln x-\ln\ln 2+0.806) \tag{12.41}$$

但是当 $x\geqslant 5$ 时上述不等式(12.41)是不可能成立的，所以当 $x\geqslant 5$ 时式(12.35)没有正整数解 z.

对于 $f(x,y)=f(4,3)$，由引理 12.17，$z^2\geqslant\sigma(z)\geqslant f(x,y)=f(4,3)=4^{2^4}+3^{2^4}>2^{32}$，即 $z>2^{16}$. 而由引理 12.18 可设

$$f(4,3)=p_1^{\alpha_1}\cdots p_k^{\alpha_k}$$

其中 $p_1<\cdots<p_k$ 是奇素数，且 $p_i\equiv 1\pmod{2^5}$ 对于所有的 $i=1,\cdots,k$ 都成立，因此

$$f(4,3)\geqslant p_1^{\alpha_1}\cdots p_k^{\alpha_k}>(2^5+1)^k=33^k$$

则 $k\leqslant 6$. 由引理 12.19

$$1+\frac{z}{f(4,3)}=\frac{\sigma(f(4,3))}{f(4,3)}\leqslant\frac{f(4,3)}{\varphi(f(4,3))}=\prod_{i=1}^{k}\left(1+\frac{1}{p_i-1}\right)$$

因此

$$\ln\left(1+\frac{z}{f(4,3)}\right)\leqslant\sum_{i=1}^{k}\ln\left(1+\frac{1}{p_i-1}\right)<\sum_{i=1}^{k}\frac{1}{p_i-1}$$

因为 $p_i\equiv 1\pmod{2^5}$，满足此式的 200 以内的素数只有 97 和 193 两个，通过计算容易知道 97 和 193 都不是 $f(4,3)$ 的素因子，所以 $p_1>193=5\times 2^5+1$，则有 $p_i>2^5(i+5)+1$，$i=1,\cdots,k$，故

$$\sum_{i=1}^{k} \frac{1}{p_i - 1} < \frac{1}{2^5} \sum_{i=1}^{k} \frac{1}{i+5} \leqslant$$

$$\frac{1}{2^5} \sum_{i=1}^{6} \frac{1}{i+5} < 0.024$$

则

$$\ln\left(1+\frac{z}{f(4,3)}\right)<0.024 \qquad (12.42)$$

显然 $z<f(4,3)$. 事实上,如果 $z\geqslant f(4,3)$,那么由式(12.42)得

$$\ln 2<\ln\left(1+\frac{z}{f(4,3)}\right)<0.024$$

这是不可能的. 因此,$z<f(4,3)$. 所以由式(12.38)可得$\frac{z}{2f(4,3)}<0.024$,即

$$z<0.048f(4,3) \qquad (12.43)$$

另外,由引理 12.20

$$f(4,3)<f(4,3)+z=\sigma(z)<$$

$$\left(1.782\ln\ln z+\frac{2.495}{\ln\ln z}\right)z \qquad (12.44)$$

因为 $z>2^{16}$,所以

$$\ln\ln z>2.405 \qquad (12.45)$$

因此,由式(12.43),(12.44),(12.45)可得

$$f(4,3)<1.782z\ln\ln z+1.038z<$$

$$1.782z(\ln\ln z+1.038)<$$

$$1.782\times0.048f(4,3)(\ln\ln 0.048f(4,3)+$$

$$1.038)<0.345f(4,3)$$

这是不可能的,所以当 $f(x,y)=f(4,3)$时式(12.35)也没有正整数解 z.

综上可知,任意的正整数 z 都不满足等式$\sigma(f(x,$

$y))=\sigma(z)=f(x,y)+z$,其中 $f(x,y)=x^{2^x}+y^{2^x}$,$x>y\geqslant 1$,$(x,y)=1$,x,y 一奇一偶.所以 $f(x,y)$ 不与任何正整数构成亲和数对.定理得证.

定理 12.7　对于正整数 $x,y,x>y\geqslant 1,(x,y)=1$,$x,y$ 一奇一偶,定义 $f(x,y)=x^{2^x}+y^{2^x}$,则 $f(x,y)$ 不是完全数.

证明　对于完全数 n,一定有 $n|\sigma(n)$,从定理12.6的证明中我们可以得出 $f(x,y)$ 不可能是完全数,若不然,则

$$\ln\left(\frac{\sigma(f(x,y))}{f(x,y)}\right)<\frac{x\ln 2+1}{2^{x+1}}<\ln 2,x\geqslant 4$$

则 $\sigma(f(x,y))<2f(x,y)$,因此 $f(x,y)$ 不是完全数.即定理得证.

4.素因数个数的估计

从定理 12.6 的证明中,我们还发现对于 $f(a,b)=a^{2^n}+b^{2^n}$,$(a,b)=1$,$a>b\geqslant 1$,由引理 12.18 可设

$$f(a,b)=2p_1\cdots p_k$$

其中 $p_1\leqslant\cdots\leqslant p_k$ 是奇素数,且 $p_i\equiv 1\pmod{2^{n+1}}$ 对于所有的 $i=1,\cdots,k$ 都成立,因此

$$f(x,y)=2p_1\cdots p_k>2(2^{n+1}+1)^k$$

两边取以 e 为底的对数,得

$$k<\frac{\ln\frac{f(a,b)}{2}}{\ln(2^{n+1}+1)}=\frac{\ln\frac{a^{2^n}+b^{2^n}}{2}}{\ln(2^{n+1}+1)}<$$

$$\frac{\ln a^{2^n}}{\ln(2^{n+1}+1)}<$$

$$\frac{\ln 2^{(a-1)2^n}}{\ln 2^{n+1}}<\frac{(a-1)2^n}{n+1}$$

即对于形如 $f(a,b)=a^{2^n}+b^{2^n}((a,b)=1,a>b\geqslant1)$的一类正整数,我们从中知道了它的所有素因数的个数(含相等的)k 不超过$[\frac{(a-1)2^n}{n+1}]$个.即:

定理 12.8 对于形如 $f(a,b)=a^{2^n}+b^{2^n}((a,b)=1,a>b\geqslant1)$的一类正整数,它的所有素因数的个数(含相等的)$k$ 不超过$[\frac{(a-1)2^n}{n+1}]$个.

对于满足 $x>y\geqslant1$ 和$(x,y)=1$ 的 $f(x,y)=x^{2^x}+y^{2^x}$,类似地可以得到:

推论 12.3 对于形如 $f(x,y)=x^{2^x}+y^{2^x}(x>y\geqslant1,(x,y)=1)$的一类正整数,它的所有素因数的个数(含相等的)$k$ 不超过$[\frac{(x-1)2^x}{x+1}]$个.

由此推论我们可以知道 $f(2,1)$的所有素因数个数不超过 1,所以它是素数;$f(3,1)$和 $f(3,2)$的所有素因数的个数都不超过 4;$f(4,1)$和 $f(4,3)$的所有素因数的个数都不超过 9.

对于费马数 $F_n=2^{2^n}+1$,我们已经知道它的前 5 个数 $F_0=3,F_1=5,F_2=17,F_3=257,F_4=65\ 537$ 都是素数,费马曾据此推测所有的形如 $F_n=2^{2^n}+1$ 的正整数都是素数.事实上,除了这五个数是素数外,目前已知道 46 个费马数都是合数,而其他的费马数是否是素数,现在还不知道.哈代和怀特[10]就曾推测:费马数都是合数.塞尔弗里奇[11]则更支持如下的猜想:所有的费马数都是合数.由此而导致地对费马数素因数的研究一直得到人们的重视,费马数素因数个数的估计无疑对于此类问题的研究是有用处的.在这里我们同样可以用类似的方法得到有关费马数素因数个数的

一个估计.

令

$$F_n = p_1 \cdots p_k$$

其中 $p_1 < \cdots < p_k$ 为素数，由引理 12.22 可知，存在 $q_i \in \mathbf{N}$，使得 $p_i = 2^{n+2} q_i + 1$ 成立，$i = 1, 2, \cdots, k$.

又由 $p_i \mid F_n (i = 1, 2, \cdots, k)$ 及引理 12.23 和引理 12.24 可知，q_i 不可能是 $2^t (t \geqslant 0)$ 的形式，所以

$$p_1 = 2^{n+2} q_1 + 1 \geqslant 3 \cdot 2^{n+2} + 1 > 2^{n+3} + 1$$

而 $p_1 < \cdots < p_k$，则

$$F_n = p_1 \cdots p_k > (2^{n+3} + 1)^k$$

由引理 12.21

$$k < \frac{\ln F_n}{\ln(2^{n+3} + 1)} = \frac{\ln(2^{2^n} + 1)}{\ln(2^{n+3} + 1)} < \frac{\ln 2^{2^n}}{\ln 2^{n+3}} = \frac{2^n}{n+3}$$

即：

推论 12.4　费马数 $(n > 3)$ 的所有素因数的个数（含相等的）k 不超过 $\left[\frac{2^n}{n+3}\right]$ 个.

根据推论 12.4，我们可以初步判断 F_n 的素因数的个数，这对于分解 F_n 为素因数之积是有用的. 比如推论 12.4，可以知道 F_5 的素因数个数不超过 4 个，事实上 $F_5 = 641 \times 6\ 700\ 417$.

5. 结论及今后的工作

本节的主要结论是：对于满足 $x > y \geqslant 1$ 和 $(x, y) = 1$ 且具有不同奇偶性的正整数 x 和 y，定义 $f(x, y) = x^{2^x} + y^{2^x}$，$f(x, y)$ 既不是完全数也不与任何

正整数构成一对亲和数. 特别地,当 $y=1$ 时,$f(x)=x^{2^x}+1$(x 为偶数),$f(x)$既不是完全数也不与任何正整数构成一对亲和数,这就是引言中所说明的已经证明了的结论. 另外我们还对一类形如 $f(a,b)=a^{2^n}+b^{2^n}$,$f(x,y)=x^{2^x}+y^{2^x}$ 和费马数 $F_n=2^{2^n}+1$ 的整数的素因数个数作了初步的估计.

今后我们将考虑更一般的情况,即 $f(x,y)=x^{2^x}+y^{2^x}$(x,y 为满足 $x>y\geqslant 1$ 和$(x,y)=1$ 的任意整数)和 $f(x)=a^{2^x}+b^{2^x}$(a,b 为满足$(a,b)=1$ 的任意正整数)的情况.

6. 参考文献

[1] LUCA F. The anti - social fermat number[J]. Amer. Math. Monthly,2000,107:171-173.

[2]NATHANSON M B. Elementary Methods in Number Theory[M]. New York:Springer-Verlag,2000.

[3] BEILER A H. Recreations in the Theory of Numbers[M]. Shanghai:Shanghai Educational Publishing House,1998. (in Chinese)

[4]华罗庚. 数论导引[M]. 北京:科学出版社,1957.

[5]潘承洞,潘承彪. 初等数论[M]. 北京:北京大学出版社,1992.

[6]ROSSER J B,SCHOENFELD L. Approximate formulas for some functions of prime numbers[J]. Illinois J. Math. ,1962,6:64-94.

[7]于秀源,瞿维建. 初等数论[M]. 济南:山东教育出版社,2004.

[8]盖伊. 数论中未解决的问题(第二版)[M]. 北京:科学出版社,2003.

[9]DICKSON L E. History of the Theory of Number[M]. New York: Chelsea Publishing Company,1966.

[10]HARDY G H,WRIGHT E M. An Introduction to The Theory of Numbers[M]. Oxford:Oxford Press,1981.

[11]SELFIDGE J L. Factors of fermat numbers[J]. Math. Tables Aids Comput,1953,7:274.

§6　费马数变换

上世纪 70 年代从未出现的数论变换，是一种以数论为基础的计算循环卷积的方法. 它是在以正整数 M 为模的整数环(域) Z_M 上定义的线性正交变换，所用的计算方法是数论中的同余运算，它在 Z_M 上具有循环卷积特性，基本函数又是由整数的方幂构成. 上世纪 80 年代蒋增荣先生曾专门介绍了这一专题：

1. 三个引理

引理 12.25　如果 2^b+1 是素数，必有 $b=2^t$.

证明　这是因为 $b=s\cdot 2^t$(s 是奇数，且 $s\neq 1$)时

$$2^{2^t}+1 \mid 2^{s\cdot 2^t}+1$$

这与假设矛盾，故当 2^b+1 是素数时，$b=2^t$.

这引理的逆是不成立的，如 F_5 就是复合数.

引理 12.26　如果 $2^b+1(b=2^t)$ 是非素数，那么它的任何素因子均具有 $q=2bk+1=2^{t+1}k+1$ 的形状，其中 k 为正整数.

证明　设 q 为 2^b+1 的任一素因子(显然 q 为奇素数)，由于 $2^{2^t}\equiv -1(\mathrm{mod}\ q)$，故

$$2^{2^{t+1}}\equiv 1\ (\mathrm{mod}\ q)$$

设 d 是 2 对模 q 的阶数，于是有 $d\mid 2^{t+1}$. 但因为 2^{t+1} 是 2 的幂，其最大约数为 2^t，由于

$$2^{2^t}\equiv -1\not\equiv 1\ (\mathrm{mod}\ q)$$

故可知，以 2^{t+1} 的其他约数 x 为指数时，$2^x\not\equiv 1(\mathrm{mod}\ q)$，所以

$$d=2^{t+1}$$

另外，由于$(2,q)=1$，故由费马定理，有

$$2^{q-1}\equiv 1\ (\mathrm{mod}\ q)$$

因此 $2^{t+1}\mid q-1$，从而得到

$$q=2^{t+1}k+1$$

k 为正整数. 证毕.

引理 12.27 当 $t\geqslant 2$ 时，引理 12.25 中的 q 可表为

$$q=2^{t+2}h+1$$

的形状，其中 h 为正整数.

证明 由引理 12.25，知

$$q=2^{t+1}\cdot k+1$$

当 $t\geqslant 2$ 时，还可进而证明 k 为偶数，即 $k=2h$. 由于有

$$q=2^{t+1}\cdot k+1$$

故当 $t\geqslant 2$ 时，$q\equiv 1(\mathrm{mod}\ 8)$. 根据二次剩余的理论，当 $q\equiv 1(\mathrm{mod}\ 8)$时，有

$$2^{\frac{q-1}{2}}\equiv 1\ (\mathrm{mod}\ q)$$

而由引理 12.25，知$\frac{q-1}{2}=k\cdot 2^t$，从而

$$1\equiv 2^{\frac{q-1}{2}}\equiv 2^{k\cdot 2^t}=(2^{2^t})^k\equiv$$
$$(-1)^k(\mathrm{mod}\ q)$$

于是 $1\equiv(-1)^k(\mathrm{mod}\ q)$. 由于 q 是奇素数，k 必须是偶数

$$k=2h$$

证毕.

例如，$F_5=2^{32}+1=641\times 6\ 700\ 417$，这时，有

$$2^{t+2}=2^7=128$$

根据引理 12.27，F_5 的两个素因子可表作

$$128\times h+1$$

的形状. 实际上

$$641=128\times5+1$$

$$6\ 700\ 417=128\times52\ 347+1$$

又例如

$$F_6=2^{64}+1=274\ 177\times67\ 280\ 421\ 310\ 721$$

这时 $2^{t+2}=2^8=256$. F_6 的两个素因子可表为

$$274\ 177=1\ 071\times256+1$$

$$67\ 280\ 421\ 310\ 721=262\ 814\ 145\ 745\times256+1$$

2. 费马数变换

(1) 当 $1\leqslant t\leqslant4$, F_t 是素数的情形.

由于 $O(F_t)=2^{2^t}$, 故 N 可取作

$$N=2^m(0<m\leqslant2^t),\ N_{\max}=2^{2^t}$$

N 确定后, 不难确定相应的 α.

① 当 $N=2b=2^{t+1}$ 时, $\alpha=2$.

这是因为

$$2^{2b}=(2^{2^t})^2\equiv1\ (\mathrm{mod}\ F_t)$$

$$2^b\equiv2^{2^t}\equiv-1\ (\mathrm{mod}\ F_t)$$

② 当 $N=N_{\max}=2^{2^t}$ 时, $\alpha=3$.

也就是说, $\alpha=3$ 是模 $F_t(1\leqslant t\leqslant4)$ 的主根. 为要证明 $\alpha=3$ 是模 F_t 的主根, 只需证明

$$3^{\varphi(F_t)}\equiv1(\mathrm{mod}\ F_t)$$

$$3^{\frac{\varphi(F_t)}{2}}\equiv-1\ (\mathrm{mod}\ F_t)$$

前一式是显然的, 这是因为 $(3,F_t)=1$, 由费马定理直接得到. 因此只需证明后一式. 因为

$$\left(\frac{3}{F_t}\right)\equiv3^{\frac{F_t-1}{2}}(\mathrm{mod}\ F_t)$$

其中 $\left(\frac{q}{p}\right)$ 是勒让德符号 (p 是素数). 当 $t\geqslant1$ 时

$$F_t = 2^{2^t} + 1 \equiv 1 \pmod 4$$

故由反转律,有

$$\left(\frac{3}{F_t}\right) = \left(\frac{F_t}{3}\right)$$

但 $F_t - 2 = 2^{2^t} - 1 = 4^{2^{t-1}} - 1$ 恒为 3 的倍数,故

$$F_t = 2 \pmod 3$$

于是

$$\left(\frac{3}{F_t}\right) = \left(\frac{F_t}{3}\right) = \left(\frac{2}{3}\right) = -1$$

因此

$$3^{\frac{\varphi(F_t)}{2}} = 3^{\frac{F_t - 1}{2}} \equiv \left(\frac{3}{F_t}\right) = -1 \pmod{F_t}$$

所以 3 是模 $F_t(1 \leqslant t \leqslant 4)$的主根. 证毕.

例 12.1 当 $t=2, F_t=17$.

这时 $O(F_t)=16$,故 N 可取 16 的因子 2,4,8,16 ($N=1$ 无实际意义). 因为 $\varphi(2)=1, \varphi(4)=2, \varphi(8)=4, \varphi(16)=8$,故相应的 α_N 共有 $1+2+4+8=15$ 个(加上对应于 $N=1$ 的 $\varphi(1)=1$ 个,共 16 个). N 与 α_N 的值如下表.

表 12.1 $M=17$

N	α_N
1	1
2	16
4	2,13
8	2,8,9,15
16	3,5,6,7,10,11,12,14

(2)当 $t \geqslant 5, M=F_t=2^b+1, b=2^t$ 的情形.

这时 F_t 可能为复合数. 根据引理 12.26,可取

$N=2^{t+1}$. 又当 $t\geqslant 2$ 时，根据引理 12.27，可取 $N=2^{t+2}$.

①可以证明，$N=2^{t+1}$，$\alpha_N=2$.

由于 $N|O(F_t)$，故对于 F_t 的任一素因子 p，有 $(N,p)=1$，从而 $(N,M)=1$，即 $(2^{t+1},2^{2^t}+1)=1$，故 N 在 Z_{F_t} 中有逆元 $N^{-1}(N^{-1}=2^{2^{t+1}-(t+1)})$.

又由于

$$2^N=2^{2^{t+1}}=(2^{2^t})^2\equiv 1 \pmod{F_t}$$

$$2^{\frac{N}{2}}=2^{2^t}\equiv -1 \pmod{F_t}$$

这表示 2 对模 F_t 的阶数是 2^{t+1}. 再设 p 为 F_t 的任一素因子. 可以证明，2 对模 p 的阶数是 2^{t+1}. 事实上，设 2 对模 p 的阶数是 d，由于 $2^{2^{t+1}}\equiv 1 \pmod p$，故 $d|2^{t+1}$. 不妨设 $d=2^l$，$0<l\leqslant t+1$. 如果 $l<t+1$，那么由 $2^{2^l}\equiv 1 \pmod p$，可得到 $[2^{2^l}]^{2^{t-1}}\equiv 1 \pmod p$，从而得到 $2^{2^t}\equiv +1 \pmod p$，但这与 $2^{2^t}\equiv -1 \pmod p$ 矛盾. 于是 $l=t+1$，故 $d=2^l=2^{t+1}$. 这样就证明了 2 对模 p 的阶数是 $2^{t+1}=N$. 因此 $\{N=2^{t+1},\alpha_N=2\}$ 满足 NTT 的条件.

②$t\geqslant 2$ 时，$N=4b=2^{t+2}$，$\alpha_N=\sqrt{2}$.

显然有 $(2^{t+2},2^{2^t}+1)=1$，故 $N=2^{t+2}$ 在 Z_{F_t} 中存在逆元 $N^{-1}(N^{-1}=2^{2^{t+2}-(t+2)})$.

可以证明，$\alpha_N=\sqrt{2}=2^{\frac{b}{4}}(2^{\frac{b}{2}}-1)$ 满足相应的条件. 事实上，由于

$$\alpha_N^2=2^{\frac{b}{2}}(2^{\frac{b}{2}}-1)^2=2^{\frac{b}{2}}(2^b-2\cdot 2^{\frac{b}{2}}+1)\equiv$$
$$-2\cdot 2^b\equiv 2 \pmod{F_t}$$

故

$$\alpha_N^N=\alpha_N^{4b}=(\alpha_N^2)^{2b}\equiv 2^{2b}=(2^b)^2\equiv$$
$$1 \pmod{F_t}$$

$$\alpha_N^{\frac{N}{2}}=\alpha_N^{2b}=(\alpha_N^2)^b\equiv 2^b\equiv -1 \pmod{F_t}$$

这表示 $\alpha_N=\sqrt{2}=2^{\frac{b}{4}}(2^{\frac{b}{2}}-1)$对模 F_t 的阶为 $2^{t+2}=N$.

再设 p 是 F_t 的任一素因子,并设 $\alpha_N=\sqrt{2}$ 对模 p 的阶为 d. 由于有

$$\alpha_N^N=[\sqrt{2}]^{2^{t+2}}\equiv 1 \pmod{p}$$

$$\alpha_N^{\frac{N}{2}}=[\sqrt{2}]^{2^{t+1}}\equiv -1 \pmod{p}$$

故 $d|2^{t+2}$. 不妨设 $d=2^l$, $0<l\leqslant t+2$. 如果 $l<t+2$,那么由$[\sqrt{2}]^{2^l}\equiv 1 \pmod{p}$,可得到

$$\{[\sqrt{2}]^{2^l}\}^{2^{t-l+1}}=\{\sqrt{2}\}^{2^{t+1}}\equiv 1 \pmod{p}$$

但这与$[\sqrt{2}]^{2^{t+1}}\equiv -1 \pmod{p}$矛盾,故 $l=t+2$,即$d=2^{t+2}=N$. 这就证明了 $\alpha_N=\sqrt{2}$ 对模 p 的阶是 $N=2^{t+2}$. 故$\{N=2^{t+2}, \alpha_N=\sqrt{2}\}$满足 NTT 的条件.

总结①和②两种情况,将可实现 FNT 的参数 M, N, α 列于表 12.2. 表 12.2 还给出了最大可能长度 $N_{\max}$及相应的 α.

表 12.2　实现 FNT 的参数 M,N,α

t	$b=2^t$	$M=F_t=2^b+1$	N			$N_{\max}$	$N_{\max}$时 α
			$\alpha=2$	$\alpha=\sqrt{2}$	$\alpha=3$		
1	2	5	4	—	4	4	2,3
2	4	17	8	16	16	16	$\sqrt{2}$,3
3	8	257	16	32	256	256	3
4	16	$2^{16}+1$	32	64	2^{16}	2^{16}	3
5	32	$2^{32}+1$	64	128	—	128	$\sqrt{2}$
6	64	$2^{64}+1$	128	256	—	256	$\sqrt{2}$

例 12.2　设有两个序列

$$\{x_n\}=\begin{bmatrix}x_0\\x_1\\x_2\\x_3\end{bmatrix}=\begin{bmatrix}1\\0\\2\\-2\end{bmatrix}$$

$$\{h_n\}=\begin{bmatrix}h_0\\h_1\\h_2\\h_3\end{bmatrix}=\begin{bmatrix}1\\-1\\0\\-2\end{bmatrix}$$

试求其循环卷积.

解　由于$|x_n|_{\max}\sum_{k=0}^{3}|h_k|=2\times 4=8$,故可取$M=F_2=17$,$N=4$,$\alpha=4$,变换矩阵 $\boldsymbol{T}_4$ 为

$$\boldsymbol{T}_4\equiv\begin{bmatrix}1&1&1&1\\1&4&4^2&4^3\\1&4^2&4^4&4^6\\1&4^3&4^6&4^9\end{bmatrix}\equiv$$

$$\begin{bmatrix}1&1&1&1\\1&4&-1&-4\\1&-1&1&-1\\1&-4&-1&4\end{bmatrix}\equiv$$

$$\begin{bmatrix}1&1&1&1\\1&4&16&13\\1&16&1&16\\1&13&16&4\end{bmatrix}\pmod{17}$$

由于 $4^{-1}\equiv 13\pmod{17}$,故变换 $\boldsymbol{T}_4$ 的逆矩阵 $\boldsymbol{T}_4^{-1}$ 为

$$
\boldsymbol{T}_4^{-1} \equiv 13\begin{bmatrix} 1 & 1 & 1 & 1 \\ 1 & 4^{-1} & 4^{-2} & 4^{-3} \\ 1 & 4^{-2} & 4^{-4} & 4^{-6} \\ 1 & 4^{-3} & 4^{-6} & 4^{-9} \end{bmatrix} \equiv
$$

$$
-4\begin{bmatrix} 1 & 1 & 1 & 1 \\ 1 & -4 & -1 & 4 \\ 1 & -1 & 1 & -1 \\ 1 & 4 & -1 & 4 \end{bmatrix} \equiv
$$

$$
13\begin{bmatrix} 1 & 1 & 1 & 1 \\ 1 & 13 & 16 & 4 \\ 1 & 16 & 1 & 16 \\ 1 & 4 & 16 & 4 \end{bmatrix} \pmod{17}
$$

于是

$$
\{X_k\} = \begin{bmatrix} X_0 \\ X_1 \\ X_2 \\ X_3 \end{bmatrix} \equiv T_4 \begin{bmatrix} x_0 \\ x_1 \\ x_2 \\ x_3 \end{bmatrix} \equiv
$$

$$
\begin{bmatrix} 1 & 1 & 1 & 1 \\ 1 & 4 & 16 & 13 \\ 1 & 16 & 1 & 16 \\ 1 & 13 & 16 & 4 \end{bmatrix} \begin{bmatrix} 1 \\ 0 \\ 2 \\ 15 \end{bmatrix} \equiv
$$

$$
\begin{bmatrix} 1 \\ 7 \\ 5 \\ 8 \end{bmatrix} \pmod{17}
$$

$$\{H_k\}=\begin{bmatrix}H_0\\H_1\\H_2\\H_3\end{bmatrix}\equiv T_4\begin{bmatrix}h_0\\h_1\\h_2\\h_3\end{bmatrix}\equiv$$

$$\begin{bmatrix}15\\5\\4\\14\end{bmatrix}\pmod{17}$$

利用 FNT 的循环卷积特性，有

$$\{Y_k\}=\begin{bmatrix}Y_0\\Y_1\\Y_2\\Y_3\end{bmatrix}=\begin{bmatrix}X_0H_0\\X_1H_1\\X_2H_2\\X_3H_3\end{bmatrix}\equiv$$

$$\begin{bmatrix}15\\35\\20\\112\end{bmatrix}\equiv\begin{bmatrix}15\\1\\3\\10\end{bmatrix}\pmod{17}$$

再求$\{Y_k\}$的逆变换，得

$$\{y_n\}=\begin{bmatrix}y_0\\y_1\\y_2\\y_3\end{bmatrix}\equiv T_4^{-1}\begin{bmatrix}Y_0\\Y_1\\Y_2\\Y_3\end{bmatrix}=$$

$$13\begin{bmatrix}1&1&1&1\\1&13&16&4\\1&16&1&16\\1&4&16&4\end{bmatrix}\begin{bmatrix}15\\1\\3\\10\end{bmatrix}\equiv$$

$$\begin{bmatrix}3\\12\\6\\11\end{bmatrix} \pmod{17}$$

取其绝对最小剩余,得到卷积的真值为

$$\begin{bmatrix}y_0\\y_1\\y_2\\y_3\end{bmatrix}=\begin{bmatrix}3\\-5\\6\\-6\end{bmatrix}$$

对于 FNT 而言,由表 12.2 知,变换长度 $N=2b=2^{t+1}$ 或者 $N=4b=2^{t+2}$,相应的 $\alpha_{2b}=2$,$\alpha_{4b}=\sqrt{2}$,N 是高度复合数,从而 FNT 具有 FFT 类型的快速算法,$\alpha_{2b}=2$,$\alpha_{4b}=\sqrt{2}$,故作 α 的方幂的乘法时,仅为移位操作(当$\alpha_{4b}=\sqrt{2}$时,乘 α 的偶次方幂的计算很简单,仅为移位操作,乘 α 的奇次方幂时,需要乘一次$\sqrt{2}$,而$\sqrt{2}$的二进制表示是一个二位数,故计算量比 $\alpha=2$ 时略大些).由例 12.2 知,作一个 N 点的循环卷积,需要两个正变换及一个逆变换及 N 次乘法,如果用快速算法,共需 $3N\log_2 N$ 次移位操作,和 $3N\log_2 N$ 次加法以及 N 次乘法,计算量大为节省.因此,将 FNT 用于数字滤波,看来是最有前途的.但是由于字长 $b=2^t$,而变换长度 N 与 b 成正比,这样,可供选择的字长太少,从而限制了选择字长的灵活性;当所需的变换长度 N 较大时,b 也较大,从而增加了实现的复杂性,这两点是 FNT 的主要缺点.

对于两个长为 N 的实整数序列$\{x_n\}$和$\{h_n\}$,可以利用 FNT 的循环卷积特性计算它们的循环卷积$\{y_n\}$

$$y_n = \sum_{k=0}^{N-1} x_k h_{\langle n-k \rangle_N}, n = 0, 1, \cdots, N-1$$

即有

$$\{y_n\} = \mathrm{IFNT}\{\mathrm{FNT}\{x_n\} \cdot \mathrm{FNT}\{h_n\}\}$$

这种方法所需要的计算量是两个正变换，一个逆变换，N 个乘法及若干个加法.

如果从数字滤波角度看，$\{x_n\}$ 为滤波器输入信号序列，$\{h_n\}$ 为滤波器的单位脉冲响应序列，$\{y_n\}$ 则为输出信号序列. 但是在雷达、声纳(sonar)等许多应用中不能忽视信号的相位信息，输入信号实际上是一个复信号. $\{h_n\}$ 也是一个复序列. 在这种情况下，如何用 FNT 求它们的复数卷积，这是本节叙述的一个问题. 另一个将叙述的问题是，如果应用复整数序列(所谓复整数，意指其实部和虚部均为整数的复数)在整数环 Z_M 上的特殊表示法，那么可以得到计算复数卷积的一个一般公式，从而能够节省计算量.

3. 费马数环(域)中的复数卷积

设两个长为 N 的复整数序列 $\{x_n\}$，$\{y_n\}$ $(n=0, 1, \cdots, N-1)$，其循环卷积仍定义为

$$y_n = \sum_{k=0}^{N-1} x_k h_{\langle n-k \rangle_N}, n = 0, 1, \cdots, N-1 \quad (12.46)$$

令

$$\left.\begin{aligned} x_n &= \hat{x}_n + j\hat{\hat{x}}_n \\ h_n &= \hat{h}_n + j\hat{\hat{h}}_n \\ y_n &= \hat{u}_n + j\hat{\hat{u}}_n \end{aligned}\right\} j = \sqrt{-1} \quad (12.47)$$

那么 $\hat{u}_n$ 和 $\hat{\hat{u}}_n$ 为

$$\hat{u}_n = \sum_{k=1}^{N-1} (\hat{x}_k \hat{h}_{\langle n-k \rangle_N} - \hat{\hat{x}}_k \hat{\hat{h}}_{\langle n-k \rangle_N}) \quad (12.48)$$

$$\tilde{u}_n = \sum_{k=0}^{N-1} (\hat{x}_k \hat{h}_{\langle n-k \rangle_N} + \hat{\hat{x}}_k \hat{h}_{\langle n-k \rangle_N}) \qquad (12.49)$$

由式(12.48)和(12.49)知，直接计算每一个输出值 y_n，需要 $4N$ 个乘法和 $4N-2$ 个加法. 计算出所有的 y_n，共需 $4N^2$ 个乘法及 $4N^2-2N$ 个加法.

现在在费马数环 Z_{F_t} 中计算卷积.

按下式

$$\max\{|\hat{x}_n|_{\max}\sum_{k=0}^{N-1}|\hat{h}_k|, |\hat{x}_n|_{\max}\sum_{k=0}^{N-1}|\hat{\hat{h}}_k|, |\hat{\hat{x}}_n|_{\max}\sum_{k=0}^{N-1}|\hat{h}_k|, |\hat{\hat{x}}_n|_{\max}\sum_{k=0}^{N-1}|\hat{\hat{h}}_k|\} < \frac{M}{2}, n=0, 1, \cdots, N-1$$

选取模 $M=F_t$.

由于 $M=F_t=2^b+1, b=2^t$，故

$$2^b \equiv -1 \pmod{F_t}$$

从而有

$$2^{\frac{b}{2}} \equiv \sqrt{-1} = j \pmod{F_t}$$

因此可将式(12.47)写作

$$\left.\begin{aligned} x_n &\equiv \hat{x}_n + 2^{\frac{b}{2}}\hat{\hat{x}}_n \\ h_n &\equiv \hat{h}_n + 2^{\frac{b}{2}}\hat{\hat{h}}_n \\ y_n &\equiv \hat{u}_n + 2^{\frac{b}{2}}\hat{\hat{u}}_n \end{aligned}\right\} \pmod{F_t} \qquad (12.50)$$

于是

$$y_n \equiv \sum_{k=0}^{N-1} (\hat{x}_k + 2^{\frac{b}{2}}\hat{\hat{x}}_k)(\hat{h}_{\langle n-k \rangle_N} + 2^{\frac{b}{2}}\hat{\hat{h}}_{\langle n-k \rangle_N}) \pmod{F_t} \qquad (12.51)$$

式(12.50)表示，一个复整数可与 Z_{F_t} 内的一个整数同余，但是，看来还找不到一个复整数与 Z_{F_t} 内的已

知整数同余. 为了解决这矛盾，引进一个辅助卷积 z_n

$$z_n \equiv \sum_{k=0}^{N-1} (\hat{x}_k - 2^{\frac{b}{2}} \hat{\hat{x}}_k)(\hat{h}_{\langle n-k\rangle_N} - 2^{\frac{b}{2}} \hat{\hat{h}}_{\langle n-k\rangle_N}) \pmod{F_t} \tag{12.52}$$

亦即

$$z_n \equiv \hat{u}_n - 2^{\frac{b}{2}} \hat{\hat{u}}_n \pmod{F_t} \tag{12.53}$$

于是由式(12.50)和(12.53)，就得到 $\hat{u}_n$ 和 $\hat{\hat{u}}_n$ 为

$$\left.\begin{aligned} 2\hat{u}_n &\equiv y_n + z_n \\ 2 \cdot 2^{\frac{b}{2}} \hat{\hat{u}}_n &\equiv y_n - z_n \end{aligned}\right\} \pmod{F_t}$$

由于

$$2 \cdot (-2^{b-1}) \equiv 1 \pmod{F_t}$$

$$2^{\frac{b+2}{2}} (-2^{\frac{b-2}{2}}) \equiv 1 \pmod{F_t}$$

这样有

$$2^{-1} \equiv -2^{b-1} \pmod{F_t}$$

$$(2^{\frac{b+2}{2}})^{-1} \equiv -2^{\frac{b-2}{2}} \pmod{F_t}$$

所以得到

$$\hat{u}_n \equiv -2^{b-1}(y_n + z_n) \pmod{F_t} \tag{12.54}$$

$$\hat{\hat{u}} \equiv -2^{\frac{b-2}{2}}(y_n - z_n) \pmod{F_t} \tag{12.55}$$

其中 y_n 和 z_n 分别由式(12.51)和(12.52)所示.

这样计算出 $\hat{u}_n$ 和 $\hat{\hat{u}}_n$ 后，再取其绝对最小剩余，就得到 $\hat{u}_n$ 和 $\hat{\hat{u}}_n$ 的真值，从而得到 y_n 的真值. 从式(12.51)，(12.52)，(12.54)，(12.55)可知，计算一个 y_n(即一个 $\hat{u}_n$ 和一个 $\hat{\hat{u}}_n$)只需要 $2N$ 个乘法及 $2N+4$ 个加法，与一般方法比较，计算量节省了一半. 然而，这里的乘法和加法必须在整数环 Z_{F_t} 内进行.

4.应用费马数变换计算复数卷积

记

$$\hat{X}_k=\mathrm{FNT}\{\hat{x}_n\}$$

$$\hat{\hat{X}}_k=\mathrm{FNT}\{\hat{\hat{x}}_n\}$$

$$\hat{H}_k=\mathrm{FNT}\{\hat{h}_n\}$$

$$\hat{\hat{H}}_k=\mathrm{FNT}\{\hat{\hat{h}}_n\}$$

$$\hat{U}_k=\mathrm{FNT}\{\hat{u}_n\}$$

$$\hat{\hat{U}}_k=\mathrm{FNT}\{\hat{\hat{u}}_n\} \tag{12.56}$$

于是,由式(12.48)和(12.49)就得到

$$\hat{U}_k=\hat{X}_k\hat{H}_k-\hat{\hat{X}}_k\hat{\hat{H}}_k \tag{12.57}$$

$$\hat{\hat{U}}_k=\hat{X}_k\hat{\hat{H}}_k+\hat{\hat{X}}_k\hat{H}_k \tag{12.58}$$

再应用逆变换,就得到

$$\hat{u}_n\equiv\mathrm{IFNT}\{\hat{U}_k\}=\mathrm{IFNT}\{\hat{X}_k\hat{H}_k-\hat{\hat{X}}_k\hat{\hat{H}}_k\} \tag{12.59}$$

$$\hat{\hat{u}}_n\equiv\mathrm{IFNT}\{\hat{\hat{U}}_k\}=\mathrm{IFNT}\{\hat{X}_k\hat{\hat{H}}_k+\hat{\hat{X}}_k\hat{H}_k\} \tag{12.60}$$

应用这个方法,对于 N 点的复数循环卷积,所需要的计算量是六个变换(四个正变换,两个逆变换),$4N$ 个乘法及 $2N$ 个加法.

如果应用式(12.54)和(12.55),那么

$$\hat{U}_k\equiv-2^{b-1}\{(\hat{X}_k+2^{\frac{b}{2}}\hat{\hat{X}}_k)(\hat{H}_k+2^{\frac{b}{2}}\hat{\hat{H}}_k)+ (\hat{X}_k-2^{\frac{b}{2}}\hat{\hat{X}}_k)(\hat{H}_k-2^{\frac{b}{2}}\hat{\hat{H}}_k)\}\pmod{F_t} \tag{12.61}$$

$$\hat{\hat{U}}_k\equiv-2^{\frac{b-1}{2}}\{(\hat{X}_k+2^{\frac{b}{2}}\hat{\hat{X}}_k)(\hat{H}_k+2^{\frac{b}{2}}\hat{\hat{H}}_k)+ (\hat{X}_k-2^{\frac{b}{2}}\hat{\hat{X}}_k)(\hat{H}_k-2^{\frac{b}{2}}\hat{\hat{H}}_k)\}\pmod{F_t} \tag{12.62}$$

应用逆变换，就得到

$$\hat{u}_n \equiv -2^{b-1}\mathrm{IFNT}\{(\hat{X}_k+2^{\frac{b}{2}}\hat{\hat{X}}_k)(\hat{H}_k+2^{\frac{b}{2}}\hat{\hat{H}}_k)+(\hat{X}_k-2^{\frac{b}{2}}\hat{\hat{X}}_k)(\hat{H}_k-2^{\frac{b}{2}}\hat{\hat{H}}_k)\}\pmod{F_t} \quad (12.63)$$

$$\hat{\hat{u}}_n \equiv -2^{\frac{b-2}{2}}\mathrm{IFNT}\{(\hat{X}_k+2^{\frac{b}{2}}\hat{\hat{X}}_k)(\hat{H}_k+2^{\frac{b}{2}}\hat{\hat{H}}_k)+(\hat{X}_k-2^{\frac{b}{2}}\hat{\hat{X}}_k)(\hat{H}_k-2^{\frac{b}{2}}\hat{\hat{H}}_k)\}\pmod{F_t} \quad (12.64)$$

式(12.63)，(12.64)与(12.59)，(12.60)比较，两者均需要六个变换，但这里只需要 $2N$ 个乘法及 $6N$ 个加法，所需的乘法减少一半.

例 12.3　设两个复整数序列为

$$\begin{cases} x_n=\hat{x}_n+j\hat{\hat{x}}_n \\ h_n=\hat{h}_n+j\hat{\hat{h}}_n \end{cases} \quad (n=0,1,2,\cdots,N-1)$$

其中

$$(\hat{x})=\{\hat{x}_n\}=\begin{bmatrix}\hat{x}_0\\ \hat{x}_1\\ \hat{x}_2\\ \hat{x}_3\end{bmatrix}=\begin{bmatrix}2\\ -2\\ 1\\ 0\end{bmatrix}$$

$$(\hat{\hat{x}})=\{\hat{\hat{x}}_n\}=\begin{bmatrix}\hat{\hat{x}}_0\\ \hat{\hat{x}}_1\\ \hat{\hat{x}}_2\\ \hat{\hat{x}}_3\end{bmatrix}=\begin{bmatrix}1\\ 0\\ 2\\ -2\end{bmatrix}$$

$$(\hat{h})=\{\hat{h}_n\}=\begin{bmatrix}\hat{h}_0\\ \hat{h}_1\\ \hat{h}_2\\ \hat{h}_3\end{bmatrix}=\begin{bmatrix}1\\ 2\\ 0\\ 0\end{bmatrix}$$

$$(\hat{\hat{h}})=\{\hat{\hat{h}}_n\}=\begin{bmatrix}\hat{\hat{h}}_0\\ \hat{\hat{h}}_1\\ \hat{\hat{h}}_2\\ \hat{\hat{h}}_3\end{bmatrix}=\begin{bmatrix}1\\ -1\\ 0\\ -2\end{bmatrix}$$

试计算它们的循环卷积

$$y_n=\sum_{k=0}^{3}x_k h_{\langle n-k\rangle 4}\quad (n=0,1,2,3)$$

解 由于

$$\max\{|\hat{x}_n|_{\max}\sum_{k=0}^{3}|\hat{h}_k|,\ |\hat{x}_n|_{\max}\sum_{k=0}^{3}|\hat{\hat{h}}_k|,$$
$$|\hat{\hat{x}}_n|_{\max}\sum_{k=0}^{3}|\hat{h}_k|,|\hat{\hat{x}}_n|_{\max}\sum_{k=0}^{3}|\hat{\hat{h}}_k|\}=8$$

故取

$$M=F_2=17,N=4,\alpha=4$$

$$\boldsymbol{T}_4\equiv\begin{bmatrix}1&1&1&1\\1&4&-1&-4\\1&-1&1&-1\\1&-4&-1&4\end{bmatrix}\pmod{17}$$

$$\boldsymbol{T}_4^{-1}\equiv-4\begin{bmatrix}1&1&1&1\\1&-4&-1&4\\1&-1&1&-1\\1&4&-1&4\end{bmatrix}\pmod{17}$$

于是

$$(\hat{X})\equiv\boldsymbol{T}_4(\hat{x})\equiv\begin{bmatrix}1\\10\\5\\9\end{bmatrix}\pmod{17}$$

$$(\hat{\hat{X}}) \equiv \boldsymbol{T}_4(\hat{\hat{x}}) \equiv \begin{bmatrix} 1 \\ 7 \\ 5 \\ 8 \end{bmatrix} \pmod{17}$$

$$(\hat{H}) \equiv \boldsymbol{T}_4(\hat{h}) \equiv \begin{bmatrix} 3 \\ 9 \\ 16 \\ 10 \end{bmatrix} \pmod{17}$$

$$(\hat{\hat{H}}) \equiv \boldsymbol{T}_4(\hat{\hat{h}}) \equiv \begin{bmatrix} 15 \\ 5 \\ 4 \\ 14 \end{bmatrix} \pmod{17}$$

根据(12.57)和(12.58)两式,有

$$(\hat{U}) \equiv \{\hat{X}_k \hat{H}_k - \hat{\hat{X}}_k \hat{H}_k\} \equiv \begin{bmatrix} 5 \\ 4 \\ 9 \\ -5 \end{bmatrix} \pmod{17}$$

$$(\hat{\hat{U}}) \equiv \{\hat{X}_k \hat{H}_k + \hat{\hat{X}}_k \hat{H}_k\} \equiv \begin{bmatrix} 1 \\ -6 \\ -2 \\ 2 \end{bmatrix} \pmod{17}$$

应用逆变换,就得到

$$(\hat{u}) = \mathrm{IFNT}(\hat{U}) \equiv T_4^{-1} \begin{bmatrix} 5 \\ 4 \\ 9 \\ -5 \end{bmatrix} \equiv \begin{bmatrix} -1 \\ 7 \\ 8 \\ 8 \end{bmatrix} \pmod{17}$$

$$(\hat{\hat{u}})=\mathrm{IFNT}(\hat{\hat{U}})\equiv T_4^{-1}\begin{bmatrix}1\\-6\\-2\\2\end{bmatrix}\equiv\begin{bmatrix}3\\-4\\5\\1\end{bmatrix}\pmod{17}$$

取其绝对最小剩余，得

$$(\hat{u})=\begin{bmatrix}-1\\7\\8\\8\end{bmatrix}$$

$$(\hat{\hat{u}})=\begin{bmatrix}3\\-4\\5\\1\end{bmatrix}$$

于是由$(y)=(\hat{u})+j(\hat{\hat{u}})$，得到

$$(y)=\begin{bmatrix}y_0\\y_1\\y_2\\y_3\end{bmatrix}=\begin{bmatrix}-1+j3\\7-j4\\8+j5\\8+j\end{bmatrix}$$

这就是用一般 FNT 算法算出的所给复整数序列的卷积值.

如果应用式(12.63)和(12.64)，那么

$$j\equiv 2^{\frac{b}{2}}\equiv 4\pmod{17}$$

于是由式(12.61)和(12.62)，得到

$$(\breve{U})=\begin{bmatrix}\breve{U}_0\\\breve{U}_1\\\breve{U}_2\\\breve{U}_3\end{bmatrix}\equiv$$

$$-2^3\begin{bmatrix}(\hat{X}_0+4\hat{\hat{X}}_0)(\hat{H}_0+4\hat{\hat{H}}_0)+(\hat{X}_0-4\hat{\hat{X}}_0)(\hat{H}_0-4\hat{\hat{H}}_0)\\(\hat{X}_1+4\hat{\hat{X}}_1)(\hat{H}_1+4\hat{\hat{H}}_1)+(\hat{X}_1-4\hat{\hat{X}}_1)(\hat{H}_1-4\hat{\hat{H}}_1)\\(\hat{X}_2+4\hat{\hat{X}}_2)(\hat{H}_2+4\hat{\hat{H}}_2)+(\hat{X}_2-4\hat{\hat{X}}_2)(\hat{H}_2-4\hat{\hat{H}}_2)\\(\hat{X}_3+4\hat{\hat{X}}_3)(\hat{H}_3+4\hat{\hat{H}}_3)+(\hat{X}_3-4\hat{\hat{X}}_3)(\hat{H}_3-4\hat{\hat{H}}_3)\end{bmatrix}\equiv$$

$$-8\begin{bmatrix}-25+18\\-20-6\\-16\\-14-30\end{bmatrix}\equiv\begin{bmatrix}5\\4\\9\\-5\end{bmatrix}\pmod{17}$$

$$(\hat{\hat{U}})=\begin{bmatrix}\hat{\hat{U}}_0\\\hat{\hat{U}}_1\\\hat{\hat{U}}_2\\\hat{\hat{U}}_3\end{bmatrix}\equiv-2\begin{bmatrix}-25-18\\-20+6\\-16\\-14+30\end{bmatrix}\equiv$$

$$\begin{bmatrix}1\\-6\\-2\\2\end{bmatrix}\pmod{17}$$

利用逆变换，得

$$(\hat{u})=\mathrm{IFNT}(\hat{U})=T_4^{-1}(\hat{U})\equiv\begin{bmatrix}-1\\7\\8\\8\end{bmatrix}\pmod{17}$$

$$(\hat{\hat{u}})=\mathrm{IFNT}(\hat{\hat{U}})=T_4^{-1}(\hat{\hat{U}})\equiv\begin{bmatrix}3\\-4\\5\\1\end{bmatrix}\pmod{17}$$

取其绝对最小剩余，得

$$(\hat{u})=\begin{bmatrix}-1\\7\\8\\8\end{bmatrix}$$

$$(\hat{\hat{u}})=\begin{bmatrix}3\\-4\\5\\1\end{bmatrix}$$

于是所求卷积值为

$$(y)=\begin{bmatrix}y_0\\y_1\\y_2\\y_3\end{bmatrix}=\begin{bmatrix}-1+j3\\7-j4\\8+j5\\8+j\end{bmatrix}$$

从上例知，用本节的方法（即利用(12.63)和(12.64)两式）计算复数卷积，比一般方法（即(12.59)和(12.60)两式）所需乘法次数减少一半.而且，这两种方法都是在同一整数环 Z_M 内进行运算的.这就是说，本节的方法，是在不增加字长的情况下，使乘法次数减少一半.但是，如果按如下步骤进行计算

$$(y)=\{y_n\}=\mathrm{IFNT}\{\mathrm{FNT}\{\hat{x}_n+2^{\frac{b}{2}}\hat{\hat{x}}\}\cdot \mathrm{FNT}\{\hat{h}_n+2^{\frac{b}{2}}\hat{\hat{h}}_n\}\}$$

$$(z)=\{z_n\}=\mathrm{IFNT}\{\mathrm{FNT}\{\hat{x}_n-2^{\frac{b}{2}}\hat{\hat{x}}\}\cdot \mathrm{FNT}\{\hat{h}_n-2^{\frac{b}{2}}\hat{\hat{h}}_n\}\}$$

再由(12.54)和(12.55)两式得出 $\hat{u}_n$ 和 $\hat{\hat{u}}_n$，那么计算量虽亦可比一般方法有所减少，但字长将比一般方法有所增加.

前文已经指出，费马数变换的一个主要缺点是字

长 b 与变换长度之间存在严格的关系. 从表 12.2 可知,当 $\alpha=2$ 时,$N=2b$;当 $\alpha=\sqrt{2}$ 时,$N=4b$;$b=2^t$. 由于 b 随 t 增大极快,所以可供选择的字长极为有限. 当需要的字长不是 2 的幂,例如需要的字长是 24,如果取下一个 b,如 $b=32$,那将导致计算的极大浪费.

下面提出两个办法加以改善.

1. 在 $M=2^b+1,b=s\cdot 2^t$ 为模的整数环 Z_M 上的变换.

取 $M=2^b+1,b=s\cdot 2^t$(s 是奇整数,$t=1,2,\cdots$)作为模,这时

$$2^{2^t}+1\mid 2^{s\cdot 2^t}+1$$

所以变换长度 N 决定于 $2^{2^t}+1=F_t$. 引理 12.26 与引理 12.27,可取变换长度 $N=2^{t+1}$ 及 $N=2^{t+2}$.

当 $N=2^{t+1}$ 时,$\alpha=2^s$. 这是因为

$$\alpha^N=(2^s)^{2^{t+1}}\equiv(2^{s\cdot 2^t})^2\equiv(-1)^2\equiv 1(\bmod M)$$

$$\alpha^{\frac{N}{2}}=(2^s)^{2^t}\equiv 2^{s\cdot 2^t}\equiv -1(\bmod M)$$

这表示 $\alpha=2^s$ 对模 M 的阶是 $N=2^{t+1}$. 再设 M 的任一素因子是 q,由于有

$$\alpha^N=2^{s\cdot 2^{t+1}}\equiv 1(\bmod q)$$

$$\alpha^{\frac{N}{2}}=2^{s\cdot 2^t}\equiv -1(\bmod q)$$

所以如设 $\alpha=2^s$ 对模 q 的阶是 d,那么 $d\mid 2^{t+1}$. 不妨设 $d=2^l$,于是 $0<l\leqslant t+1$. 如果 $l<t+1$,那么由于

$$(2^s)^d=(2^s)^{2^l}\equiv 1(\bmod q)$$

故有

$$[(2^s)^{2^l}]^{2^{t-l}}\equiv(2^s)^{2^t}\equiv 1(\bmod q)$$

但这与 $2^{s\cdot 2^t}\equiv -1(\bmod q)$ 矛盾,故 $l=t+1$,即 $d=2^{t+1}$,这表示 $\alpha=2^s$ 对模 q 的阶是 2^{t+1}. 由于 q 是 M 的

任一素因子,因此,$\alpha=2^s$ 对 M 的所有素因子的阶都是 2^{t+1}. 所以$\{\alpha=2^s,N=2^{t+1}\}$满足 NTT 的条件. N 与 M 互素是显然的,故如下变换成立:设 $x_n\in Z_M(N=0,1,\cdots,N-1)$, $M=2^b+1$, $b=s\cdot 2^t$, s 为奇整数,则

$$X_k\equiv\sum_{n=0}^{N-1}x_n 2^{snk}(\bmod M),k=0,1,\cdots,N-1 \tag{12.65}$$

$$x_n\equiv N^{-1}\sum_{n=0}^{N-1}X_k 2^{-snk}(\bmod M),n=0,1,\cdots,N-1 \tag{12.66}$$

其中 $N=2^{t+1}$.

当 $N=2^{t+2}$ 时

$$\alpha=(2^s)^{\frac{1}{2}}=\sqrt{2^s},t\geqslant 2$$

这里

$$\alpha=(2^s)^{\frac{1}{2}}=2^{(\frac{s-1}{2}+s\cdot 2^{t-2})}[2^{s\cdot 2^{t-1}}-1]$$

首先

$$\begin{aligned}\alpha^2=&2^{(\frac{s-1}{2}+s\cdot 2^{t-2})\cdot 2}[2^{s\cdot 2^{t-1}}-1]^2=\\&2^{(s-1+s\cdot 2^{t-1})}(2^{s\cdot 2^t}-2^{s\cdot 2^{t-1}+1}+1)\equiv\\&-2^{s+s\cdot 2^t}\equiv 2^s(\bmod M)\end{aligned}$$

$$\alpha^N=[(2^s)^{\frac{1}{2}}]^{2^{t+2}}\equiv(2^s)^{2^{t+1}}\equiv 1(\bmod M)$$

$$\alpha^{\frac{N}{2}}\equiv(2^s)^{2^t}\equiv -1(\bmod M)$$

这表示 $\alpha=(2^s)^{\frac{1}{2}}$ 对模 M 的阶是 $N=2^{t+2}$. 再设 q 是 M 的任一素因子,且设 $\alpha=(2^s)^{\frac{1}{2}}$ 对模 q 的阶是 d,可以证明 $d=2^{t+2}$. 事实上,由于

$$(\sqrt{2^s})^{2^{t+2}}\equiv 1\ (\bmod q)$$

$$(\sqrt{2^s})^{2^{t+1}}\equiv -1(\bmod q)$$

故 $d|2^{t+2}$. 如设 $d=2^l$，于是 $0<l\leqslant t+2$，如果 $l<t+2$，那么由于 $(\sqrt{2^s})^d=(\sqrt{2^s})^{2^l}\equiv 1(\bmod q)$，所以

$$[(\sqrt{2^s})^{2^l}]^{2^{t+1-l}}\equiv 1(\bmod q)$$

也就是 $(\sqrt{2^s})^{2^{t+1}}\equiv 1(\bmod q)$，但这与 $(\sqrt{2^s})^{2^{t+1}}\equiv -1(\bmod q)$ 矛盾，所以 $d=2^{t+2}$. 由于 q 是 M 的任一素因子，这表示 $\{\alpha=\sqrt{2^s},N=2^{t+2}\}$ 满足 NTT 的条件. 即如下变换成立：

设 $x_n\in Z_M(n=0,1,\cdots,N-1)$，$M=2^b+1$，$b=s\cdot 2^t$，$s$ 是奇整数，则

$$X_k\equiv\sum_{n=0}^{N-1}x_n(\sqrt{2^s})^{nk}(\bmod M)$$
$$(k=0,1,\cdots,N-1)\qquad(12.67)$$

$$x_n\equiv N^{-1}\sum_{n=0}^{N-1}X_k(\sqrt{2^s})^{-nk}(\bmod M)$$
$$(n=0,1,\cdots,N-1)\qquad(12.68)$$

其中，$N=2^{t+2}$，$\sqrt{2^s}=2^{(\frac{s-1}{2}+s\cdot 2^{t-2})}[2^{s\cdot 2^{t-1}}-1]$. 注意这里 $\sqrt{2^s}$ 是正整数，如 $s=3$，$t=3$ 时，$M=2^{24}+1$，$N=32$

$$\alpha=\sqrt{2^3}=2^7(2^{10}-1)$$

表 12.3 列出了在 $Z_M(M=2^b+1,b=s\cdot 2^t,s$ 为奇整数，$t=1,2,\cdots)$ 上的 NTT 的各种参数. 从表 12.3 可以看出，字长 b 的选择比较灵活. 但与 FNT 比较，在相同字长的情况下，可实现的变换长度却要短些. 例如，$N=16$，FNT 只需要 $b=8$ 或 4，这里却需要 $b=24$ 或 12. 因此，这种变换的实际意义并不大，在实际应用上似乎只对 $b=24,40,48$ 才感兴趣. 但是这种变换的变换长度 N 是 2 的幂，根 α 是 2 的幂，因此具有快速算法及只需移位操作的特点.

这种变换，由于 b 是偶数，亦可用于复数卷积的计算.

在以 $M=2^b+1(b=s\cdot 2^t)$ 为模的整数环 Z_M 上，也可能存在长度大于 2^{t+2} 的变换. 例如 $M=2^{40}+1=2^{5\cdot 2^3}+1$，由于 $2^{2^3}+1\mid 2^{40}+1$，故 $N_{\max}=2^{2^3}=256$. 又例如 $M=2^{80}+1$，$2^{2^4}+1\mid 2^{80}+1$，故 $N_{\max}=2^{16}=66\ 536$. 但是相应的 α 可能不简单.

表 12.3　在整数环 $Z_M(M=2^b+1, b=s\cdot 2^t$, s 是奇整数)上的 NTT 的各种参数

s	t	$b=s\cdot 2^t$	$M=2^b+1$	N	
				$\alpha=2^s$	$\alpha=\sqrt{2^s}$
3	1	6	2^6+1	4	—
5	1	10	$2^{10}+1$	4	—
3	2	12	$2^{12}+1$	8	16
7	1	14	$2^{14}+1$	4	—
5	2	20	$2^{20}+1$	8	16
3	3	24	$2^{24}+1$	16	32
7	2	28	$2^{28}+1$	8	16
5	3	40	$2^{40}+1$	16	32
3	4	48	$2^{48}+1$	32	64
7	3	56	$2^{56}+1$	16	32
5	4	80	$2^{80}+1$	32	64

其中 $\sqrt{2^s}=2^{(\frac{s-1}{2}+s\cdot 2^{t-2})}[2^{s\cdot 2^{t-1}}-1](t\geqslant 2)$.

2. 伪费马数变换

如何保持上述变换的优点而使变换长度增加呢？我们来分析一下变换长度受限制的原因.

设 $M=2^b+1$，当 $b\neq 2^t$ 时，M 就不是素数，设可以分解为

$$M=M_1\cdot M_2=\overbrace{p_1^{l_1}\cdots p_r^{l_r}}^{M_1}\cdot\overbrace{p_{r+1}^{l_{r+1}}\cdots p_s^{l_s}}^{M_2}$$

记

$$O(M_1)=(p_1-1,p_2-1,\cdots,p_r-1)$$
$$O(M_2)=(p_{r+1}-1,\cdots,p_s-1)$$

由于

$$O(M)=(p_1-1,\cdots,p_r-1,p_{r+1}-1,\cdots,p_s-1)$$

所以有

$$O(M)=(O(M_1),O(M_2))$$

由于变换长度 N 必须是 $O(M)$ 的约数，所以 N 必须是 $O(M_1)$ 和 $O(M_2)$ 的公约数. 可能有这样的情况，M_1 很小，从而 $O(M_1)$ 很小，而 $O(M_2)\gg O(M_1)$，这样 $O(M_2)\gg O(M)$. 在这种情况下，就因为有因子 M_1 而使得变换长度大大减少. 例如

$$M=2^{12}+1=4\ 097=17\times 241$$
$$O(M)=(16,240)=16$$
$$O(M_1)=16$$
$$O(M_2)=240$$

就是这种情况. 在 Z_M 上，$N_{\max}=16$，但是以

$$M_2=241=\frac{2^{12}+1}{17}$$

为模的整数环 Z_{M_1} 上，$N_{\max}=240$. 也就是说，在 Z_M 上，因为有因子 M_1，只能产生最大变换长度为 16 的 NTT，而在 Z_{M_2} 上却可以产生最大变换长度为 240 的 NTT. 同时，以 M_2 为模计算循环卷积 y_n 时，最大输出范围 $|y_n|_{\max}<\frac{M_2}{2}$，而以 M 为模计算 y_n 时，最大输出

范围$|y_n|_{\max}<\frac{M}{2}$，因此，输出范围减少了．如果有这样的情况，即由于M_1的存在，使得$N_{\max}$大为减少，同时M_1又不能有效地增加最大的允许输出，即"有效字长"，那么在这样的情况下，我们可以在以$M_2=\frac{M}{M_1}$为模的整数环Z_{M_1}上定义NTT，以减少最大输出的范围为代价来获得变换长度的增加．当$M=2^b+1(b\neq 2^t)$，这种在M的因子M_2为模的整数环Z_{M_1}上定义的NTT叫伪费马数变换(Pseudo FNT)．

设$M=2^b+1(b\neq 2^t)$，其分解式是

$$M=p_1^{l_1}\cdot p_2^{l_2}\cdots p_s^{l_s}$$

取$M_2=\frac{M}{p_s^{l_s}}$为模，如果$\{\alpha=2^w,N=\frac{2b}{w}\}$满足NTT的条件，那么如下变换

$$X_k\equiv\sum_{n=0}^{N-1}x_n2^{wnk}\left(\bmod\frac{M}{p_s^{l_s}}\right)\quad(k=0,1,\cdots,N-1)\tag{12.69}$$

$$x_n\equiv N^{-1}\sum_{k=0}^{k-1}X_k2^{-wnk}\left(\bmod\frac{M}{p_s^{l_s}}\right)\quad(n=0,1,\cdots,N-1)\tag{12.70}$$

称为伪FNT①．其中

$$N=\frac{2b}{w},x_n\in Z_{M_2}\quad(n=0,1,\cdots,N-1)$$

伪FNT中的b可以是奇整数，也可以是偶整数．对伪FNT来说，最要紧的是选择模M_2．通常取M被它的最小因子相除，其商作为模M_2，以便使M_2足以

① 我们只限于根是$\alpha=2^w$的情况，当α为其他值时，暂不讨论．

取$\alpha=2$或$\alpha=\sqrt{2}$作为根来定义一个尽可能长的变换.

表 12.4 列出了当 b 是偶数时,伪 FNT 的各种参数. 表中 $\log_2 M_2$ 是有效字长,对表中所列的 M_2 来说,2 对模 M_2 的阶数是 $2b$,同时也列出了有 $\alpha=\sqrt{2}$ 为根的情况,这时 $N=4b$(b 必须为 4 的倍数). 从表中可以看出,字长的选择比较灵活,当有效字长为 16 时,至少给出$N=40$的变换,最大可给出 $N=96$ 的变换(注意,这里都是指根 α 是 2 或$\sqrt{2}$的情况),与 FNT 比较,变换长度有所增加. 表中同时给出了 Z_{M_2} 上的最大变换长度 $N_{\max}$,但相应的 α 可能不是简单的.

伪 FNT 是在整数环 Z_{M_2} $\left(M_2=\dfrac{M}{p_s^{l_s}}, M=2^b+1\right)$上定义的数论变换,这种变换的模运算要比一般的 FNT 复杂些. 但是这个困难可以用下法避开. 如果注意到

$$M=p_1^{l_1}\cdot p_2^{l_2}\cdots p_s^{l_s}$$

那么下式是成立的

$$X_{(\bmod M/p_s^{l_s})}=(X_{(\bmod M)})_{(\bmod M/p_s^{l_s})} \tag{12.71}$$

这是因为,如果 $X=NM+X_{(\bmod M)}$,那么显然有

$$X-X_{(\bmod M)}\equiv 0\left(\bmod \frac{M}{p_s^{l_s}}\right)$$

由于式(12.71)成立,故用伪 FNT 计算卷积时,先按模 $M=2^b+1$ 进行计算,得出的结果再对模 $M_2=\dfrac{M}{p_s^{l_s}}$进行模运算,就可得到真值. 当按模 $M=2^b+1$ 进行计算时,从表 12.4 可知,b 比有效字长 $\log_2 M_2$ 大 10%～20%.

当 b 为偶数时,$j=\sqrt{-1}\equiv 2^{\frac{b}{2}}\left(\bmod \dfrac{M}{p_s^{l_s}}\right)$,故亦可用伪 FNT 以前文的方法计算复数卷积.

表 12.4　当 b 是偶数时，在 Z_{M_2} ($M_2 = 2^b + 1/p_3^{l_3}$) 上的伪 FNT 的各种参数

b	$M = 2^b + 1$ 的分解式 $M = p_1^{l_1} \cdots p_2^{l_2} \cdots p_3^{l_3}$	$O(M)$	M_1	M_2	有效字长 $\log_2 M_2$ (约)	$N_{max} = O(M_2)$	在 Z_{M_2} 中	
							($\alpha = 2$) $N = 2b$	($\alpha = \sqrt{2}$) $N = 4b$
12	17×241	16	17	$2^{12} + 1/17$	8	240	24	48
20	$17 \times 61\ 681$	16	17	$2^{20} + 1/17$	16	61 680	40	80
22	$5 \times 397 \times 2\ 113$	4	5	$2^{22} + 1/5$	19	132	44	—
24	$97 \times 257 \times 673$	32	257	$2^{24} + 1/257$	16	96	48	96
26	$5 \times 53 \times 157 \times 1\ 613$	4	5	$2^{26} + 1/5$	24	52	52	—
28	$17 \times 15\ 790\ 321$	16	17	$2^{28} + 1/17$	24	15 790 320	56	112
34	$5 \times 137 \times 953 \times 26\ 317$	4	5	$2^{34} + 1/5$	32	68	68	—
36	$17 \times 241 \times 433 \times 38\ 737$	16	17×241	$2^{36} + 1/17 \times 241$	24	144	72	144
38	$5 \times 229 \times 457 \times 525\ 313$	4	5	$2^{38} + 1/5$	36	76	—	

续表12.4

b	$M=2^b+1$ 的分解式 $M=p_1^{l_1}\cdots p_2^{l_2}\cdots p_3^{l_3}$	$O(M)$	M_1	M_2	有效字长 $\log_2 M_2$（约）	$N_{\max}=O(M_2)$	在 Z_{M_2} 中	
							$(\alpha=2)$ $N=2b$	$(\alpha=\sqrt{2})$ $N=4b$
40	$257\times 4\ 278\ 255\ 361$	256	257	$2^{40}+1/257$	32	4 278 255 360	80	160
44	$17\times 353\times 2\ 931\ 542\ 417$	16	17	$2^{44}+1/17$	40	176	88	—
46	$5\times 277\times 1\ 013\times 1\ 657\times 30\ 269$	4	5	$2^{46}+1/5$	44	92	92	—
48	$193\times 65\ 537\times 22\ 253\ 377$	64	65 537	$2^{48}+1/65\ 537$	32	192	96	192
56	$257\times 5\ 153\times 54\ 410\ 972\ 897$	32	257	$2^{56}+1/257$	48	224	112	224
60	$17\times 241\times 61\ 681\times 4\ 562\ 284\ 561$	16	$17\times 241\times 61\ 681$	$2^{60}+1/17\times 241\times 61\ 681$	32	4 562 284 560	120	240
72	$97\times 257\times 673\times 577\times 487\ 824\ 887\ 233$	32	$97\times 257\times 673$	$2^{72}+1/97\times 257\times 673$	48	576	144	288
80	$65\ 537\times 414\ 721\times 44\ 479\ 210\ 368\ 001$	1 024	65 537	$2^{80}+1/65\ 537$	64	15 360	160	320